禾谷类杂粮绿色高效生产技术系列丛书

高粱绿色高效生产技术

张志鹏 朱凯 主编

李顺国 夏雪岩 刘猛 丛书主编

中国农业科学技术出版社

图书在版编目（CIP）数据

高粱绿色高效生产技术 / 张志鹏，朱凯主编．--北京：中国农业科学技术出版社，2023.5（2025.4 重印）

（禾谷类杂粮绿色高效生产技术系列丛书 / 李顺国，夏雪岩，刘猛主编）

ISBN 978-7-5116-6130-2

Ⅰ.①高…　Ⅱ.①张…②朱…　Ⅲ.①高粱－高产栽培－无污染技术　Ⅳ.① S514

中国版本图书馆 CIP 数据核字（2022）第 246673 号

责任编辑　朱　绯　李　娜
责任校对　马广洋
责任印制　姜义伟　王思文

出 版 者　中国农业科学技术出版社
　　　　　北京市中关村南大街 12 号　　邮编：100081
电　　话　（010）82109707（编辑室）（010）82109702（发行部）
　　　　　（010）82109702（读者服务部）
传　　真　（010）82109707
网　　址　https：// castp.caas.cn
经 销 者　各地新华书店
印 刷 者　北京科信印刷有限公司
开　　本　170 mm × 240 mm　1/16
印　　张　16.5
字　　数　290 千字
版　　次　2023 年 5 月第 1 版　2025 年 4 月第 2 次印刷
定　　价　45.00 元

《禾谷类杂粮绿色高效生产技术系列丛书》
编　委　会

《高粱绿色高效生产技术》
分册编委会

主　编　张志鹏　辽宁省农业科学院高粱研究所
　　　　　朱　凯　辽宁省农业科学院高粱研究所

副主编　段有厚　辽宁省农业科学院高粱研究所
　　　　　周紫阳　吉林省农业科学院作物资源研究所
　　　　　严洪冬　黑龙江省农业科学院作物资源研究所
　　　　　倪先林　四川省农业科学院水稻高粱研究所
　　　　　刘　猛　河北省农林科学院谷子研究所
　　　　　夏雪岩　河北省农林科学院谷子研究所

其他编者（按姓氏拼音排序）：
　　　　　方子山　建平县农业技术推广中心
　　　　　姜艳喜　黑龙江省农业科学院作物资源研究所
　　　　　柯福来　辽宁省农业科学院高粱研究所
　　　　　刘天朋　四川省农业科学院水稻高粱研究所
　　　　　卢　峰　辽宁省农业科学院高粱研究所
　　　　　苏德峰　黑龙江省农业科学院作物资源研究所
　　　　　吴　晗　辽宁省农业科学院高粱研究所

王洪山　辽宁省农业发展服务中心

王佳旭　辽宁省农业科学院高粱研究所

王艳秋　辽宁省农业科学院高粱研究所

徐　婧　辽宁省农业科学院植物保护研究所

尹学伟　重庆市农业科学院特色作物研究所

张　飞　辽宁省农业科学院高粱研究所

张旷野　辽宁省农业科学院高粱研究所

张　宇　吉林省农业科学院作物资源研究所

赵家铭　辽宁省农业科学院高粱研究所

赵仁杰　吉林省农业科学院作物资源研究所

邹剑秋　辽宁省农业科学院高粱研究所

谷子、高粱、青稞等禾本科杂粮作物，具有抗旱耐瘠、营养丰富、粮饲兼用等特点，种植历史悠久，是我国东北、华北、西北、西南等地区重要的传统粮食作物，且在饲用、酿酒、特色食品加工等方面具有独特优势，在保障区域粮食安全、丰富饮食文化中发挥着重要作用。为加强政府、社会大众、企业对谷子、高粱等旱地小粒谷物的重视，联合国粮农组织将2023年确定为国际小米年，致力于充分发掘小米的巨大潜力，让价格合理的小米食物为改善小农生计、实现可持续发展、促进生物多样性、保障粮食安全和营养供给发挥更大作用。

当前，注重膳食营养搭配，从粗到细再到粗，数量从少到多再到少；主食越来越不“主”、副食越来越不“副”，从“吃得饱”到“吃得好”再到“吃得健康”，标志着我国人民生活水平不断提高，顺应人民群众食物结构变化趋势。让杂粮丰富餐桌，让人们吃得更好、吃得更健康，是树立“大食物观”的出发点和落脚点。2022年12月召开的中央农村工作会议提出，要实施新一轮千亿斤粮食产能提升行动。随着科技的进步和农业规模化生产的发展，我国粮食保持多年稳产增产，主要粮食产地的主粮作物产量已经接近上限，增产难度不断加大。相比主产区、主粮，我国还有大量的其他类型土地，以及丰富的杂粮作物品种。谷子、高粱等禾谷类杂粮曾是我国的主粮，由于栽培烦琐、不适合机械化以及消费习惯等原因，逐步沦为杂粮。随着科技进步，科研人员培育出了适合机械化收获的矮秆谷子、高粱新品种，配套精量播种机、联合收获机，实现了全程机械化生产。禾谷类杂粮实际产量与潜在产量之间存在着“产量差”，增产潜力巨大。例如，谷子目前全国单产为200千克/亩（1亩≈667米^2，15亩=1公顷），高产纪录为843千克/亩。在我国干旱、半干旱区域以及盐碱地等边际土地充分挖掘禾谷类杂粮增产潜力，通过品种、土壤、肥料、农机、管理等农机农艺结合、良种良法配套增加边际土地粮食产量，完全能够为我国千亿斤粮食产能提升行动作出新贡献。中央农村工作会议再一次重申构建多元化食物供给体系，也表明要更多关注主粮之外的食物来源。我国干旱半干旱、季节性休耕、盐碱边际土地等适宜种植杂粮，比较优势明显的区域有7 000万公顷以上。杂粮的生态属性、营养特性和厚重的农耕文化必将在乡村振兴战略、健康中国战略新的时代背景下焕发出新生机并衍生出新业态。

随着我国人民生活水平的不断提高，对杂粮优质专用品种的需求日益迫切，并随着农业生产方式的转型，传统耕种方式已经不能适应现代绿色高质高效的生产需要。针对这一问题，国家重点研发专项“禾谷类杂粮提质增效品种筛选及配套栽培技术”以突破谷子、高粱、青稞优质专用品种筛选和绿色优质高效栽培技术为目标，在解析光温水土与栽培措施对品种影响机制及其调控途径的重大科学问题基础上，紧密围绕当前生产中急需攻克的关键技术问题，即品种适应性评价与品种布局技术、优质专用品种筛选以及配套绿色栽培技术，重点开展了①禾谷类杂粮作物品种生态适应性评价与布局；②禾谷类杂粮品种—环境—栽培措施的互作关系及其机理；③禾谷类杂粮增产与资源利用潜力挖掘；④禾谷类杂粮优质专用高产高效品种筛选；⑤禾谷类杂粮高效绿色栽培技术等五方面的研究。

本丛书为国家重点研发专项“禾谷类杂粮提质增效品种筛选及配套栽培技术（2019—2022年）”项目成果，全面介绍了谷子、高粱、青稞等禾谷类杂粮的突出特点、消费与贸易、加工与流通、产区分布、产业现状、生长发育、生态区划、优质专用品种以及各区域全环节绿色高效生产技术，科普禾谷类杂粮知识，为新型经营主体介绍优质专用新品种及配套优质高效生产技术，从而提升我国优质专用禾谷类杂粮生产能力，适于农业技术推广人员、新型经营主体管理人员、广大农民阅读参考。丛书分为《禾谷类杂粮产业现状与发展趋势》《谷子绿色高效生产技术》《高粱绿色高效生产技术》《青稞绿色高效生产技术》4个分册，得到了国家谷子高粱产业技术体系等项目的支持。

由于时间仓促，不足之处在所难免，恳请各位专家、学者、同人以及产业界朋友批评指正。

李顺国

2023年2月2日

春播晚熟区

春播特早熟区

春播早熟区

西南地区

春播晚熟区

第一章 春播晚熟区高粱分布及其主推品种

第一节 春播晚熟区高粱栽培简史

高粱是我国古老的栽培作物之一，其历史遗存的发现证明其有 5 000 多年的历史。辽宁是我国农业起步较晚的地区，因此高粱栽培也晚于中原地带。从目前已有史料和高粱古遗址发掘的结果分析表明，辽宁高粱栽培距今已有 3 000 多年的历史。

一、辽宁高粱栽培历史的考证

1954 年，在辽宁省鞍山市陶官屯金代农家遗址烧灰中发现麦粒和高粱秸秆。

1955 年，在辽宁省辽阳市辽阳县三道壕西汉村落遗址中发现炭化高粱一小堆，距今已有 2 000 年的历史。从仓储情况看，当时高粱已成为人们的主要口粮。

1978 年，在辽宁省建平县水泉遗址第五层，发现三座直径为 2 米的圆形窖穴，底部沉积有 0.8 米厚的炭化谷粒，经专家鉴定主要是粟和稷。

1987 年，在辽宁省大连市金州开发区大嘴子村落遗址中发现了陶罐炭化高粱。经专家用 ^{14}C 同位素测定为距今 3 000 年左右，按惯例炭化谷粒可在测定数据的基础上再加 100 年，大约是在青铜器时代的商末周初时期。说明辽宁在公元前 11—前 10 世纪就出现了高粱栽培。

二、其他省份高粱栽培历史的考证

1931 年，在山西省万荣荆村新石器时代遗址中发现了高粱的炭化籽粒。1955 年，在河北省石家庄战国时期遗址中发现炭化高粱粒 2 堆。1959 年，在陕西省汉代建筑遗址中发现墙上有高粱秸秆扎成的排架遗迹，同年在新疆维吾尔自治区焉耆县萨尔墩古城的唐王城遗址窖穴内发现唐代高粱。1959 年，在江苏省新沂三里墩遗址中出土了炭化高粱秆和高粱叶。1961 年，在河南省洛阳老城西北郊西汉后期墓地的 81 号墓中发现盛有高粱朽屑的陶仓。1972 年，在河南省郑州大河村新石器时代遗址的陶罐中发现大量炭化高粱。1979 年，在陕西省咸阳马泉遗址的西汉墓葬里发现有高粱。上述考古发现证明，我国高粱栽培已有 5 000 余年的历史。

三、古籍中关于高粱称谓的考证

我国高粱栽培历史悠久，在不同的历史时期有不同的名称。据考证，高粱在唐代陆德明（556—627 年）《经典释文》中的《尔雅》释文中有提及“赤粱粟”，而以高粱用于命名禾本科高粱属植物，应不早于明代。唐朝孟诜（621—713 年）在《食疗本草》中曾论述了高粱的功效：如“（青粱米）以苦酒一斗渍之，三日出，百蒸百晒，好裹藏之，远行一餐十日不饥。重餐，四百九十日不饥。”

元代王祯在所著《农书》（1313 年）中有“蓟黍：茎高丈余，穗大如帚，其粒黑如漆”。这应是我国最早关于栽培高粱的形态描述，明朝李时珍在所著《本草纲目》（1578 年）谷部第二十三卷“蜀黍”释名中标出：蜀秫、芦穄、芦粟、木稷、荻粱、高粱。并记载：“（蜀黍）状似芦荻而内实，叶亦似芦，穗大如帚，粒大如椒，红黑色，米粒坚实，黄赤色。有二种，黏者可和糯秫酿酒作饵，不黏者可以作糕煮粥。”

蜀黍这个名词最早见于西晋张华（232—340 年）的《博物志》卷四：“《庄子》曰：‘地（节）三年种蜀黍，其后七年多蛇’。”在《博物志》另有一段描述：“孝武建元四年（公元前 137 年）天雨粟。孝元竟宁元年（公元前 33 年）南阳郡雨谷，小者如黍粟而青黑、味苦，大者如大豆、赤黄、味如麦。下三日，生根，叶状如大豆初生时也。”文中描述的“雨粟”像是高粱，“黍粟”可能是高粱的另一种表述。唐五代末孙光宪（900—968 年）撰《农桑辑要》卷二提到：“若种蜀黍，其梢叶与桑等；如此丛杂，桑亦不茂。”

明朝徐光启（1562—1633年）在《农政全书》中提到“蜀秫”，也是蜀黍的另一种表述。清朝《授时通考》中记述了《齐民要术》“蜀秫”里记载：“春月种，宜用下土，茎高丈余，穗大如帚，其粒黑如漆，如蛤眼，熟时收刈成束，攒而立之。其子作米可食，余及牛马，又可济荒。其茎可作洗帚，秸秆可以织箔编席、夹篱供爨，无有弃者。亦济世之一谷，农家不可阙也。”从描述看，蜀秫是高粱无疑。《通艺录·九谷考》中有：“（谷谱）蜀黍一名高粱、一名蜀秫、一名节穄、一名节粟、一名木稷、一名荻粱。”

从上述古籍考证的情况看，蜀黍或蜀秫等名词的出现也只有1 600多年的历史，而考古遗存与古籍记载相差3 000~4 000年。高粱的大量出土遗存是不容置疑的。确切地说，高粱是我国的古老作物，那么在3世纪之前是怎样称谓的，或者是包含在哪种作物名称之中，这一直是我国农史研究中的热点问题。通过一些农史研究专家的说法和清朝以前一些农书的记载，大致可分为以下几种较相近的观点。

1. 稷是西晋以前高粱的代称

我国对谷物的记载比较早，如《诗经·豳风·七月》有“其始播百谷”。《诗经·小雅·大田》有“俶载南亩，播厥百谷”等。《论语》（公元前722—前481年）始称“五谷”，如“四体不勤，五谷不分”。《孟子》中有“夫貉（指东北地区）五谷不生，惟黍生之”。古代学者对五谷的解释：《周礼·天官·冢宰》里的五谷，郑注为麻、黍、稷、麦、豆；《周礼·夏官·职方氏》里的五谷，郑注为黍、稷、菽、麦、稻。

总之，在汉代以前的五谷中，谷子（古称粟、禾）和高粱均无专用名称。稻、麦、菽、麻中不会包含谷子和高粱。黍是专指有黏性的糜子，那么只有稷是包含谷子和高粱的总称。

古代学者认为，稷就是高粱的说法较多，如《周礼·天官·食医》有“凡会膳食之宜，豕宜稷”的记载。《周礼·正义》解释为“豭猪味酸，牝猪味苦，稷米味甘，甘苦相成”“稷，北方之谷，与水相宜”。这与东北习惯以高粱为主和耐涝的特性是相一致的。西汉戴德在《大戴礼记》中有“无禄者稷馈，稷馈者无产”的记述，意思是富人以粟为主食，穷人以稷（高粱）为主食。宋朝朱熹（1130—1200年）在《诗经集传》中认为西周时期我国就有高粱栽培。元朝吴瑞的《日用本草》中有：“稷苗似芦，粒亦大，南人呼为芦穄。”他认为稷就是高粱。明朝宋应星（1587—1666 年）撰《天工开物》记述："而芦粟一种，名曰高粱者，以其身高七尺，如芦荻也。"清朝王念孙著《广雅疏证》中的"稷穰谓之䅗"的疏证为"小米稷，今谓之高粱"。清朝程瑶田的《九谷考》是论述稷是高粱的权威性著作，近代学者多以此说为准。《奉天通志》在物产志开头说："奉省物产之最丰富者，首推谷类：如菽，俗称大豆；如稷，俗称高粱，各县产额以此为钜，夫人而知之矣。"可见，民国之前，辽宁乃至东北，高粱已是最主要的粮食作物。即"漫山遍野的大豆高粱"的自然景观。

2. 木稷、大禾是高粱的专有名称

许多学者认为古籍中提到的"木稷"也是高粱。如三国魏张揖（3 世纪）著《广雅》中说到的"藋粱，木稷也"。西晋郭义恭的《广志》中"杨禾，似藋，粒细……此中国巴禾，木稷也。大禾，高丈余，子如小豆，出粟特国。"据专家考证，古代粟特国在西域。据《广雅》记载："荻粱，木稷也。盖此黍稷之类，而高硕如芦荻者，故俗有诸名。种始自蜀，故谓之蜀黍。"又说"今之高粱，古之稷也。秦汉以来误以粱为稷（乃黍稷之'稷'），而高粱遂别名木稷矣"。在古籍中还有一种提法叫木粟，如清朝《授时通考》："上海县物产，粟高乡所种。有芦粟似薏苡而高。"马宗申校注为"芦粟"即高粱、亦名芦秫，以其形状似芦荻也。后文又称"木粟"。

古代对高粱的描述，常以形态性状居多。在玉米引入中国之前的粮食作物中，只有高粱比其他作物都高大、粗壮，而且像野生植物那样有很强的适应性。因此，在其名称的演化中产生了以"禾""大""蜀""芦""荻""高"等字冠，位于"稷""黍""粟""秫""穄""粱""禾"的前面以示区别。

3. 秫是高粱的一个特有种的代称

在古籍中，秫是几种作物的代称。如春秋初年管仲（公元前 723—前 645 年）所著《管子》中释五谷为"黍、秫、菽、粟、麦"。西汉《氾胜之书》（约公元前 33—前 7 年）释五谷为禾、黍、秫、麦、稻。东汉郑玄（127—200 年）在《周礼注疏》中引郑司农云："三农：平地、山、泽也""九谷：黍、稷、秫、稻、麻、大小豆、大小麦"。南朝齐梁时期陶弘景（456—536 年）撰《本草经集注》中载："荆、郢州及江北皆种之，其苗如芦而异于粟，粒亦大，今人多呼秫粟为黍。非也。北人作黍饭，方药酿黍米酒，则皆用秫黍也。"陶弘景所说的秫、黍，都指的是高粱。

《齐民要术》在《收种第二》中提到："粟、黍、穄、粱、秫，常岁岁别收，选好穗纯色者，劁刈高悬之。至春治取，别种，以拟明年种子”。《齐民要术》把粱、秫专设一篇，讲述其耕作和栽培技术，足见粱、秫并非是粟，而是与粟平列的粮食作物。明朝徐光启在《农政全书》中说粱与秫，则稷之别种也，今人也概称为谷。胡锡文先生研究指出：“古之粱秫即今之高粱。”在古籍中，以秫字出现的作物名称很多，如蜀秫、秫、秫黍、黍秫、秫稷、陶秫、红秫、秫子、秫秫等。据专家们考证，多数是指高粱。

4. 粱也是指高粱

古籍中的粱是否指高粱，国内学者争论较大。由于我国地域广阔，民族众多，方言土语千差万别，加之古代学者记述时不可避免地带有局限性和主观性，因此命名作物名称产生差异也就在所难免。在古籍中，粱到底是指哪一种或哪几种作物，在不同历史时期可能出现差异。秦汉之前，粱被视为“好谷”或“好粟”是有依据的，秦汉之后出现的粱应是指高粱。

根据李长年考证，《春秋左传》记载晋国有个地名叫高粱，在今山西省临汾县东北，可能因为那里盛产高粱而得名。《孟子》里提到“膏粱”，东汉赵岐（108—201 年）注为“细粱如膏”，说明膏粱是指一种粮（“高”和“膏”同音通用，可以理解为高粱）。约成书于春秋战国时期的《黄帝内经·素问》中的《生气通天论》《腹中论》《通评虚实论》等篇中均提到膏粱。根据唐朝王冰（720—780 年）注释《黄帝内经·素问》中理解为“高，膏也；粱，粱也”。他把高粱解释为膏粱，与《孟子》中的膏粱相同，也是指一种粮食。李长年先生认为，以“粱”称高粱差不多一直到公元 6 世纪都是如此。特别是贾思勰在《齐民要术》中把粱秫单独作一篇介绍，可能是为了区别于黍、粟等作物。

四、古籍中关于辽宁高粱栽培的考证

1. 以粱等为高粱的记载

王绵厚著《秦汉东北史》中提到，三国时期吴国陆玑撰《毛诗草木鸟兽虫鱼疏》中记有：“居就粮，粱水舫。”居就，位于今辽宁省辽阳市辽阳县西南；粮，特指辽东一带盛产的高粱。唐朝徐坚（659—729 年）所撰《初学记》中引郭义恭《广志》记载：“辽东赤粱，魏武帝（曹操）以为御粥。”有些学者认为“赤粱”就是指辽宁及东北地区盛产的适于煮粥的高粱。金代王寂撰《辽东行部志》书中有“汝可低头听吾告，稻粱多处足罗网”的诗句。《中国通史·辽史》记载有：“稻、麦、粱、黍之外，契丹旧地又多种穄。”

2. 以稷为高粱的古籍记载

在《周礼·夏官·职方氏》记载："东北曰幽州，其山镇曰医无闾，其泽籔曰貕养，其川河沛，其浸菑时，其利鱼盐，其民一男三女，其畜宜四扰，其谷宜三种"。汉朝郑玄注，唐朝贾公彦疏"三种"为黍、稷、稻。五谷是古代人对农作物的总称，而不是指五个品种。五谷中包含稷，因此辽宁乃至东北地区在秦汉代以前已有高粱栽培。

《后汉书·东夷列传》载："(夫余国)……于东夷之域最为平敞，土宜五谷"。《三国志·夫余传》："夫余在长城之北，去玄菟千里，南与高句丽，东与挹娄，西与鲜卑接……多山陵广泽，于东夷之域最平敞，土地宜五谷"。《契丹国志》卷二十三载："其地可植五谷，阿保机率汉人耕种。"

元朝时，由札马剌丁、虞应龙、李兰盼、岳玹光后主编的《大元一统志》记述："大宁路诸县出谷、麦、稷、黍、豆、麻；而利州、惠州、兴中州、建州、高州土产有谷、麦、黍、豆；利州、惠州、高州土产稷。"

明朝郑晓编撰《皇明四夷考》记述建州农作物以稷、谷、秫、麦为主。同时代辽东都指挥司佥事毕恭于正统八年(1443年)撰写的《嘉靖辽东志》中记载的作物有黍、稷、稻、粱、糜、粟、稗、黄豆……

民国时期王树楠等纂《奉天通志》(1927年)卷一百零九《物产志·物产一·植物上·谷篇》中记载更为明确，如稷就是高粱，又有蜀黍、蜀秫、芦穄、芦粟、木稷、荻粱诸名。西汉以来均误为粱。唐朝苏敬著《新修本草》又误为穄。自程瑶田《九谷考》出而论始定。

高粱曾是辽宁省的主要粮食作物之一，1952年全省高粱生产面积为153.5万公顷，占全省粮食作物总播种面积的42%，产量占粮食总产量的39.6%。之后，随着农业生产条件的改善，细粮作物和经济作物播种面积的逐年增加，高粱生产面积则逐年有所减少。1952—1955年的4年间，高粱种植面积在133.3万公顷左右。1956年和1958年，全省高粱生产面积曾两度大幅减少，而玉米播种面积大增；1956年高粱种植面积由1955年的136.7万公顷减少为106.3万公顷，玉米则由1955年的69.4万公顷上升到106.9万公顷。

1957年高粱种植面积又恢复到126.7万公顷，玉米播种面积为69.7万公顷，恢复到1955年的水平。1958年高粱种植面积再次锐减到45.9万公顷，而玉米激增到154.4万公顷。1959年高粱种植面积恢复到80.9万公顷，玉米生产面积降到83.3万公顷。1960—1977年的18年间，高粱生产面积保持在66.7万~

93.3 万公顷，1978—1982 年的 5 年间，全省高粱生产面积基本保持在 60 万公顷左右（表 1-1）。

表 1-1　辽宁省高粱生产情况（1949—1982 年）

年份	种植面积 / 万公顷	占粮食作物面积 /%	总产量 / 万吨	占粮食总产量 /%	单产 /（千克 / 公顷）
1949	154.1	40.1	150.8	41.5	975
1952	153.5	42.0	193.3	39.6	1 260
1957	126.7	35.2	166.1	32.5	1 320
1962	95.6	29.2	118.2	29.2	1 276
1965	98.4	30.0	163.4	24.4	1 665
1970	80.7	24.0	197.1	24.3	2 445
1975	80.4	23.1	291.2	27.1	3 621
1980	56.0	20.3	226.7	19.4	4 051
1982	59.1	23.7	208.3	20.3	3 525

数据来源：《辽宁省种植业区划》，1987。

全省高粱生产从分布区域看，主要集中在辽西、辽北一带，种植面积最大的是锦州市，以 1982 年为例，锦州市高粱种植面积为 17.2 万公顷，占全省高粱总面积的 29.1%；第二位是阜新市，全市种植面积为 11.0 万公顷，占全省的 18.7%；第三位是朝阳市，全市种植面积 8.8 万公顷，占全省的 14.9%。种植面积最小的是本溪市，仅有 0.3 万公顷，占全省的 0.5%。

高粱总产量最多的市依次是锦州市、朝阳市和鞍山市，1982 年分别达到 70 万吨、34.1 万吨和 23.3 万吨，分别占全省高粱总产量的 34.1%、16.4% 和 11.2%。总产量最少的市是本溪市和丹东市，分别占全省总产量的 0.5% 和 0.7%。

第二节　春播晚熟区高粱分布

在我国，高粱种植分布广泛。20 世纪 60—70 年代，几乎全国各地均有栽培。但是，高粱主产区却较集中，秦岭、黄河以北，尤其是东北、华北、西北是中国高粱的主产区。目前，由于酿酒业的发展，南方的四川、贵州等省也成为高粱的主产区。由于高粱种植区的气候、土壤、栽培制度的不同，栽培品种的多样性特点也不一样，故高粱的分布与生产带有明显的区域性。全国分为 4 个种植区：春播早熟区、春播晚熟区、春夏兼播区和南方区。

春播晚熟区是中国高粱种植面积最大的栽培区，东起辽宁省，西到新疆维吾尔自治区，包括辽宁、河北、山西、陕西等省的大部分地区，甘肃省的东部和南部，新疆的南疆和东疆盆地等。本区位于北纬 32°~42°，全区海拔 3~2 000 米，年平均气温 8~14.2℃，日平均气温≥ 10℃的有效积温为 3 000~4 000℃，年降水量 16.2~900 毫米，多集中于夏季，无霜期 160~250 天，适于种植高产的中晚熟品种或杂交种。耕作制度以一年一熟为主，也有二年三熟或一年二熟的种植形式。春播晚熟区可再分为 4 个栽培区。

一、东北平原南部温带半湿润气候栽培区

本区包括辽宁省沈阳市以南至辽东半岛及锦州市的全部、朝阳、丹东、本溪的部分地区，位于北纬 38° 40′~42°。年平均气温 8~10℃，日平均气温≥ 10℃的有效积温 3 000~3 500℃，年降水量 600~1 000 毫米，多集中于夏季。本区无霜期 160~210 天，多种植中晚熟高产、米质优的品种或杂交种。

二、华北平原北部暖温带半湿润气候栽培区

本区包括天津市，河北省承德、张家口南部地区的一部分，唐山、廊坊、保定、石家庄地区，位于北纬 37° 40′~41°。年平均气温 12~13℃，日平均气温≥ 10℃的有效积温 4 000℃上下，年降水量 500~600 毫米，多集中在 7—9 月，属暖温带半湿润气候。本区无霜期为 160~250 天，多种植中晚熟或晚熟的高产品种或杂交种，耕作制度基本上是一年一熟制或二年三熟制，个别地区有一年二熟制。

三、黄土高原暖温带半干旱气候栽培区

本区包括山西省晋南、晋东南、晋中、晋东、晋西的全部，晋北、晋西北的大部，陕西省渭北高原区、关中平原区、秦岭山区、汉中盆地，甘肃省陇东黄土高原区、陇南山区的全部，宁夏回族自治区银川黄灌区，位于北纬 32°~39° 20′。本区日年平均气温 7~15℃，日平均气温≥ 10℃的有效积温 2 800~3 700℃，年

降水量 200~500 毫米，属暖温带半干旱气候。本区无霜期 160~220 天，多种植中高秆、粮秆兼用的高产中晚熟或晚熟品种或杂交种。本区耕作制度为一年一熟制，在无霜期较长和精耕细作的地区，有二年三熟制或一年二熟制。

四、新疆东南盆地暖温带干旱气候栽培区

本区包括新疆的哈密、吐鲁番，南疆的阿克苏、喀什以及塔里木盆地北部和东部的绿洲及内陆河冲积平原，位于北纬 39° 32′ ~42° 30′。本区年平均气温 11.6~14.2℃，日平均气温 ≥ 10℃的有效积温 4 000~5 400℃，年降水量 16.2~68.2 毫米，属暖温带干旱气候。本区无霜期 184~205 天，种植的品种大多属于较耐干旱、茎秆粗壮、紧穗弯头、穗大、籽粒大、食用品质优良的类型。

第三节　春播晚熟区高粱品种类型

本区主要土壤有棕壤、褐土、棕色荒漠土。肥力中等，土壤熟化程度高。无霜期 160~250 天，栽培制度以一年一熟为主，兼有二年三熟或一年二熟制。高粱品种类型多以紧穗或中紧穗为主，且适于密植的高产中晚熟或晚熟品种。

1949—1983 年，辽宁省共选育出高粱新品种（系）29 个，其中通过地方品种整理鉴定利用的品种 6 个，引种利用的品种 4 个，杂交选育的品种 1 个，雄性不育系和恢复系 5 个。有 1 项获农牧渔业部科技改进奖，7 项获辽宁省重大科技成果奖。

1984—2005 年，辽宁省按照高产、优质、多抗的育种目标，选育高粱新品种，先后共选育审（鉴）定高粱新品种 62 个，其中辽宁省审定的 52 个，国家鉴定的 10 个，选育雄性不育系 6 个，雄性不育恢复系 9 个。其中获奖的杂交种 12 个，雄性不育系 3 个，恢复系 1 个。

2006—2015 年，辽宁省按照高产、优质、多抗、专用的育种目标，共选育出粒用高粱杂交种 18 个，糯高粱杂交种 7 个，甜高粱杂交种 15 个，草高粱杂交种 2 个，共计 42 个。各种类型的高粱雄性不育系 28 个，恢复系 23 个。

一、高粱常规品种选育

1. 高粱农家品种评选

从 1951 年开始，辽宁省在全省范围内开展了群众性的高粱良种评选，在农家品种中评选出一批适于当地栽培的高粱优良品种，例如盖县（今盖州市）的打锣棒、小黄壳，海城的回头青，辽阳的牛心红，锦州的关东青，沈阳的矮青壳，义县的洋大粒，鞍山的歪脖张，铁岭的海洋黄等。这些品种株高中等，茎叶繁茂，秆粗壮，韧性强，抗风不倒伏；穗型为紧穗或中紧穗，籽粒大，米质好；喜肥，生育期较长。在低洼、盐碱种植区评选出来高粱良种，诸如海城的小白壳，锦州的大蛇眼，锦县的海里站，台安的黑壳蛇眼等。这些良种株高较高，茎秆柔韧，抗风不倒伏，穗型为中紧或中散穗，粒大，米质好，耐涝性和耐轻度盐碱的能力较强。

这批筛选出来的高粱良种在当地推广应用之后，发挥了增产作用，促进了高粱生产的发展。随着良种种植时间增加，品种出现了退化现象，一些科研单位开展了提纯复壮工作，例如，锦州市农业科学研究所对关东青进行提纯培育，连续 3 年对典型株系进行了选择，经品种比较试验，产量、品质和抗逆性均有提高，比产地 5 个地方品种平均增产 10%，穗形圆柱形，籽粒丰满，米质好，出米率高，生育期 140 天，株高 240 厘米，适于平原肥地栽培。

2. 系统选育品种

在农家品种筛选的基础上，辽宁省农业科研单位和农业院校开展了高粱品种系统选育，先后选育出一批高产、优质、适应性强的新品种。例如，由辽宁省熊岳农业科学研究所乔魁多等选育的熊岳 253、熊岳 334、熊岳 360。熊岳 253 是从盖县农家品种小黄壳系统中，经单株选育而成。熊岳 253 在选育过程中，田间编号为“Ⅰ-51-253”，1957 年经辽宁省农业厅决定推广，并命名为“熊岳 253”。熊岳 334 是从盖县农家品种黑壳棒子经混合选择育成的。1963 年经辽宁省作物品种审定委员会命名为“熊岳 334”推广应用。熊岳 360 是从辽阳县农家品种早黑壳中经混合选择育成的。1963 年经辽宁省作物品种审定委员会命名为“熊岳 360”推广应用。

熊岳 253 为紧穗食用高粱品种，生育期 129 天，株高 277 厘米，穗长 18.60 厘米，千粒重 26.4 克，米质好，适应性强，高产，稳产，适于辽宁省鞍山、营口、大连等市县推广种植。之后，被甘肃、宁夏、江苏、安徽等省（区）引种鉴定推广，在省内外累计推广种植 20 万公顷。

锦州市农业科学研究所宁汝济等选育的锦粱 9-2，是 1955 年以锦县地方品种歪脖张为材料，采取 2 次单株选择育成的。1962 年经辽宁省作物品种审定委员会审定，命名为“锦粱 9-2”推广应用。该品种株高 251 厘米，紧穗，圆筒形，穗长 16.1 厘米，单穗粒重 70 克，千粒重 27.3 克，生育期 137 天，耐湿、抗风抗倒伏，一般单产 4 500 千克 / 公顷。锦粱 9-2 适于锦州、阜新、朝阳等地区种植。

辽宁省农业科学院、锦州市农业科学研究所魏振山等选育的跃进 4 号，是 1957 年以盖县地方品种黑壳棒子为材料，采取 1 次单株选择育成的。1962 年经辽宁省作物品种审定委员会审定命名推广。主要适于鞍山、辽阳、沈阳以及昌图、本溪等地的半山、丘陵和平原地区；朝阳、阜新及辽宁南部地区种植。该品种株高 263 厘米，紧穗，圆筒形，穗长 17.2 厘米，单穗粒重 82 克，千粒重 30.5 克，生育期 115~126 天，耐肥，不早衰，在肥沃地上栽培易获得高产。

朝阳地区农业科学研究所刘雨时等于 1958—1965 年从建昌县地方品种锻白粱中经过多次混合选择育成的品种朝粱 288；1963—1967 年从朝阳地区品种大肚白中经系统选择育成了朝粱 83 高粱品种。朝粱 288 株高 265 厘米，中紧穗，筒形，单穗粒重 80~100 克，千粒重 27.2~29.4 克；3 年品种比较试验，平均单产 5 488.5 千克 / 公顷。朝粱 83 株高 250~260 厘米，单穗粒重 100 克，千粒重 30~32 克，3 年品比试验，平均单产 6 018.5 千克 / 公顷。这 2 个品种适于在朝阳、阜新、承德等地区种植。

3. 杂交选育品种

辽宁省农业科学院作物研究所徐天锡等于 1961—1964 年，以中国高粱双心红为母本，外国高粱都拉为父本杂交，在杂种分离世代中选择优良单株，育成了早熟中秆新品种 119。该品种紧穗、圆筒形，红壳大粒，米质好，不早衰，适应性强，高产，穗产，适于密植，一般单产 3 000~3 750 千克 / 公顷。适于在无霜期短的地区，阜新、朝阳、铁岭等地区种植，最多时年种植面积达 7 万公顷，后被黑龙江省引进种植。

沈阳农学院、中国农业科学院辽宁分院龚畿道等于 1955—1960 年选育的分枝大红穗高粱新品种，其实质也是杂交育成的，因为它是从 8 棵权高粱天然杂交后代大红穗中选择的。该品种高产穗产，从 1961 年试种以来，一般产量为 4 500~5 250 千克 / 公顷，高产地块可达 7 500 千克 / 公顷；由于分蘖力强，秆强抗倒，适于密植，最高可达15万穗/公顷，产量稳定。分枝大红穗抗高粱叶部病害和3种黑穗病；还具有抗旱、抗涝的特性，由于其根系发达，抗干旱能力强；在水涝8~9天后，仍能恢复生长发育，产量不受影响。

该品种米质优，适口性好，角度含量高，达43%，出米率达83%。分枝大红穗分蘖力强，每株可有4~5个分蘖穗，由于分蘖穗生长旺盛，其拔节、抽穗、开花、成熟，一般与主茎穗只晚2~3天，因此可以同期收获。

分枝大红穗在辽宁省的康平、建昌、凌源、朝阳、绥中、锦西、西丰等地推广，都获得较高产量。1965年，仅在辽宁省西部地区推广5.3万公顷。山东、河北等省也引种试种，效果很好。

二、高粱杂交种选育

从20世纪60年代开始，辽宁省农业科学院等农业科研单位开展了高粱杂种优势利用研究。最初的研究工作是对已有的高粱品种资源进行育性鉴定和筛选，确定其中的保持和恢复类型。例如，辽宁省高粱品种资源黑山跷脚高粱、兴城八叶齐、抚顺歪脖张、喜鹊白、打锣棒等为全保持材料；关东青、分枝大红穗、红壳、熊岳360、红棒子等为全恢复材料。在育性鉴定的基础上，开展了雄性不育系、雄性不育恢复系的选育和杂交种组配。

1. 雄性不育系选育

辽宁省熊岳农业科学研究所王允铎等于1978年以原新1号A为母本，TX3197B×9-1B为父本杂交后回交转育，育成了雄性不育系2817A。该不育系育性稳定，不育质量好，一般配合力高于TX3197A；株高136厘米，穗中紧，长纺锤形，穗长30厘米，平均穗粒重94克，千粒重25克，生育期128天，抗丝黑穗病、叶斑病，抗旱性强。该不育系与恢复系YS7501组配的熊杂1号通过辽宁省审定推广。

辽宁省熊岳农业高等专科学校王允铎等于1982年以（TX622B×2817B）×（3197B×NK222B）×黑9B为母本，TX622B为父本杂交，在F_3代群体中选择优良单株与TX622A测交，后连续回交5代，经多系比较鉴定，最后确定B82-16-2-1-1-1-1-1选系为熊岳21A雄性不育系。该不育系株高150.5厘米，穗中紧，长纺锤形，穗长39.4厘米，平均单穗粒重114.7克，千粒重31克，生育期124天；不育性稳定，不育质量好，无败育，柱头亲和力强，制种产量高，一般配合力高于TX622A。该不育系与恢复系654组配的杂交种熊杂2号经辽宁省审定，命名推广。

铁岭市农业科学研究所杨旭东等于 1983 年以 TX622B × KS23B 为母本，以京农 2 号为父本杂交，经多代回交转育，最终育成了 TL169 系列雄性不育系。根据不同生育期、不同粒色等性状，分成 214A、232A 和 239A 3 个雄性不育系。

TL169A 系列雄性不育系生育期 126~131 天，株高 126~140 厘米，穗长 35~38 厘米，千粒重 30~35 克，叶片数 22~25 片；214A 为散穗、长纺锤形，232A、239A 为紧穗长纺锤形；214A、232A 为黑壳、白色籽粒，239A 为紫壳、橘红色籽粒；抗丝黑穗病、矮花叶病毒病、疤斑病；不育性稳定，一般配合力高于 TX3197A、TX622A 不育系。

TL169A 系列雄性不育系是我国春播晚熟区应用较早的不育系，共组配成 20 个杂交种，其中 6 个通过审定，命名推广。“高粱 TL169A 系列雄性不育系选育及利用” 2000 年获辽宁省科技进步奖二等奖。

锦州市农业科学研究所何绍成等于 1984 年用 625B/（232EB × 622B）× 232EB 杂交，于 1986 年 F_3 代经单株选择于 625A 成对杂交，回交 7 次，于 1991 年转育定型，定名 901A 雄性不育系。该不育系株高 120 厘米，穗中紧，纺锤形，穗长 23 厘米，壳黑色，籽粒白色，平均穗粒重 60 克，千粒重 33 克，生育期 133 天，高抗叶斑病；不育性稳定，不育率 100%。901A 与恢复系 LR9198 组配成杂交种凌杂 1 号，经辽宁省审定，命名推广。

辽宁省农业科学院高粱研究所石玉学等于 1986 年以 421B［原编号 SPL132B，引自国际半干旱热带地区作物研究所（ICRISAT）］为母本，以 TAM428（引自美国）为父本杂交，经多代回交转育而成的雄性不育系 7050A。其中，用 A_1 细胞质 TX622A 转育成 A17050A；用 A_2 细胞质 A2TAM428A 转育成 A27050A。

7050A 株高 155 厘米，中紧穗，长纺锤形，穗长 40 厘米，平均穗粒重 50 克，千粒重 32 克，生育期 124~130 天，对丝黑穗病菌 2 号、3 号生理小种免疫，抗叶斑病；不育性稳定，不育率 100%，无小花败育；一般配合力高，自身产量高。

7050A 适应性广，组配的高粱杂交种类型齐全，包括食用型（辽杂 10 号、辽杂 12 号、辽杂 24 号、辽杂 25 号、锦杂 100），酿酒型（辽杂 11 号），能源型（辽甜 3 号），饲草型（辽草 1 号）等。这些高粱杂交种在产量和抗性上表现出很强的杂种优势，深受农民欢迎，推广速度快，面积大，增产潜力大，最高单产达到 15 345 千克 / 公顷。截至 2006 年，用 7050A 组配的 8 个审定推广的杂交种累计种植面积达 80 万公顷，增产粮食 12 亿千克，增加社会经济效益 13.2 亿元。“高粱雄性不育系 7050A 制造与应用”项目于 2008 年获辽宁省科技进步奖一等奖。

2. 雄性不育恢复系选育

锦州市农业科学研究所魏振山等于 1970 年以恢复系 5 号为母本，以八叶齐为父本杂交选育成的恢复系锦恢 75。该恢复系株高 230 厘米，中紧穗，筒形，穗长 23 厘米；平均穗粒重 95.6 克，壳黄色，籽粒橙黄色，千粒重 30.4 克；生育期 128 天；恢复性好，恢复率达 100%。采用锦恢 75 分别与 TX3197A 和 TX622A 组配的高粱杂交种锦杂 75 和锦杂 83，分别于 1980 年和 1983 年通过辽宁省审定，命名推广。

锦州市农业科学研究所程开泽等于 1985 年以大晋四为母本，白平为父本杂交选择育成了高粱恢复系 841。该恢复系株高 165 厘米；紧穗，纺锤形，穗长 21 厘米；平均穗粒重 62 克，壳黄色，籽粒白色，千粒重 30 克；抗丝黑穗病，抗叶斑病，抗倒伏；配合力较高；恢复性好。恢复系 841 与雄性不育系 421A 组配的杂交种锦杂 94，于 1995 年通过辽宁省审定，命名推广。

沈阳农学院马鸿图等于 1973 年以晋辐 1 号为母本，三尺三为父本杂交选育而成的高粱恢复系 447（又名辽恢 3）。447 株高 150 厘米；紧穗，纺锤形，穗长 21 厘米；平均穗粒重 75 克，壳黑色，籽粒黄白色，千粒重 30 克；生育期 120 天；抗叶斑病，抗倒伏；恢复性好。在正常气候条件下，恢复率 100%；配合力较高。447 与 TX3197A 组配的高粱杂交种沈农 447 于 1981 年经辽宁省审定，命名推广。

沈阳市农业科学研究所刘家裕等于 1971 年以晋辐 1 号为母本，辽阳猪跷脚为父本杂交，在分离世代中经单株选择育成了高粱恢复系 4003。同年，以分枝大红穗为母本，晋粱 5 号为父本杂交，其杂交后代于 1974 年再与 4003 杂交，即（分枝大红穗 × 晋粱 5 号）× 4003，在杂交后代中经连续选择育成高粱恢复系 0–30（也称大晋田）。

4003 株高 165 厘米；中紧穗，长纺锤形，穗长 27 厘米；壳淡红色，籽粒橙黄色；平均穗粒重 85 克，千粒重 30 克；生育期 135 天；抗叶斑病、抗丝黑穗病；恢复性好，单性花发达，花粉量充足，单穗散粉时间长；配合力高。4003 余不育系 TX3197A、TX622A 和 TX624A 组配的杂交种沈杂 3 号、沈杂 4 号和冀承杂1号分别经辽宁省和河北省审定，命名推广。

0-30株高155厘米；紧穗，纺锤形，穗长23厘米；壳紫红色，籽粒橙黄色；平均穗粒重75克，千粒重30克；生育期130天；高抗丝黑穗病，较抗倒伏；恢复性好，单性花发达，花粉量大，单株散粉时间长；一般配合力较高。0-30与TX622A组配的沈杂5号，1988年经辽宁省审定，命名推广。

沈阳市农业科学研究所柏德华等于1979年以IS2914为母本，以7511为父本杂交；1980年再以4003为母本，以IS2914×7511为父本杂交，即4003×（IS2914×7511），从其杂交后代中经连续单株选择育成了高粱恢复系5-27。5-27株高130厘米；紧穗、长纺锤形，穗长26厘米；壳红色，籽粒白色；平均穗粒重80克，千粒重29克；生育期130天；抗蚜虫、抗丝黑穗病、抗倒伏；单性花发达，花粉量大，单株散粉时间长；一般配合力高。5-27分别与不育系TX622A、232EA、421A组配的沈杂6号、锦杂93、辽杂6号先后经辽宁省农作物品种审定委员会审定，命名推广。

铁岭市农业科学研究所任文千等于1971年以191-10为母本，晋辐1号为父本杂交，在分离后代中经连续单株选择，于1974年育成了高粱恢复系铁恢6号。该恢复系株高155厘米；紧穗，纺锤形，穗长27厘米；壳黑色，籽粒橙黄色；平均穗粒重74克，千粒重28.8克；生育期135天；恢复性好，单性花发达，花粉量充足；一般配合力高于三尺三和晋辐1号。铁恢6号与TX3197A组配的铁杂6号，1979年经辽宁省农作物审定委员会审定，命名推广。

铁岭市农业科学研究所杨旭东等于1978年以6060为母本，以（铁紧穗×晋辐1号）×（永81×忻7）为父本杂交，在分离的世代中经连续选择育成了高粱恢复系铁恢208。同样，于1979年以水科001为母本，以角杜×晋辐1号为父本杂交，经连续选择育成了恢复系铁恢157。

铁恢208株高135厘米；中紧穗，纺锤形，穗长30厘米；壳紫色，籽粒浅红色；平均穗粒重75克，千粒重28克；生育期110天；恢复性好，一般配合力高于三尺三和铁恢6号。与TX622A组配的铁杂7号，1983年经辽宁省农作物品种审定委员会审定，命名推广。铁恢157株高148.4厘米；紧穗，圆纺锤形，穗长19.1厘米；壳紫色，籽粒白色；平均穗粒重75克，千粒重30.5克；生育期130~135天；高抗丝黑穗病，抗旱，抗倒；恢复性好，一般恢复率达100%，花粉量充足，单性花开放，散粉时间长；一般配合力高。铁恢157分别与TX622A、214A、239A组配的铁杂8号、铁杂9号和铁杂10号，先后通过辽宁省农作物品种审定委员会审定，命名推广。

辽宁省农业科学院高粱研究所张文毅等于1974年以自选系298为母本，4003为父本杂交，经多代选择育成了高粱恢复系二·四。该所潘景芳于1975年以晋梁5号作母本，晋辐1号作父本杂交，经多代连续选择育成了高粱恢复系晋5/晋1。1981年用晋粱5号作母本，铁恢6号作父本杂交，在分离世代中选择单株，后经6个世代的连续选择，育成了高粱恢复系115。梅吉人等于1978年以矮202作母本，4003作父本杂交，经分离世代选择单株后，再连续选择9个世代育成了恢复系矮四。同样，该所刘河山等于1986年用矮四为母本，5-26为父本杂交，经南繁北育8个世代的连续选择育成了高粱恢复系LR9198。

恢复系二·四株高128厘米；紧穗，纺锤形，穗长22厘米；壳红色，籽粒浅黄色；平均穗粒重40.3克，千粒重30.8克；恢复性好，恢复率95%以上，花粉量多；配合力高。二·四与不育系TX622A组配成辽杂2号，1983年经辽宁省农作物品种审定委员会审定，命名推广。晋5/晋1株高160厘米；紧穗，纺锤形，穗长28厘米；壳黑色，籽粒橙红色；平均穗粒重80克，千粒重28克；生育期130天；抗倒性强，较抗丝黑穗病和叶斑病；恢复性强，而且稳定，配合力高。晋5/晋1与不育系TX622A组配的杂交种辽杂3号经辽宁省农作物品种审定委员会审定，命名推广。

恢复系矮四株高144厘米；穗中散，长纺锤形，穗长31厘米；壳红黄色，籽粒浅橙色；平均穗粒重67克，千粒重29.9克；生育期125天；恢复性好，花粉量大，单性花发达，散粉时间长；配合力较高。该恢复系与不育系421A组配的辽杂4号杂交种，1989年经辽宁省农作物品种审定委员会审定，命名推广。恢复系115株高160厘米；中紧穗，纺锤形，穗长25厘米；壳黑色，籽粒红色；平均穗粒重80克，千粒重30克；生育期125天；抗倒性强，较抗丝黑穗病和叶斑病；恢复性好。115与不育系TX622A组配成杂交种辽杂5号，1994年经辽宁省农作物品种审定委员会审定，命名推广。

LR9198株高180厘米；穗中紧，纺锤形，穗长28厘米；壳浅橙色，籽粒白色；平均穗粒重65克，千粒重33克；生育期130天；高抗丝黑穗病菌2号生理小种，较抗叶斑病，高抗蚜虫；恢复性较高，恢复率99%多，单性花不开，花粉量偏少。LR9198与不育系421A、7050A和901A分别组配成辽杂7号、辽杂10号和凌杂1号，先后通过辽宁省农作物品种审定委员会审定，命名推广。

辽宁省营口县（今大石桥市）农业科学研究所崔宝华等于1975年以4003为

母本，白平春为父本杂交，在其分离世代中经连续选择育成了高粱恢复系 654。该恢复系株高 195 厘米；紧穗，纺锤形，穗长 25 厘米；壳黑色，籽粒白色；平均穗粒重 75 克，千粒重 30 克；生育期 130 天；高抗丝黑穗病、茎秆韧性强，抗倒伏；育性全恢型，配合力高。654 与不育系 TX622A、21A 组配的杂交种桥杂 2 号和熊杂 2 号，经辽宁省农作物品种审定委员会审定，命名推广。

辽宁省熊岳农业高等专科学校胡广群等于 1979 年以 4003/4004 为母本，角质杜拉 / 白平为父本杂交，在分离世代经连续选择于 1989 年育成高粱恢复系 4930。该恢复系株高 165 厘米；紧穗，纺锤形，穗长 22 厘米；壳黑色，籽粒白色；平均穗粒重 80 克，千粒重 30 克；生育期 128 天；秆强抗倒伏，高抗叶斑病，抗丝黑穗病；不早衰，活秆成熟；自交结实率 98%，恢复性好，花粉量多，单性花发达；配合力高于晋辐 1 号。4930 与不育系 TX622A、214A 组配的杂交种熊杂 4 号和熊杂 5 号先后经辽宁省农作物品种审定委员会审定，命名推广。“高粱优良恢复系 4930 选育与应用”项目于 2002 年获辽宁省科技进步奖二等奖。

3. 杂交种选育

辽宁省高粱杂交种选育起步于 20 世纪 70 年代初。初期，主要应用外国引进的雄性不育系组配杂交种，如用 TX3197A 不育系选育的铁杂 2 号、沈农 447、沈杂 3 号、锦杂 75 等。70 年代末至 80 年代，利用从美国引进的雄性不育系 TX622A、232EA 和从 ICRISAT 引进的 421A（原编号 SPL132A），组配了一批杂交种，满足了辽宁省高粱生产的需要。随着高粱杂种优势研究的深入，辽宁省农业科研单位先后选育出一批优良的雄性不育系，如铁岭市农业科学研究所育成的 TL169A 系列雄性不育系；熊岳农业科学研究所选育的 2817A、21A 雄性不育系；辽宁省农业科学院高粱研究所选育的 7050A 不育系，营口市农业科学研究所育成的营 4A 等不育系。利用这些自选的雄性不育系，先后组配成一系列高粱杂交种应用于生产。

（1）TX3197A 系统杂交种选育

铁岭市农业科学研究所杨旭东等于 1970 年以不育系 TX3197A 为母本，铁恢 2 号为父本组配成铁杂 2 号杂交种，1974 年经辽宁省审定命名推广，定为省内先进水平。该杂交种株高 220 厘米；紧穗，长纺锤形，穗长 27~30 厘米；平均穗粒重 95 克，千粒重 32.1 克；生育期 130 天，属中晚熟种。1972—1973 年全省区试平均比对照晋杂 5 号增产 7.6%；1973 年全省生产试验，平均比对照增产 20.0%。适于沈阳、阜新、朝阳市及锦西的西北部地区种植。

铁岭市农业科学研究所任文千等于1973年以TX3197A为母本，铁恢6号为父本组配成杂交种铁杂6号。1979年经辽宁省品种审定，命名推广，定为国内先进水平。该杂交种平均株高180厘米；紧穗，筒形，穗长25~28厘米，平均穗粒重100克，千粒重34克；生育期130天；属中晚熟种；1977—1979年全国区试，平均公顷产量7 489.5千克，比晋杂5号增产10.5%。适于铁岭以南、盖州以北及锦州地区种植。1979年获辽宁省科技成果奖三等奖。

锦州市农业科学研究所魏振山等于1972年以不育系TX3197A为母本，锦恢75为父本组配育成了杂交种锦杂75，1980年经辽宁省品种审定，命名推广，定为省内先进水平。该杂交种株高240厘米；穗中紧，爪形，穗长22厘米，平均穗粒重76.7克，千粒重32克；生育期125~130天，属中晚熟种。1975—1977年，大、小区产量比较试验，平均单产7 050千克/公顷，增产7.7%。该杂交种适于锦州、葫芦岛等地区种植。1981年获辽宁省科技进步奖三等奖。

沈阳市农业科学研究所刘家裕等于1974年以TX3197A为母本，4003为父本组配育成了杂交种沈杂3号，1979年经辽宁省品种审定，命名推广。定为国内先进水平。该杂交种株高180厘米；穗中散，纺锤形，穗长29厘米，平均穗粒重85克，千粒重33克；生育期130天，属中晚熟种；1975年，在沈阳市进行实验，11个点共27公顷，平均每公顷产量7 530千克，比晋杂5号增产11.4%。适于沈阳、营口、海城等市（县）栽培。1977年获沈阳市科学大会奖。

沈阳农学院马鸿图等于1975年以不育系TX3197A为母本，恢复系447为父本，组配育成了杂交种沈农447，1981年经辽宁省品种审定，命名推广，定为国内先进水平。该杂交种株高180厘米；紧穗，纺锤形，穗长28厘米，平均穗粒重80克，千粒重34克；生育期120天，属中早熟种。1978—1979年两年省区试，平均7 684.5千克/公顷，比对照减产1.6%。该杂交种出米率为80%~85%，单宁含量仅0.07%，角质率70%~80%，米质好，饭白，适口性好，被称为“二大米”。1979—1983年，沈农447在辽北、辽西北地区，吉林省南部、中部和西部、内蒙古哲盟（哲里木盟，今通辽市）、昭盟（昭乌达盟，今赤峰市），河北省承德地区推广种植13.3万公顷。1982年获辽宁省科技进步奖二等奖；1985年获农业科技进步奖三等奖。

（2）TX622A系统杂交种选育

1979年，辽宁省农业科学院从美国得克萨斯农业和机械大学米勒（F. Miller）教授引进高粱雄性不育系TX622A、TX623A和TX624A。经初步鉴定，证明新引不育系比 TX3197A 具有配合力高，抗丝黑穗病，籽粒品质好等多种优点，有可能代替 TX3197A。于是，由辽宁省农业科学院分发全省（全国）应用。为此，辽宁省农业科学院、辽宁省种子管理站统一组织了全省 6A 系统高粱杂交种协作攻关组，开展 6A 杂交种选育和栽培研究。利用 TX622A 不育系与生产上常用的优良恢复系配制出第一批 6A 系统高粱杂交种进行试种鉴定，并于 1984 年 1 月审定推广了辽杂 1 号、辽杂 2 号、铁杂 7 号、锦杂 83、沈杂 4 号等 5 个杂交种，当年种植面积达 25.2 万公顷。6A 系统高粱杂交种选育在全省范围内迅速开展起来，先后又选育出辽杂 3 号、辽杂 5 号、铁杂 8 号、沈杂 5 号、沈杂 6 号、沈农 2 号、熊杂 3 号、桥杂 1 号、桥杂 2 号等高粱杂交种。

辽宁省农业科学院高粱研究所梅吉人等于 1979 年以 TX622A 为母本，晋辐 1 号为父本组配育成了杂交种辽杂 1 号，1984 年经辽宁省品种审定，命名推广，定为国内先进水平。该杂交种株高 207 厘米；穗中散，长纺锤形，穗长 29 厘米，平均穗粒重 110 克，千粒重 31 克；生育期 125 天，属中早熟种。1982—1983 年全省区域试验，平均单产 7 444.5 千克 / 公顷，比对照晋杂 5 号增产 14.8%；统计全省生产试验，平均 7 002 千克 / 公顷，比对照增产 10.9%。

辽杂 1 号高产稳产，自推广种植以来，大多数地块产量都在 7 500~8 500 千克 / 公顷，高产地块在 9 000 千克 / 公顷以上。由于其成熟期适中，米质优，适口性好，因此在春播晚熟区推广后成为该区的主栽品种；同时还可在春、夏兼播区作为夏播杂交种应用。自推广种植以来，累计生产面积达 200 万公顷，获得了巨大的社会经济效益。辽杂 1 号 1985 年获农牧渔业部科技进步奖三等奖。

辽宁省农业科学院高粱研究所潘景芳等于 1981 年以 TX622A 为母本，115 为父本组成杂交种辽杂 5 号，1994 年经辽宁省品种审定，命名推广，定为省内领先水平。该杂交种株高 180 厘米；穗中紧，纺锤形，穗长 300 厘米，平均穗粒重 90 克，千粒重 30 克；生育期 120 天，属中早熟种；1987—1988 年省区域试验，平均产量 7 534.5 千克 / 公顷，比对照辽杂 1 号增产 8.3%；1988—1989 年省生产试验，平均 7 368 千克 / 公顷，比对照增产 11.1%。辽宁省多点试种，一般产量 7 500~9 000 千克 / 公顷，最高产量 12 294 千克 / 公顷。辽杂 5 号适于辽宁西北部、吉林西南部、内蒙古东南部以及河北、山东、甘肃、宁夏、新疆等省（区）种植。1996 年获辽宁省科技进步奖三等奖。

铁岭市农业科学研究所杨旭东等于 1981 年以不育系 TX622A 为母本，恢复系 157 为父本杂交育成杂交种铁杂 8 号，1988 年经辽宁省品种审定，命名推广，定为省内先进水平。该杂交种株高 202 厘米；紧穗，纺锤形，穗长 28 厘米，平均穗粒重 100 克，千粒重 30 克；生育期 130 天，属中晚熟种；1985—1986 年，2 年全省区域试验，平均 7 521 千克 / 公顷，比对照辽杂 1 号增产 9.5%；1986—1987 年，2 年全省生产试验，平均 6 870 千克 / 公顷，比对照增产 9.8%；大面积试种一般产量 7 500~9 000 千克 / 公顷。铁杂 8 号适于辽宁省锦州、阜新、铁岭、辽阳、海城等地区种植。

锦州市农业科学研究所魏振山等于 1980 年以不育系 TX622A 为母本，锦恢 75 为父本组配成高粱杂交种锦杂 83，1983 年经辽宁省品种审定，命名推广，定为省内先进水平。该杂交种株高 230 厘米；紧穗，长纺锤形，穗长 27 厘米，平均穗粒重 81.2 克，千粒重 36.7 克；生育期 120~125 天，属中熟种；3 年产量比较试验，平均 6 277.5 千克 / 公顷，比对照增产 11.0%；大面积试种，平均 8 025 千克 / 公顷，比晋杂 4 号增产 14.8%。锦杂 83 适于辽宁省锦州、葫芦岛、阜新等地种植。1986 年获锦州市科技进步奖三等奖。

沈阳市农业科学研究所王文斗等于 1980 年以不育系 TX622A 为目标，恢复系 0-30 为父本组配成高粱杂交种沈杂 5 号，1988 年经辽宁省品种审定，命名推广，定为省内先进水平。沈杂 5 号株高 200 厘米；穗中紧，长纺锤形，穗长 30.3 厘米，平均穗粒重 93.1 克，千粒重 30.5 克；生育期 118 天，属中熟种；1984—1985 年两年全省区域试验，平均 7 008 千克 / 公顷，比对照辽杂 1 号增产 4.7%；1985—1986 年两年全省生产试验，平均 6 867 千克 / 公顷，比对照增产 7.4%。

沈杂 5 号适于在辽宁省沈阳、营口、阜新、朝阳、锦州、葫芦岛、海城等，以及河北省承德、唐山地区种植。由于沈杂 5 号米质优良，米饭适口性好，深受群众欢迎，推广种植后成为春播晚熟区主栽品种，累计生产面积达 133 万公顷，社会经济效益显著。1987 年获沈阳市科技进步奖三等奖；1991 年获辽宁省农业厅科技进步奖二等奖，同年获辽宁省科技进步奖三等奖。

辽宁省熊岳农业高等专科学校胡广群等于 1989 年以不育系 TX622A 为母本，自选恢复系 4930 为分本组配成高粱杂交种熊杂 3 号，1994 年经辽宁省品种审定，命名推广，定为省内先进水平。熊杂 3 号株高 250 厘米；穗中紧，长纺锤形，穗长 29 厘米，平均穗粒重 100 克，千粒重 34 克；生育期 122 天，属中熟种；1991—1992 年两年省区域试验，平均 7 690.5 千克 / 公顷，比对照辽杂 1 号增产 17.8%；1992—1993 年两年省生产试验，平均 7 897.5 千克 / 公顷，比对照辽杂 1 号增产 18.6%。熊杂 3 号适于辽宁省大部分高粱产区，吉林省南部、河北省承德地区种植。

辽宁省营口县农业科学研究所崔宝华等于 1980 年以不育系 TX622A 为母本，自选恢复系 654 为父本组配成杂交种桥杂 2 号，1988 年经辽宁省品种审定，命名推广，定为省内先进水平。桥杂 2 号株高 220 厘米；穗中紧，长纺锤形，穗长 32 厘米，平均穗粒重 99 克，千粒重 31.3 克；生育期 121 天，属中晚熟种；单宁含量 0.05%，米质优良，适口性好，被誉为“二大米”。1984—1985 年两年省区域试验，平均 8 038.5 千克 / 公顷，比对照辽杂 1 号增产 17.7% ；1985—1986 年两年生产试验，平均 7 159 千克 / 公顷，比对照增产 9.3%。桥杂 2 号适于辽宁省南部、西部，以及朝阳、沈阳、铁岭等地种植。1990 年获营口市政府科技进步奖二等奖。

（3）421A 系统杂交种选育

1981 年，辽宁省农业科学院卢庆善从 ICRISAT 引进一批群体改良高代不育系，其中 SPL132A 表现农艺性状优良，不育性稳定。通过进一步选择、鉴定，最终选育出定型的雄性不育系 421A。该不育系农艺性状好，配合力高，对高粱丝黑穗病菌 1 号、2 号、3 号生理小种免疫。用其组配的杂交种增产潜力大，抗病，不早衰，活秆成熟，通过审定推广的杂交种有辽杂 4 号、辽杂 6 号、辽杂 7 号、锦杂 94、锦杂 99 等。

辽宁省农业科学院高粱研究所卢庆善等于 1983 年以 421A 不育系为母本，自选恢复系矮四为父本组配成高粱杂交种辽杂 4 号，1989 年经辽宁省品种审定，命名推广，定为国内先进水平。辽杂 4 号株高 195 厘米；穗中散，长纺锤形，穗长 31 厘米，平均单穗粒重 89 克，千粒重 29 克；生育期 133 天，属晚熟种；2 年省区域试验，平均 8 022 千克 / 公顷，比对照辽杂 1 号增产 12.7% ；2 年省生产试验，平均 7 630.5 千克 / 公顷，比对照增产 31.3%。大面积示范表现产量高，稳产性好，绥中县网乎乡程家村 2.8 公顷，平均公顷产量 9 438 千克；海城县（今海城市）西柳镇 0.5 公顷，平均公顷产量 12 226.5 千克；1991 年，朝阳县台子乡农户纪凤友 0.3 公顷，平均公顷产量 13 356 千克，获辽宁省 1991 年高粱小面积创纪录奖第一名。该杂交种适于辽宁省沈阳以南、以西地区以及朝阳、阜新、铁岭部分地区，河北省秦皇岛、唐山地区栽培。1993 年获辽宁省农业厅科技进步奖二等奖，同年获省政府科技进步奖三等奖。

辽宁省农业科学院高粱研究所卢庆善等于 1985 年以不育系 421A 为母本，恢复系 5-27 为父本组配成高粱杂交种辽杂 6 号，1995 年经辽宁省品种审定，命名推广，定为省内领先水平。辽杂 6 号株高 193 厘米；穗中紧，纺锤形，穗长 28 厘米，平均单穗粒重 87 克，千粒重 31 克；生育期 130 天，属中晚熟种；2 年省区域试验，平均 7 635 千克 / 公顷，比对照增产 17%；2 年省生产试验，平均 8 070 千克 / 公顷，比对照增产 23.4%。大面积试种、示范表现增产潜力大，综合抗性强，稳产性好。1991 年，朝阳县六家子镇魏营子村示范 6.7 公顷，平均 9 681 千克 / 公顷，比辽杂 1 号增产 27%；1995 年内，朝阳县台子乡六家子林场试种 0.6 公顷，平均 13 684.5 千克 / 公顷，创造了当时辽宁省高粱最高单产纪录。

锦州市农业科学研究所程开泽等于 1985 年以不育系 421A 为母本，自选恢复系 841 为父本组配成高粱杂交种锦杂 94，1995 年经辽宁省品种审定，命名推广，定为省内先进水平。锦杂 94 株高 219.3 厘米；紧穗，纺锤形，穗长 21 厘米，平均穗粒重 105 克，千粒重 28.1 克；生育期 135~140 天，属晚熟种；1990—1991 年两年省区域试验，平均 6 927~8 349 千克 / 公顷，比对照辽杂 1 号增产 8.8% 和 21.1%；1992—1993 年两年省生产试验，平均 7 233 千克 / 公顷和 7 282.5 千克 / 公顷，比辽杂 1 号增产 8.7% 和 23.1%。该杂交种适于辽宁省锦州、葫芦岛、阜新、朝阳、昌图、营口、海城以及河北秦皇岛地区种植。

（4）232EA 系统杂交种选育

锦州市农业科学研究所程开则、何绍成等于 1981 年以外引不育系 232EA 为母本，恢复系白平为父本组配成高粱杂交种锦杂 87，1989 年经辽宁省品种审定，命名推广，定为省内先进水平。1985 年以不育系 232EA 为母本，恢复系 5-27 为父本组配成高粱杂交种锦杂 93，1993 年经辽宁省品种审定，命名推广，定为省内先进水平。

锦杂 87 株高 243 厘米；紧穗，筒形，穗长 22.7 厘米，平均穗粒重 80 克，千粒重 30.8 克；生育期 135 天，属晚熟种；1983—1984 年两年省区域试验，平均 7 599 千克 / 公顷，比对照辽杂 1 号增产 6.6%；1985—1986 年两年省生产试验，平均 7 021.5 千克 / 公顷，比对照增产 21.9%。适于锦州、葫芦岛、朝阳、海城、新民等地栽培。

锦杂 93 株高 181 厘米；紧穗，筒形，穗长 26.9 厘米，平均穗粒重 86.6 克，千粒重 34.8~41.0 克；生育期 127 天，属中晚熟种。1988—1989 年两年省区域试验，平均 7 162.5 千克 / 公顷，比对照辽杂 1 号增产 10.2%；1990—1991 年两年省生产试验，平均 8 185.5 千克 / 公顷，比对照增产 15.4%。适于辽宁省锦州、葫芦岛、阜新、朝阳、昌图等地，以及河北秦皇岛，山东夏津、枣庄，安徽宿县种植。1996年获锦州市政府科技进步奖一等奖。

（5）TL169A系统杂交种选育

铁岭市农业科学研究所杨旭东等育成的TL169系列雄性不育系分成3个不育系，即214A、232A和239A。该所和其他科研单位利用这3个不育系共组配了16个TL169A系统高粱杂交种。例如，该所于1987年以214A为母本，恢复系TR157为父本组配高粱杂交种铁杂9号，1992年经辽宁省品种审定，命名推广，定为国内先进水平。1987年以239A不育系作母本，恢复系TR157作父本组配成高粱杂交种铁杂10号，1994年经辽宁省品种审定，命名推广，定为省内领先水平。

铁杂9号株高200厘米；紧穗，纺锤形，穗长28厘米，平均穗粒重100克，千粒重30克；生育期135天，属晚熟种；1989—1990年两年省区域试验，平均7 585.5千克/公顷，比对照辽杂1号增产15.6%；1990—1991年两年省生产试验，平均7 969.5千克/公顷，比对照增产11.6%。大面积试种示范，表现高产、稳产。建昌县药王庙试种2公顷，平均公顷产量9 225千克；1991年，铁岭县示范200公顷，平均10 125千克/公顷；康平县张强镇示范16.7公顷，平均公顷产量9 825千克。该杂交种适于辽宁省铁岭以南以及锦州、葫芦岛、朝阳大凌河以南平原肥地种植。

铁杂10号株高130厘米；紧穗，纺锤形，穗长30厘米，平均穗粒重115克，千粒重30克；1991—1992年两年省区域试验，平均7 725千克/公顷，比对照辽杂1号增产18.4%；1992—1993年两年省生产试验，平均7 885.5千克/公顷，比对照增产18.1%；大面积生产示范表现增产去潜力大。1992年开原市区古城堡乡贾屯村连片种植333公顷，平均公顷产量10 500千克；义县种植67公顷，平均9 750千克/公顷。该杂交种适于开原市、铁岭县、昌图县南部、义县、北镇、黑山县、沈阳以南、朝阳大凌河以南等地区种植。1997年获铁岭市科技进步奖一等奖。

辽宁省熊岳农业高等专科学校胡广群等于1989年以214A不育系为母本，以自选恢复系4930为父本组配成高粱杂交种熊杂4号，1997年经辽宁省品种审定，命名推广，定位省内领先水平。熊杂4号株高236厘米；穗中紧，长纺锤形，穗长29厘米，平均单穗粒重102.4千克，千粒重32克；生育期129天，属中晚熟种；1993—1994年两年省区域试验，平均公顷产量7 936.5千克，比对照辽杂1号增产22.3%；1995—1996年两年省生产试验，平均产量8 409千克/公顷，比对照锦杂 93 增产 9.3%，熊杂 4 号适于辽宁省锦州、葫芦岛、沈阳、辽阳、鞍山、营口及阜新、铁岭南部地区种植。

（6）7050A 系统高粱杂交种

辽宁省农业科学院高粱研究所选育的 A1 和 A2 细胞质雄性不育系 7050A，表现不育性稳定，一般配合力高，对高粱丝黑穗病菌 2 号、3 号生理小种免疫，抗叶病，适应性广。以不育系 7050A 为母本，育成一批高产、多抗、专用的高粱杂交种经审（鉴）定在生产上广泛推广应用，如食用型的辽杂 10 号、辽杂 12 号、辽杂 24 号、辽杂 25 号、锦杂 100；酿酒专用的辽杂 11 号、沈杂 8 号；能源用的辽甜 3 号；饲草用的辽草 1 号等，为辽宁省乃至全国高粱品种的更新换代和高粱生产的发展作出了巨大贡献。“高粱雄性不育系 7050A 创造与应用”项目 2008 年获辽宁省科技进步奖一等奖。

辽宁省农业科学院高粱研究所石玉学等于 1990 年以 7050A 为母本，自选恢复系 LR9198 为父本，组配成高粱杂交种辽杂 10 号，1997 年经辽宁省品种审定，命名推广，定为国内领先水平。辽杂 10 号株高 190~200 厘米；穗中紧，纺锤形，穗长 30~35 厘米，平均穗粒重 115 克，千粒重 30 克；生育期 130 天，属中晚熟种；1994—1995 年两年省区域试验，平均单产 8 254.5 千克 / 公顷，比对照增产 10.4%；1995—1996 年两年省生产试验，平均单产 9 063 千克 / 公顷比对照增产 9.5%；大面积试种、示范表现增产潜力大，一般单产 9 000 千克 / 公顷以上；1995 年，辽杂 10 号在辽宁省阜蒙县建设镇创造了当时高粱单产最高纪录，达 15 345 千克 / 公顷。辽杂 10 号适于辽宁省沈阳、辽阳、鞍山、营口、盘锦、锦州、葫芦岛等市，朝阳、阜新南部平肥地，河北、山西、甘肃、陕西、新疆等省（区）种植。

辽宁省农业科学院高粱研究所杨晓光等于 1991 年以不育系 7050A 为母本，恢复系 148 为父本组配成高粱杂交种辽杂 11 号，1999 年经辽宁省品种审定，命名推广。辽杂 11 号株高 187 厘米；穗中散，长纺锤形，穗长 28.6 厘米；平均穗粒重 89.6 克，千粒重 33.9 克；生育期 110~115 天，属中早熟种；总淀粉含量 68.8%，单宁含量 1.49%，属于酿酒专用品种；1995—1996 年两年省区域试验，平均单产 7 606.5 千克 / 公顷，比对照锦杂 93 增产 4.9%；1997—1998 年两年省生产试验，平均单产 6 268 千克 / 公顷，比对照增产 4.3%。1997 年在北票市东官乡辽杂 11 号高产地块，单产达 10 839 千克 / 公顷。辽东 11 号适于辽宁省朝阳、阜新、黑山、康平、法库、昌图等市（县）以及内蒙古赤峰、河北北部、吉林南部等地区种植。

辽宁省农业科学院高粱研究所邹剑秋等于1990年以不育系7050A为母本，恢复系654为父本组配成高粱杂交种辽杂12号，2001年经辽宁省品种审定，命名推广。辽杂12号株高192厘米；穗中紧，长纺锤形，穗长30.8厘米，平均穗粒重100克，千粒重30克；生育期126~136天，属中晚熟种；籽粒蛋白质含量11.8%，赖氨酸含量0.23%，单宁含量0.031%，为食用型专用品种；1996—1997年两年省区域试验，平均单产6 832.5千克/公顷，比对照锦杂93增产3.8%；1998—1999年两年省生产试验，平均年省区域试验，平均单产6 832.5千克/公顷，比对照锦杂93增产3.8%；1998—1999年两年省生产试验，平均单产8 748千克/公顷，比对照锦杂93增产21.2%；1997年辽杂12号在辽宁省朝阳县高产地块，单产达到10 803千克/公顷。

辽宁省农业科学院高粱研究所邹剑秋等于2003年以不育系7050A为母本，自选甜高粱恢复系LTR108为父本组配成甜高粱杂交种辽甜3号，2008年通过国家高粱品种鉴定委员会鉴定，命名推广。辽甜3号株高336.4厘米，茎粗2.04厘米；穗中紧，纺锤形；生育期140天，属晚熟种；茎秆多汁，其含糖锤度19.7%；粗蛋白4.89%，粗纤维30.5%，粗脂肪7.6%，粗灰分6.5%，可溶性总糖34.4%，无氮浸出物47.1%；在株高120厘米时，叶中氢氰酸含量9.4毫克/千克，茎中的含量19.3毫克/千克，可作为饲用或能源用高粱杂交种。2006—2007年两年国家区域试验，平均鲜重产量77 311.5千克/公顷，比对照增产30.2%；籽粒产量5 460千克/公顷，比对照增产4.0%。

辽甜3号适宜在黑龙江第一积温带，吉林省中部、辽宁省中部和北部、北京、山西中南部、甘肃、新疆北部、安徽、湖南、广东等省（区）适宜地区作能源高粱种植。河南、湖北、江西、山东、宁夏等省（区）可试种。

辽宁省农业科学院高粱研究所朱翠云等于2000年以不育系7050A为母本，苏丹草为父本组配成饲草用高粱杂交种，2004年经国家高粱品种鉴定委员会鉴定，命名推广。辽草1号株高320~340厘米，分蘖可达3~4个，生长翻毛，一般每年可收割2~3次；茎叶粗蛋白含量4.72%，粗脂肪2.0%，粗灰分8.3%，粗纤维40.2%，无氮浸出物44.8%，茎和叶氢氰酸含量分别为4.43毫克/千克和6.83毫克/千克。2002—2003年两年国家高粱饲用组区域试验，平均鲜茎叶单产103 920千克/公顷，超过国家鉴定90 000千克/公顷的标准。辽草1号适宜在辽宁、内蒙古、北京、湖北、河南等省（区）种植。

锦州市农业科学院冯文平等于1995年以不育系7050A为母本，恢复系9544为父本组配的高粱杂交种锦杂100，2001年经辽宁省品种审定，命名推广。锦杂100株高180厘米；紧穗，纺锤形，穗长31.2厘米，平均穗粒重84.2克，千粒重28.2克；生育期128天，属中晚熟种；高抗丝黑穗病菌3号生理小种，2001—2002年接种鉴定，发病率0.7%，自然发病率为0，无叶部病害，较抗蚜虫；1998—1999年两年省区域试验，平均产量8 425.5千克/公顷，比对照锦杂93增产14.9%；1999—2000年两年省生产试验，平均单产7 854千克/公顷，比对照增产13.5%。该杂交种适于辽宁锦州、葫芦岛、朝阳、阜新等地，以及沈阳以南地区种植。

沈阳市农业科学院徐忠成等于1996年以不育系7050A为母本，自选恢复系8010为父本组配成高粱杂交种沈杂8号，2002年经辽宁省品种审定，命名推广。沈杂8号株高176厘米；紧穗、纺锤形，穗长30.6厘米，平均穗粒重91.5克，千粒重31.7克；生育期125天，属中熟种高抗丝黑穗病菌3号生理小种，接种发病率5.3%，自然发病率为0，无叶部病害，较抗蚜虫；1999—2000年两年省区域试验，平均产量7 918.5千克/公顷，比对照锦杂93增产15.3%；2001年省生产试验，平均产量8 176.5千克/公顷，比对照增产14.0%。该杂交种适于辽宁省沈阳、辽阳、鞍山、营口、锦州、葫芦岛、朝阳、阜新等地区种植。

（7）其他不育系高粱杂交种

辽宁省熊岳农业科学研究所王允铎等于1978年以自选不育系2817A为母本，恢复系YS7501为父本组配成高粱杂交种熊杂1号，1983年经辽宁省品种审定，命名推广，定为省内先进水平。熊杂1号株高206厘米；穗中紧，杯形，穗长27.8厘米，平均穗粒重93.7克，千粒重24.5克；生育期117天，属中早熟种；籽粒蛋白质含量11.1%，赖氨酸含量占蛋白质1.9%，单宁含量0.05%；1981—1983年省区域试验、生产试验，平均产量8 025千克/公顷，比对照沈杂3号增产11.4%。熊杂1号适于辽宁省南部和西部种植。

辽宁省熊岳农业高等专科学校王允铎等于1988年以自选不育系21A为母本，恢复系654为父本组配成高粱杂交种熊杂2号，1993年经辽宁省品种审定，命名推广，定为省内先进水平。熊杂2号株高224厘米；穗中紧，长纺锤形，穗长35.5厘米，平均穗粒重115克，千粒重33克；生育期126天，属中熟种；抗丝黑穗病，抗叶斑病，抗旱性强；米质优，适口性好；1990—1991年，2年省区域试验平均产粮7 656千克/公顷，比对照辽杂1号增产1.4%；1991—1992年，

2年省生产试验平均产量7 692千克/公顷，比对照辽杂1号增产10.3%，熊杂2号适于辽宁、山西、陕西、河北、河南、山东等省种植。1996年获辽宁省科技进步奖二等奖。

营口市农业科学研究所程相颖等于1978年以自选不育系营4A为母本，恢复系白平为父本组培成高粱杂交种营杂1号，1985年经辽宁省品种审定，命名推广，定为省内先进水平。营杂1号株高230厘米；紧穗，长纺锤形，穗长24.8厘米，平均穗粒重91.2克，千粒重29.5克；生育期121天，属中熟种；抗叶斑病，抗倒伏，抗旱耐涝；1982—1983年，2年省区域试验平均产量8 001千克/公顷，比对照增产20.1%；1983—1984年，2年省生产试验平均产量8 061千克/公顷，比对照增产7.1%。营杂1号适于辽阳以南、锦州南部及兴城、绥中等地种植。1986年获营口市政府科技进步奖二等奖。

三、甜高粱杂交种选育

甜高粱在辽宁省早有栽培，但大多种在房前屋后，主要作甜秆食用。由于自然和人工选择的结果，形成了许多适于当地生态条件的甜高粱地方品种，如甜秆、八棵杈、甜秆大弯头、甜秫秆等。这些甜高粱品种大都散落于农家，一般植株较矮，生物产量也不高。

改革开放以来，随着市场经济的发展，甜高粱的用途也逐渐扩大，不仅用食用、饲用、糖用，还可作为能源作物而受到人们的重视。辽宁省农业科学院高粱研究所最先开展了甜高粱杂交种选育工作。“高产优质甜高粱品种选育”从“七五”计划开始列为农业部重点研究课题，“八五”列为国家攻关课题。1989年，高粱研究所选育出为国内第一个甜高粱杂交种辽饲杂1号，由全国牧草品种审定委员会审定命名推广。

1. 育种目标

（1）茎秆产量

甜高粱茎秆是制糖、产酒、转化能源乙醇的原料，因此作为以上用途的甜高粱育种目标应确定为去掉叶片、叶鞘和穗的茎秆产量，即净甜秆产量。

Crispim等（1984）种植巴西甜高粱品种BR503，亩产净秆3 467千克。1980—1981年，巴西进行17个甜高粱品种比较试验，最高产的BR505，每亩净秆产量6 187千克。Clegg等（1986）在美国种植甜高粱品种雷伊，亩产净秆5 544千克；1983年在美国进行甜高粱品种比较试验，Mer82-9每亩产净秆

6 722 千克，82-22 为 6 738 千克，78-10 为 6 985 千克，格拉斯（MN1500）为 7 068 千克。

我国基本上以净秆产量作为甜高粱品种选育的目标之一。黎大爵（1989）于 1984 年在中国科学院植物研究所进行西安高粱品种比较试验，其中 M-81E 亩产净秆 5 963 千克，泰斯为 6 320 千克。1985 年，北京、天津、山东、湖南、江苏等地种植甜高粱品种 M-81E，平均亩产净秆 5 271 千克。1986 年，甘肃张掖地区农科所种植甜高粱品种 BJK-19 和 BJK-38，亩产净秆分别为 5 171 千克和 4 979 千克。1989 年，甘肃武威种植甜高粱品种凯勒，亩产净秆 6 603 千克。综合国内外甜高粱品种净秆产量的实验结果，确定我国甜高粱品种净秆产量的育种目标为 5 800~6 000 千克。

（2）茎秆含糖量及其成分

甜高粱品种选育不仅要求茎秆产量高，而且还要求茎秆含糖量高。因品种用途不同，对茎秆含糖量及其组成成分的要求有一定差异，但总体上还是要求选育甜高粱品种的茎秆产量及其糖分含量均高。

Bapat 等（1987）报道印度的甜高粱品种 SSV7073，其汁液锤度 22.2%，视纯度 77.6%。测定的 87 个甜高粱品种，总的固溶物幅度为 17.00%~25.55%。Seetharama（1987）对 96 个甜高粱品系进行测定，其中 2 个来自肯尼亚的种质 IS20963 和 IS20984 的茎秆含糖锤度达 32%，来自苏丹的 IS 9901 的含糖量为 42.7%。

1983 年，美国在甜高粱品种比较试验中，测定雷伊的锤度为 20.2%，视纯度为 76.2%，凯勒分别为 21.1% 和 78.1%，丽欧为 21.1% 和 79.2%。ICRISAT 对 70 个甜高粱品种进行测定，茎秆总含糖锤度为 17.8%~40.3%。

中国科学院植物研究所（1992）测定甜高粱品种凯勒汁液锤度平均为 20.7%。四川省简阳糖厂测定凯勒的汁液锤度为 21.1%。后来从凯勒品种里选出的 BJK-37，其汁液锤度达 24%。甘肃省张掖地区农科所种植的 BJK-37，测定汁液最高达 27%。根据国内外甜高粱品种汁液含糖锤度的实测数据，综合起来看确定我国选育甜高粱品种净秆含糖锤度要达到 16% 以上。

茎秆含糖量组成成分的要求也有不同，例如为了制糖的需要，其茎秆含糖成分应以蔗糖含量高；如果以转化乙醇为目的，则含糖成分应以葡萄糖和果糖含量高为好，因为葡萄糖和果糖为六碳糖，可直接转化为乙醇。

（3）籽粒产量

甜高粱的第一个光合物质贮藏库是茎秆，第二个贮藏库是穗部的籽粒。一般来说，含糖量高，茎秆产量高的甜高粱品种，其籽粒产量较低，但也有甜高粱品种例外，如 M-81E 的茎秆和籽粒产量均高。而甜高粱杂交种的籽粒产量就更高。例如 1986 年美国种植的甜高粱杂交种 N39X 雷伊，亩产籽粒 442 千克。Nimbkar 等（1987）报道，1981—1982 年印度种植的甜高粱杂交种，其亩产籽粒甚至达 1 000 千克。

我国甜高粱籽粒产量各地表现不一致。1975—1978 年，河南省开封地区农科所栽种的甜高粱品种丽欧，亩产籽粒 200~400 千克。黎大爵（1989）报道，中国科学院植物研究所甜高粱品种比较试验结果是，泰斯亩产籽粒 444.9 千克，M-81E 414.2 千克。1989 年，湖北公安县栽种的杂交种 M-81E × Rio，2 季亩产鲜生物量 10 500 千克，籽粒 1 000 千克。

我国从 1985 年开始，甜高粱品种选育已正式列为农业部研究项目。当时根据国内外甜高粱品种产量的数据，结合我国的实际，确定我国甜高粱品种选育籽粒产量指标为每亩 350~450 千克。

（4）抗逆性

甜高粱由于茎秆含有糖分，既可作为糖料作物，又可作为具有发展潜力的乙醇能源作物。2006 年，我国召开了生物质能源工作会议，提出了生物质能源的发展方针是非粮替代，即发展能源作物生产要作到不与粮争地，不与民争粮，合理利用劣质土地。这一方针就决定了我国发展甜高粱生产要在边际性土地上进行，即在干旱地、盐碱地、低洼易涝地上种植甜高粱。因此，这就决定了甜高粱品种选育的抗逆性目标，要使新选育的品种具有较强的抗干旱、耐涝、耐盐碱、耐热等特性。

甜高粱品种除了应具有抗非生物性胁迫条件外，还应具有抗生物性灾害的能力，如抗病性、抗虫性、抗鸟害、抗杂草危害等。总之，甜高粱品种要具有较强的抗逆性。

2. 杂交种选育

甜高粱作为生物质能源作物，有不可比拟的优势。一是生物产量高，甜高粱为 C4 作物，光合速率高，一般每亩可产茎秆 4~6 吨，籽粒 200~400 千克，被称为“高能作物”。二是茎秆含糖量高，易于转化，甜高粱茎秆含糖锤度一般可达 18% 以上，最高者达 32%；糖分主要为葡萄糖和果糖，易于转化为乙醇。三是综合加工利用价值高，茎秆汁液可作生产乙醇的条件，废渣可作饲料或制造纸和纤维板。因此，甜高粱杂交种选育受到国家的重视。

辽宁省农业科学院高粱研究所于20世纪90年代开始选育甜高粱杂交种。1999年，以自选雄性不育系L0201A为母本，自选甜高粱恢复系LTR102为父本杂交，组配成辽甜1号，2005年经国家品种鉴定委员会鉴定，命名推广。辽甜1号产量高，亩产净秆5 000~6 000千克，籽粒300~400千克；茎秆出汁率65%，含糖锤度17%~20%；茎叶粗蛋白4.92%，粗脂肪1.06%，粗纤维31.6%，粗灰分1.92%，可溶性总糖31.5%，无氮浸出物47.7%。

为加快甜高粱杂交种选育的速度和提高杂交种的水平，高粱研究所采用杂交、转育技术选育甜高粱雄性不育系和恢复系，先后选育出不育系L0202A、L0203A、L0204A、L0205A、L0206A、305A、307A、309A3、311A3等11个，恢复系LTR106、LTR108、LTR110、LTR112、LTR114、LTR115、LTR116、304、306、310等10个。其中雄性不育系309A3和311A3是A3细胞质的不育系，目前尚未找到恢复基因，因此用其组配的杂交种不结籽粒，这样可以提高甜高粱的茎秆产量和增加茎秆的含糖量。现已用其组配成杂交种辽甜10号（309A3×310）和辽甜14号（311A3×LTR108）。恢复系LTR108农艺性状优良，配合力高，恢复性好，用其组配成辽甜3号、辽甜12号等4个甜高粱杂交种，表现高产、稳产、优势强，深受农民欢迎。用恢复系LTR108与不育系307A组配的辽甜12号，经国家高粱品种鉴定委员会鉴定命名推广后，在黑龙江省引种试种也表现优良，因此在黑龙江省认定推广种植。“生物质能源甜高粱品种选育技术创新与应用”项目2011年获省政府科技进步奖二等奖。

20世纪90年代，沈阳农业大学农学院马鸿图教授也开始选育甜高粱杂交种，并先后选育出沈农甜杂1号（TX623A×6993）和沈农甜杂2号（TX623A×1375）2个甜高粱杂交种。其中沈农甜杂2号亩产鲜茎秆5 000千克，籽粒400千克，茎秆出汁率70%，含糖锤度16%；并具有抗叶病、抗旱、耐盐碱、易栽培、长势旺等特征。

3. 糯高粱杂交种选育

为适应酿酒业对糯高粱原料的需求以及调节人们饮食的需要，辽宁省农业科学院高粱研究所从2000年开始开展了糯高粱杂交种选育。首先通过杂交选育出糯高粱雄性不育系辽黏A-1、辽黏A-2、LA-25等，以及恢复系辽黏R-1、辽黏R-2、辽黏R-3、3540R等，并组配出辽黏1号～辽黏6号、辽糯7号、辽糯 8 号等 8 个糯高粱杂交种。其中辽粘 3 号通过国家鉴定命名推广。该杂交种产量高，国家区域 2 年平均亩产 446.2 千克，比对照青壳洋增产 47.5%，籽粒适宜酿制优质白酒。

4. 饲料（草）高粱杂交种选育

高粱是较好的饲料作物，籽粒可作精饲料，茎叶可作干草，青饲和青贮料。随着我国畜牧业的发展和对饲料（草）的需求增加，高粱研究所 1988 年育成了饲料高粱杂交种，辽饲杂 1 号（623A×wey69-5），1989 年经全国牧草品种审定委员会审定命名推广。

辽饲杂 1 号可粮饲兼用，每亩产籽粒 300~400 千克，茎叶 3 000~4 000 千克。辽饲杂 1 号作青贮料，含初水 78.9%，粗蛋白 5.85%，粗脂肪 3.21%，粗纤维 32.85%，灰分 9.29%。用来饲喂奶牛，比饲喂青贮玉米每头日增加产奶 0.55 千克，乳脂率提高 0.12%，成本下降 25%。

为了使饲料高粱杂交种主要性状满足青饲、青贮的需要，高粱研究所通过杂交选育出饲用高粱雄性不育系 LS3A、ICS24A 和 L0201A 等，用其组配出辽饲杂 2 号、辽饲杂 3 号和辽饲杂 4 号，并通过国家审（鉴）定命名推广。

采用粒用高粱与苏丹草杂交组配的草高粱（也称高丹草）杂交种，利用茎叶产量大，在无霜期较长地区一年可多次收割，满足畜禽对饲草需求的特点，高粱研究所从 20 世纪 90 年代开始选育草高粱杂交种，先后育成了辽草 1 草（7050A× 苏丹草）、辽草 2 号（24A× 苏丹草）和辽草 3 号（12A× 苏丹草），经国家鉴定后命名推广应用。其中辽草 1 号株高 220 厘米，茎粗 1.2 厘米，分蘖数 1.9 个，含糖锤度 15%，一年收割 2 次时，可亩产青饲草 7 000 千克以上。

第四节　春播晚熟区高粱主推品种简介

一、辽杂 10 号

1999 年辽宁省政府科技进步奖三等奖。

1. 特征特性

该杂交种生育期 125~130 天；株高 200 厘米左右；纺锤形，中紧穗，穗长 30~35 厘米；褐壳、白粒，千粒重 30 克左右，角质率 70%。籽粒蛋白质含量 9.33%，赖氨酸占蛋白质含量的 2.07%；单宁含量为 0.075%；淀粉含量 70.0%；出米率 80%~85%，米质白、适口性好，有饭香味。抗蚜虫，抗叶部病害，抗倒伏，活秆成熟，抗旱性强。

2. 产量表现

一般亩产 784.1 千克，比对照锦杂 93 号增产 38.0%。阜新县沙拉乡田中凯种植 7 亩，平均亩产 1 023 千克，被农民誉为“高粱王”。

3. 栽培技术要点

在辽宁适宜播期为 4 月 25 日至 5 月 5 日，播种深度不要超过 3 厘米，镇压后种子上复土为 1.5~2.0 厘米为宜；亩保苗 7 000~8 500 株。

4. 适宜地区

适宜地区为辽宁昌图以南，阜新、朝阳 101 线国道以南地区以及京津、河北唐山、承德等地区，河南、陕西、山西、甘肃、湖北等地均已引种试种成功。

二、辽杂 11 号

2001 年通过辽宁省农作物品种审定委员会审定。

1. 特征特性

春播生育期 115~120 天，夏播生育期 100~105 天，株高 200 厘米，穗长 31.7 厘米，穗粒重 90.7 克，千粒重 30.2 克。褐壳、红粒。淀粉含量高（总淀粉含量 68.78%），单宁含量适中（单宁含量 1.49%），蛋白质含量中等（粗蛋白含量 13%，赖氨酸含量 0.26%），不仅出酒率高、酒的质量好，而且可防鸟害。抗性好，抗叶病，活秆成熟，抗旱、抗涝、抗倒伏，抗蚜虫，抗丝黑穗病。是一个非常优良的专用酿酒高粱品种。

2. 产量表现

辽杂 11 号产量突出，一般亩产 650~700 千克，最高亩产达 870 千克。

3. 栽培技术要点

亩施农家肥 3 000 千克作底肥、磷酸二铵 10 千克作种肥、25 千克尿素作追肥。精细播种，确保全苗。每亩 7 000~7 500 株为宜。及时去除根蘖。适时收获，收获时期最好在蜡熟前期。

4. 适宜地区

适宜辽宁大部分以及河北、河南、湖北等地区种植。

三、辽杂 18 号

酿酒型高粱新品种辽杂 18 号由国家高粱改良中心选育，2004 年通过国家高粱品种鉴定委员会鉴定。

1. 特征特性

春播生育期 126 天左右，夏播 115 天，属晚熟种。紫黑壳，红粒。中紧穗，纺锤形，株高 189 厘米，穗长 29 厘米，穗粒重 86 克，千粒重 28.6 克。抗旱性强，抗叶病，活秆成熟；耐涝，抗倒伏；对丝黑穗病免疫。总淀粉 72.03%，蛋白质 11.18%，赖氨酸 0.22%，单宁 1.13%。

2. 产量表现

一般亩产 600~650 千克，最高亩产 745 千克。

3. 栽培技术要点

亩保苗 6 500~7 000 株为宜，亩施农家肥 3 000 千克左右作底肥、磷酸二铵 10 千克作种肥，适当施用钾肥，20~25 千克尿素作追肥；及时防治黏虫、蚜虫和螟虫。

4. 适宜地区

适宜辽宁沈阳以南、河北、陕西、山西、甘肃等地区种植。

四、辽杂 19 号

辽杂 19 号是国家高粱改良中心选育，2004 年通过辽宁省审定，2009 年通过国家鉴定。

1. 特性特征

春播生育期 119~124 天，夏播 100 天，属中早熟高粱杂交种。辽杂 19 号幼苗期叶色深绿，芽鞘绿色，长势中。其成株株高 168~176 厘米。长纺锤形，中紧穗，穗长 33.0 厘米，紫黑壳，红粒，籽粒扁圆。穗粒重 80.9 克，千粒重 29.5 克。粗蛋白含量为 9.7%，赖氨酸含量 0.20%，总淀粉含量 73.81%，单宁含量为 1.27%。辽杂 19 号抗蚜虫，对丝黑穗病 3 号小种免疫，无叶病，绿叶成熟。具有综合抗性好，中早熟等特点，是一个增产潜力大的杂交种。

2. 产量表现

一般亩产 600~700 千克，最高亩产 750 千克。

3. 栽培技术要点

该杂交种在一般肥力土壤均可种植，春播一般在5月上中旬播种，夏播可在6月中旬播种。每亩施农家肥3 000千克左右作底肥、磷酸二铵10千克作种肥，适当施用钾肥，20千克尿素作追肥，密度以每亩7 000~8 000株为宜，播种时用毒谷防治地下害虫，及时防治黏虫、蚜虫和螟虫。

4. 适宜地区

建议在辽宁及山西晋中以南、河北石家庄春播晚熟区种植。

五、辽杂27号

1. 品种来源

由辽宁省农业科学院高粱研究所于2000年以057A为母本、F15为父本组配而成。

2. 特征特性

芽鞘绿色，叶片绿色，苗期长势中等，株高172.7厘米，叶片数20~22片，中脉蜡质。纺锤形紧穗，穗长30.5厘米，育性100%，壳褐色，籽粒白色，穗粒重71.3克，千粒重30.3克，籽粒整齐度好。着壳率3%，角质率72%，出米率85%，适口性好。

经农业农村部农产品质量监督检验测试中心（沈阳）测定，籽粒粗蛋白含量11.2%，总淀粉含量76.24%，赖氨酸含量0.29%，单宁含量0.11%。

辽宁省春播生育期117天左右，比对照辽杂11号早5天，属中早熟品种。经2006—2007年两年人工接种鉴定，高抗丝黑穗病（病株率变幅0~5.5%）。抗倒伏（倒伏率为0）、抗蚜虫、抗螟虫、抗叶病。

3. 产量表现

2006—2007年参加辽宁省高粱区域试验，两年平均亩产478.4千克；2007年参加同组生产试验，平均亩产522.3千克。

4. 栽培技术要点

057A/F15是优质食用高粱杂交种，选择土壤肥力中上等或水肥条件较好的地块，能获得更高的产量。应选择发芽率在80%以上的种子，亩播种量1.5~2.0千克。适时播种，保证播种质量，亩保苗7 000~7 500株。播种时每亩施农家肥3 000千克，磷酸二铵15~20千克，硫酸钾5千克。拔节期（12~14片叶时）结合中耕培土施肥，施用尿素20~25千克。及时防治黏虫和螟虫。

5. 适宜地区

适宜在辽宁省铁岭、阜新、彰武、黑山等地区种植。

六、辽杂 37

2012 年，国家高粱改良中心以满足机械化生产为目标选育的高粱品种辽杂 37 通过国家高粱品种鉴定委员会鉴定。

1. 特征特性

（1）平均生育期 114 天，抗旱耐瘠薄，适应范围广，春播播种时间跨度大，可有效抵御春旱晚播，温光充足地区也可夏播复种。

（2）株高 140~160 厘米，抗风、抗倒伏，适于全程机械化栽培。

（3）籽粒红色，降水快，鸟害轻，淀粉含量高（75.38%），单宁含量适中（0.90%），是酿酒的好原料。

（4）抗叶病、高扩丝黑穗病，活秆成熟。

2. 产量表现

辽杂 37 号 2010 年、2011 年连续两年参加全国高粱品种春播早熟组区域试验，两年区试平均亩产 648.0 千克，居第 2 位，最高亩产达 900 千克。

3. 栽培技术要点

地积温确定播种时期，建平、凌源及相似地区 5 月 10 日左右，沈阳（法库、康平）、阜新、朝阳县一般 5 月 10—20 日，锦州、葫芦岛夏播复种不应晚于 6 月 25 日，春旱严重的山区、坡地、朝阳地块，应适时早播，低洼易涝、平原地块适当晚播。合理密度能充分利用光能和地力，使个体发育健壮，群体发育良好，增加干物质积累而获得高产。适宜的种植密度是获得高产的重要前提之一，辽杂 37 种植密度以“肥地宜密，薄地宜稀”为原则，一般为 8 000~10 000 株 / 亩。

4. 适宜地区

辽宁省、吉林省的长春、白城、公主岭等地区；黑龙江省的哈尔滨、肇源、肇州地区；内蒙古的赤峰、通辽地区；辽宁省以南夏播复种区。

七、甜高粱杂交种辽甜 1 号

辽甜 1 号是国家高粱改良中心于 1999 年杂交组配而成，2005 年通过国家高粱品种鉴定委员会鉴定。

1. 特征特性

该杂交种属于能源专用型，紫芽鞘，纺锤形中紧穗，红壳白粒，生育期134天，株高314.2厘米，茎粗2.02厘米，茎秆多糖多汁，茎汁含量65%，茎秆含糖锤度17.6%，产量高，一般亩产5 000~6 000千克。品质好，经测定茎叶粗蛋白4.92%，粗脂肪1.06%，粗纤维31.6%，粗灰分1.92%，可溶性总糖31.5%，无氮浸出物47.7%，茎和叶氢氰酸含量在株高192.3厘米时分别为1.0毫克/千克和5.47毫克/千克，在株高132.6厘米时分别为38.4毫克/千克和30.6毫克/千克。抗叶病、较抗倒伏，对丝黑穗病免疫。

2. 产量表现

2003年在全国14个试验点中鲜重平均亩产5 200.3千克，居第1位，比对照辽饲杂1号增产25.4%，13个点增产，1个点减产。籽粒平均亩产345.92千克，居第2位，比对照增产3.0%。

2004年在全国13个试验点中鲜重平均亩产5 706.1千克，居第2位，比对照辽饲杂1号增产18.1%，12个点增产，1个点减产。籽粒平均亩产406.0千克，居第2位，比对照增产1.5%。

两年鲜重平均亩产5 453.2千克，比对照增产21.75%，籽粒平均亩产375.96千克，比对照增产2.25%。

3. 栽培技术要点

该杂交种适应性广，在中等肥力土地上皆可种植，亩保苗5 000株左右为宜，亩施优质农肥3 000千克，播种时施底肥磷酸二铵10~15千克/亩，拔节期追施一次化肥（如尿素20千克/亩），生长期间注意防治黏虫和蚜虫。该杂交种可1次收获，也可2次收获，在抽穗开花期收获1次，利用其再生性收获第2次。

4. 适宜地区

全国大部分地区均可种植，如粮秆兼用，需在有效积温2 800℃以上地区种植。

八、甜高粱杂交种辽甜3号

辽甜3号于2008年通过国家高粱品种鉴定委员会鉴定。

1. 特征特性

生育期141天，株高336.4厘米，茎粗2.04厘米，分蘖2.2个，中紧穗，纺锤形，红壳灰白粒，茎秆多汁，茎秆含糖锤度 19.7%；叶病轻，丝黑穗病自然发病率 0.05%，接种发病率为 0，开花期倒伏 21.0%，收获期倒伏 26.1%；粗蛋白 4.89%，粗纤维 30.5%，粗脂肪 7.6%，粗灰分 6.48%，可溶性总糖 34.4%，无氮浸出物 47.13%，水分 3.4%；在株高 75.4 厘米时，叶中氢氰酸 3.27 毫克 / 千克，茎中氢氰酸 1.8 毫克 / 千克（2006 年结果）；在株高 120.0 厘米时，叶中氢氰酸 9.4 毫克 / 千克，茎中氢氰酸 19.3 毫克 / 千克（2007 年结果）。

2. 产量表现

2006 年、2007 年连续两年参加全国高粱品种能源青贮组区域试验。两年鲜重平均亩产 5 154.1 千克，比对照辽饲杂 1 号增产 30.2%。籽粒平均亩产 364.0 千克，比对照辽饲杂 1 号增产 4.0%。

3. 栽培技术要点

在中等以上肥力土地上均可种植，亩保苗 5 000 株左右为宜，亩施优质农肥 3 000 千克，播种时施底肥磷酸二铵 10~15 千克 / 亩，钾肥 5 千克 / 亩，拔节期追施尿素 20 千克 / 亩。生长期间注意防治黏虫和蚜虫。辽甜 3 号可 1 次收获，也可 2 次收获，在抽穗开花期收获 1 次，利用其再生性收获第 2 次。

4. 适宜地区

可在黑龙江省第 I 积温带，吉林中部、辽宁中部和西部，北京、山西中南部、甘肃、新疆北部、安徽、湖南、广东等适宜地区作能源高粱种植。南方高粱区注意防治穗部害虫。

九、能源用甜高粱杂交种辽甜 6 号

辽甜 6 号是 2010 年通过国家高粱品种鉴定委员会鉴定。

1. 特征特性

甜高粱杂交种，生育期 141 天。株高 326.0 厘米，茎粗 1.89 厘米。中紧穗，纺锤形，褐壳红粒。茎叶粗蛋白含量 7.18%、粗纤维 21.9%、粗脂肪 26.0 克 / 千克、粗灰分 5.74%、可溶性总糖 10.2%、水分 4.9%。该品种在株高 120.0 厘米时，叶中氢氰酸 4.16 毫克 / 千克，茎中氢氰酸 1.54 毫克 / 千克。（2008 年结果），在株高 117.0 厘米时，叶中氢氰酸 0.39 毫克 / 千克，茎中氢氰酸 0.91 毫克/ 千克（2009 年结果）。茎秆多汁，茎秆含糖锤度 18.5%，茎秆出汁率 57.2%，叶病轻，丝黑穗病接种发病率 0.5%。

2. 产量表现

2008—2009 年能源 / 青贮组区域试验，两年鲜重平均亩产 4 403.5 千克，比对照辽饲杂 1 号增产 6.9%。籽粒平均亩产 309.2 千克，比对照辽饲杂 1 号减产 2.3%。

3. 栽培技术要点

辽甜 6 号适应性广，抗逆性强，在中等肥力土地、含盐 5% 以下盐碱地均可种植，亩保苗 5 000 株左右为宜。播种时可施入一次性缓释肥或亩施优质农肥 3 000 千克、播种时每亩施底肥磷酸二铵 10~15 千克、钾肥 5~7.5 千克、拔节期追施尿素 20~25 千克。种植方式可采取 5 : 5 套矮秆作物或比空栽培或清种。套种或比空栽培有利于机械化收割。生长期间注意防治黏虫和蚜虫。

4. 适宜地区

建议在辽宁沈阳以南、山西中南部、北京、安徽、河南、湖南、广东、新疆昌吉地区种植。

十、茎秆专用型能源甜高粱杂交种辽甜 9 号

辽甜 9 号 2011 年通过国家高粱品种鉴定委员会鉴定。

以 A3 型细胞质雄性不育系为母本与甜高粱恢复系杂交选育而成，后代在生物产量、总糖以及茎秆含糖锤度方面均有明显提高，不产籽粒的不育化 A3 细胞质杂交种乙醇总产量要高于粮秆兼收的 A1 细胞质杂交种。同时，可有效解决能源甜高粱抗倒伏能力差、防鸟害难等问题，还可以满足加工企业原料生产轻简化及收获阶段化的需要。

1. 特征特性

能源甜高粱杂交种，生育期 132 天。株高 347.2 厘米，茎粗 1.80 厘米。茎叶粗蛋白含量 6.44%、粗纤维 27.0%、粗脂肪 13.0 克 / 千克、粗灰分 5.4%、可溶性总糖 24.14%、水分 6.2%。在株高 115.0 厘米时，叶中氢氰酸 0.31 毫克/千克，茎中氢氰酸 1.23 毫克 / 千克（2009 年结果）。在株高 192.0 厘米时，叶中氢氰酸 0.27 毫克 / 千克，茎中氢氰酸 0.33 毫克 / 千克（2010 年结果）。茎秆多汁，茎秆含糖锤度 20.6%，茎秆出汁率 55.1%，倾斜率 39.0%，倒折率 25.0%，丝黑穗病接种发病率 8.3%。

2. 产量表现

2009—2010 年能源 / 青贮组区域试验，两年鲜重平均亩产 4 639.9 千克，比

对照辽饲杂 1 号增产 13.6%。

3. 栽培技术要点

辽甜 9 号适应性广，抗逆性强，在中等肥力土地、含盐量在 5% 以下盐碱地均可种植，亩保苗 5 000 株左右为宜。播种前可施入一次性缓释肥或亩施优质农肥 3 000 千克，播种时每亩施底肥磷酸二铵 10~15 千克、钾肥 5~7.5 千克、拔节期追施尿素 20~25 千克。种植方式可采取清种、5∶5 套矮秆作物或比空栽培。套种或比空栽培有利于机械化收割。生长期间注意防治病虫害。

4. 适宜地区

建议在辽宁中西部、内蒙古通辽、山东、山西中南部、安徽、河北、河南、湖南、新疆昌吉适宜地区种植。注意防止倒伏。

十一、A3 型细胞质能源甜高粱杂交种辽甜 13

辽甜 13 于 2014 年通过国家高粱品种鉴定委员会鉴定。

2012 年、2013 两年区试平均生育期 142 天，平均株高 361.8 厘米，茎粗 2.1 厘米，含糖锤度 19.2%，出汁率 51.1%，倾斜率 15.4%，倒折率 6.5%，丝黑穗病自然发病率两年平均为 0，接种发病率两年平均为 0。

该品种粗蛋白 5.26%、粗纤维 29.90%、粗脂肪 18.0 克 / 千克、粗灰分 6.5%、可溶性总糖 18.3%、水分 4.4%。该品种在株高 102.0 厘米时，叶中氢氰酸 0.036 毫克 / 千克，茎中氢氰酸 0.036 毫克 / 千克（2012 年结果）。该品种在株高 100.0 厘米时，叶中氢氰酸 0.021 毫克 / 千克，茎中氢氰酸 0.022 毫克 / 千克（2013 年结果）。

2012 年全国鲜重平均产量 5 330.9 千克，居第 2 位。比对照辽甜 6 号增产 16.2%，14 个点增产，1 个点减产。2013 年全国鲜重平均产量 5 234.4 千克，居第 4 位。比对照辽甜 6 号增产 17.7%，13 个点全部增产。比参试品种平均值增产 4.4%，9 个点增产，4 个点减产。

两年区试全国鲜重平均产量 5 282.7 千克，比平均对照增产 10.0%。两年共 28 个点次，23 个点次增产，5 个点次减产。

1. 主要优点

生物学产量高，茎秆产量可达 5 300 千克以上，最高可达 8 500 千克；茎秆多糖多汁，茎秆含糖锤度 19.2%，茎秆出汁率 51.1%，是生产燃料乙醇较理想的能源作物品种，是 A3 型细胞质甜高粱杂交种，为不育化类型，没有籽粒，有效避免了甜高粱生育后期头重脚轻的现象，大大降低了倒伏风险，没有鸟害问题；只要含糖量达到要求，不必等待籽粒成熟，即可收获，缩短了生育期，为分期播种、延长加工时间创造了条件；抗逆性强，经两年试验丝黑穗病自然发病率为 0，接种发病率为 0。

2. 主要缺点

种植密度不宜过大，密度不宜超过 5 000 株 / 亩，密度过大易引起倒伏。

3. 建议适宜推广区域

作为能源作物，≥ 10℃活动积温达到 3 200℃以上的地区均可种植。作为青贮饲料，在我国各地均可种植。

十二、青饲型草用高粱杂交种辽草 1 号

辽草 1 号于 2004 年通过国家高粱品种鉴定委员会鉴定。

1. 特征特性

该杂交种生育期 110 天左右，株高 320~340 厘米，伞形散穗，芽鞘红色，紫壳，红粒，再生能力强，分蘖力较强（3~4 个）。茎叶粗蛋白含量 4.72%，粗脂肪 2.0%，粗纤维 40.17%，粗灰分 8.30%，无氮浸出物 44.81%，茎和叶氰氢酸含量分别为 4.43 毫克 / 千克和 6.83 毫克 / 千克。高抗丝黑穗病，两年抗丝黑穗病结果平均只有 0.5%，抗叶病、抗倒伏能力较强。

2. 产量表现

该杂交种产量高，一般亩产鲜草 7 000~10 000 千克，在辽宁一个生长季可刈割 2~3 次。刈割后可直接饲喂牲畜，也可进行青贮和晒干草，是畜牧业的一种很好的饲草饲料来源。

3. 栽培技术要点

辽草 1 号适应性广，在中等肥力土地上皆可种植，亩保苗 20 000~30 000 株为宜。每次刈割后，留茬 15~20 厘米，最好追施一次化肥。

4. 适宜地区

适宜我国活动积温 2 300℃以上地区种植。

十三、草用高粱杂交种辽草 3 号

辽草 3 号于 2007 年通过国家高粱品种鉴定委员会鉴定。

1. 特征特性

株高 216.5 厘米，茎粗 1.25 厘米，分蘖数 2.1 个；叶病轻，茎秆多汁，刈割期倒伏 27.7%；丝黑穗病自然发病率为 0，接种发病率为 3.8%；粗蛋白 6.92%，粗纤维 35.8%，粗脂肪 15.6%，粗灰分 7.98%，可溶性总糖 14.0%，无氮浸出物 30.80%，水分 2.9%；在株高 108.5 厘米时，叶中氢氰酸 2.19 毫克 / 千克，茎中氢氰酸 2.35 毫克 / 千克（2006 年结果）；在株高 155.0 厘米时，叶中氢氰酸 17.3 毫克 / 千克，茎中氢氰酸 5.5 毫克 / 千克（2007 年结果）。

2. 产量表现

2006 年、2007 年连续两年参加全国高粱品种饲草组区域试验，两年鲜重平均亩产 7 021.8 千克，比对照皖草 2 号增产 1.0%。

3. 栽培技术要点

辽草 3 号抗逆、广适，在中等肥力土地上皆可种植，亩保苗 2.2 万株为宜，亩施优质农肥 3 000 千克，播种时施底肥磷酸二铵 10~15 千克 / 亩，拔节期追施尿素 20 千克 / 亩，生长期间注意防治黏虫和蚜虫。每年可刈割 2~3 次，每次刈割后，留茬 15~20 厘米，最好追施一次化肥。

4. 适宜地区

可在黑龙江省第Ⅰ、第Ⅱ积温带，辽宁省中部和西部，北京、山西、河南中部等适宜地区种植。

十四、糯用高粱杂交种辽黏 3 号

辽黏 3 号于 2007 年通过国家高粱品种鉴定委员会鉴定。

1. 特征特性

生育期 116 天，株高 169.5 厘米，穗长 31.8 厘米，穗粒重 69.6 克，千粒重 24.1 克，褐壳，红粒，中紧穗纺锤形，叶病轻，倒伏 20%；籽粒粗蛋白 8.14%，粗淀粉 78.09%，单宁 1.47%，赖氨酸 0.14%；丝黑穗病自然发病率为 0，2006 年接种发病率 14.3%，2007 年接种发病率 5.6%，两年平均接种发病率 9.95%。

2. 产量表现

2006—2007 连续两年参加全国高粱品种酿造组区域试验。两年平均亩产 424.1 千克，比对照青壳洋增产 47.5%。2007 年全国生产试验，平均亩产 426.1 千克，比对照青壳洋增产 43.6%。春播晚熟区栽培条件好的情况下，增产潜力大，亩产可达 900 千克。

3. 栽培技术要点

适宜播期为 4 月底到 5 月初，每亩施农家肥 3 000 千克作底肥、磷酸二铵 10 千克作种肥，适当施用钾肥，20~25 千克尿素作追肥。密度以每亩 7 000 株为宜。播种时用毒谷防治地下害虫，及时防治黏虫、蚜虫和螟虫。

4. 适宜地区

可在春播晚熟区、春夏兼播区及四川、重庆、贵州、湖南、湖北省（市）等南方区适宜地区种植。注意防治穗部害虫。

十五、早熟、机械化收割糯用高粱杂交种辽黏 6 号

辽黏 6 号于 2012 年通过国家高粱品种鉴定委员会鉴定。

2010、2011 两年区试平均生育期 115 天，与对照两糯一号持平。株高 150.9 厘米，穗长 27.8 厘米，穗粒重 63.4 克，千粒重 27.0 克，倾斜率 1.0%，倒折率 1.0%。该品种籽粒粗蛋白 11.67%、粗淀粉 75.05%、单宁 0.98%、赖氨酸 0.24%。丝黑穗病自然发病率两年平均 34.2%。

2010 年全国平均亩产 371.8 千克，比对照两糯一号增产 8.3%，居第 10 位。5 个点增产，1 个点减产。2011 年全国平均亩产 435.6 千克，比对照两糯一号增产 6.0%，与对照一比 4 个点增产，2 个点减产。

两年区试平均亩产 403.7 千克，居第 5 位，比对照两糯一号增产 7.1%。

1. 主要优点

熟期早：比两糯一号 CK1 早 3 天，比泸糯 8 号 CK2 早 6 天。株高矮：株高 150 厘米，较矮，适于机械化收割。淀粉适中：粗淀粉含量 75.05%。抗性好：抗叶病，抗倒伏、抗倒折，综合抗性好。糯性好：糯性遗传稳定，是优异的糯质高粱杂交种。

2. 主要缺点

由于熟期早，与对照比增产产量不高。

3. 栽培技术要点

辽黏 6 号是一个糯性遗传稳定的糯质高粱杂交种，选择肥力中上等或水肥条件较好的地块才能充分发挥该品种的高产潜力，以获得最高的产量及收益。播前要选好种，适宜播期为 4 月底到 5 月初，每亩施农家肥 3 000 千克左右作底肥、磷酸二铵 10 千克作种肥，适当施用钾肥，20~25 千克尿素作追肥。保证苗全、苗齐、苗壮；早间苗、定苗，每亩应保苗在 8 000 株。注意防治病虫害，

尤其是黏虫。

4. 适宜地区

适宜在辽宁大部以及四川、重庆、贵州、湖南、湖北等省（市）均可种植。

十六、酿造用高粱品种辽糯 11

2018 年通过国家登记，具有生育期适中，适应性广，农艺性状好，糯性遗传稳定，高产，高抗丝黑穗病 3 号生理小种等特点，是一个高产、优质的酿造型高粱杂交种。2017 年在全国 10 个试验点进行试验示范，综合性状表现较好，特别在河北阜城引进的 31 个品种当中表现最好，产量排名第一，亩产量达到 816.7 千克，比对照增产 16.9%，在河北省高粱蚜虫发病率最高的省份，辽糯 11 高抗蚜虫，成熟期青枝绿叶，活秆成熟，无叶病。株高较矮，抗风、抗倒伏，适于全程机械化栽培；柄伸适中，叶片上冲，适于机械化收获，通过试验示范该品种在华北地区表现较好，生育期适中，中散穗形防止了穗部病害的发生，是最具有发展潜力的酿造用机械化高粱品种。

1. 特征特性

生育期 116 天，株高 167.1 厘米，穗长 31.9 厘米，穗粒重 64.1 克，千粒重 26.8 克，褐壳红粒，育性 89.7%。叶病轻，倾斜率为 0.65%，倒折率为 0。该品种籽粒粗淀粉 76.26%，单宁 1.17%，粗脂肪 3.28%，支链淀粉 93.7%。

2. 产量表现

一般亩产 582.7 千克，最高亩产 820 千克。

3. 栽培技术要点

适时播种，10 厘米耕层地温稳定在 12℃以上，土壤含水量在 15%~20% 时播种为宜。确保全苗：精细播种，播前晒种，能够包衣更好。播种深度掌握覆土镇压后在 2 厘米左右，播种时用毒谷防治地下害虫。合理密植：该杂交种抗倒性好，较耐密植，适宜种植密度为 8 000 株 / 亩。合理施肥：亩施农家肥 3 000 千克作底肥、磷酸二铵 10 千克作种肥、25 千克尿素作追肥。适时收割：在蜡熟末期收割，并抓紧晾晒和及时脱粒，以确保籽粒的优良商品性。

4. 适宜地区

在我国的辽宁大部地区及吉林、内蒙古、河北、河南、山东、山西、浙江等适宜地区春播种植。

第二章 春播晚熟区高粱的生长发育

第一节 高粱的形态特征图解

高粱是一年生的禾谷类植物，与其他禾谷类植物比较，它根系发达，植株茂盛，叶片宽大，花序多样。一粒成熟的高粱种子落入土中，在适宜的温度、湿度条件下，开始萌动发芽，并破土出苗，继而长出根、茎、叶、花序，开花授粉，结出新种子，完成个体发育的一生。

高粱的植物学形态，可以分为根、茎、叶、花序和籽粒 5 个部分。由于高粱种类繁多，其形态特征也多种多样，加之环境条件的变化，使高粱的植物学形态表现也不尽完全相同。本章仅就高粱的基本形态结构、解剖、生殖加以描述。

一、根的形态解剖结构

1. 根的形态

高粱根由初生根和永久根组成，永久根又分次生根和支持根（又称气生根）两种。初生根、次生根和支持根上又能长出许多侧根，形成发达的根系（图 2-1，图 2-2）。当高粱植株长到 6~8 片叶时，根系入土深度通常可达 100~150 厘米，水平分布直茎可达 80 厘米。完全长成的根入土深度可达 180 厘米以上，水平分布直径在 120 厘米左右。高粱根系主要部分在 30 厘米土层以内，这些根系吸收能力也最强。

（1）初生根（又称种子根）

初生根是由胚根发育形成的，只有高粱的初生根是发芽苗的单胚根，因此只有 1 条。但是，有时由于种子中毒或受机械损伤，在盾片着生部位（即中胚轴区域、根颈）能长出少数短而细的根，称初生不定根。初生根和初生不定根统称为种子根。种子根通过根颈与地上部分连接。根颈的长短因品种而异。一般来说，根颈长的品种，容易出苗；根颈短的品种，出苗困难。因此，播种时应浅覆土。

随着幼苗生长，种子根不断长出侧根，但由于根颈不能增粗以及细胞壁木质化程度增强，输导能力逐渐减弱，限制了种子根的生长。虽然种子根在总根系中所占比例不大，但在次生根形成之前，种子根的作用较大，它能保证幼苗最初 10 余天生长所需水分、营养物质的吸收和运输。当次生根长出后，种子根的作用逐渐减弱，以至消失。所以，从这种意义上说，种子根也称临时根。

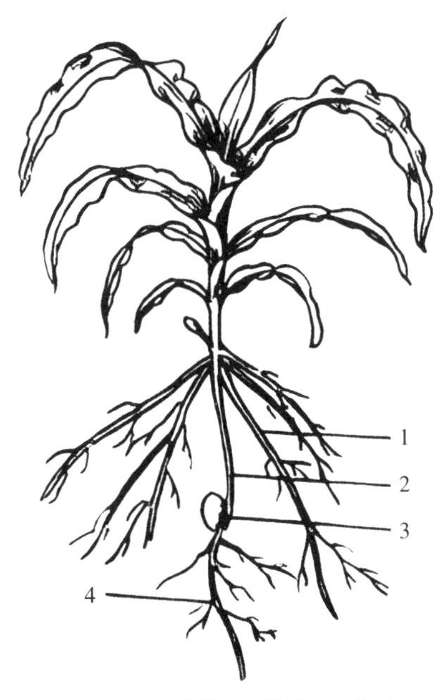

1. 次生根　2. 根颈　3. 种子　4. 初生根

图 2-1　高粱的初生根和次生根

（引自《中国高粱栽培学》，1988）

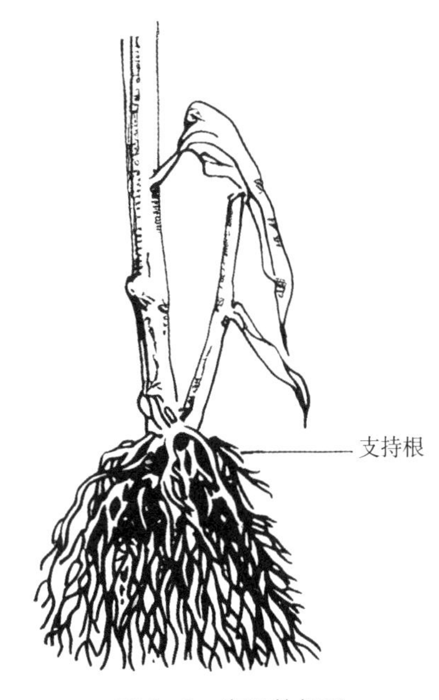

图 2-2　高粱的根系

（引自《高粱学》，1999）

（2）次生根（又称永久根）

当幼苗长出 3~4 片叶时，从芽鞘基部长出几条次生不定根。次生不定根产生在种子根之后，位于种子根之上。随着幼苗的生长，从地下和地上基部各茎节的基部不断地产生次生不定根，有明显的层次，由它们构成了高粱根系的主体。由于次生根产生的数目和位置是不固定的，因此称不定根。又由于次生根从产生到高粱成熟一直起到吸收水分营养的作用，因此次生根又称永久根。

次生根产生的层次数目与品种有关。因为次生根产生在地表上下的茎节基部，茎节数又与品种总叶数有关，因此次生根的层次数也就与品种的叶数有关。品种的叶数越多，茎节数也就越多，次生根的层次数也就越多，反之就越少。

（3）支持根（又称气生根）

抽穗后，在茎基部1~3节上产生支持根，支持根虽然是由地上节上长出来的，但它同样具有向地性，而且特别粗壮。在进入土壤后，也有一定的吸收水分和养分的作用。可见，支持根本质上是地下不定根的生育在地上部的延续。支持根起始暴露在空气中，表皮角质化，含胶质，有时有叶绿素，呈淡绿色。支持根厚壁图组织发达，支撑能力强。特别是扎入土壤的支持根，能增强植株的抗倒力。一般来说，中国高粱地方品种比外国高粱的支持根发达。

总之，高粱的初生种子根不发达。次生永久根发达，层次多，由此产生的侧根和细根也多，再加上支持根，共同构成了高粱庞大强壮的纤维状须根系。

2. 根的解剖

（1）根的一般解剖

高粱根的横断面解剖如图2–3所示。最外部为表皮，其外壁栓质化，向内为大型薄壁细胞排列成的皮层。高粱生育中、后期，皮层薄壁细胞逐渐衰败、死亡，形成通气组织，经通气组织空气可进入根系各部分，保证呼吸作用的进行。高粱在生育后期，特别是灌浆以后，具有较强的抗涝能力，与通气组织的形成有一定关系。皮层的内侧是内皮层，细胞排列较紧密。再向内为中柱鞘，具有分生能力，可不断产生新的侧根，增加根的数量，扩大根的吸收范围。中柱鞘内有木质部和韧皮部，二者相间排列，呈放射状。木质部内有导管，通过导管将根部吸收的水分和无机盐类输送到茎叶。韧皮部内有筛管，叶片制造的有机物质通过筛管运送到根系。在木质部与韧皮部之间为薄壁细胞组织，无形成层。木质部并不达到中央，所以中柱的中央为髓部。在根的先端，随着新细胞的分化，幼根表皮某些单个细胞外壁向外突出，形成根毛。高粱根通过大量根毛，从土中吸收水分和养分。老根由于根毛已经脱落，表皮栓质化，几乎失去吸收作用。

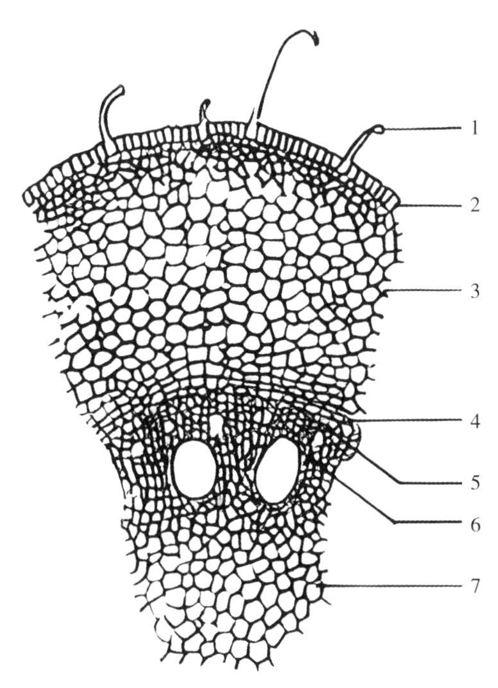

1. 根毛　2. 表皮　3. 皮层　4. 内皮层　5. 中柱鞘　6. 维管束　7. 髓部

图 2–3　高粱根结构横切面图

（2）次生根解剖

次生根的横断面表示一个中柱和一个中央髓以及由 12 层细胞围绕组成的皮层（图 2–4，1）。皮层中的外皮层在外切向壁上明显加厚。在外面，有薄壁的根表皮，许多表皮细胞已延伸形成根毛。外皮层下面的皮层组织是由大的，有规则的细胞组成。在它们之间有类似方形的细胞间隙，两层最近似的内皮层由很有规则的窄砖形细胞组成。而内皮层本身由均匀一致的细胞组成，有内切向壁和部分邻接的加厚放射状壁，在正加厚的切向壁上有不规则的硅石瘤。在内皮层里没有细胞间隙。

在里边，维管束环有一厚壁组织套。每个后生木质部导管通常有 3 个原生木质部束和 3 个韧皮部群与之连接。这些与中柱鞘连接，中柱鞘由单层细胞组成。在发育的前期这层细胞变成了厚壁。在每组韧皮部里，有 1 个单原生韧皮部筛管。对着这一组的外面，有 1 个或 2 个大筛管，而对着里面，有 1 个很大的筛管（图 2–4，3）。

围绕木质部和韧皮部的细胞随着株龄的增加而增厚，并且木质化，以至在老根里完全的维管束环由厚壁的木质化组织组成，而韧皮细胞除外。髓由很规则的组织组成，其细胞是圆形的，在细胞之间有细胞间隙。在老根里，它们的细胞变得加厚和木质化。

（3）支持根解剖

支持根在地下的结构类似于次生根。支持根的地上部分直径更大，表皮很壮，有加厚的切向和放射状细胞壁，而外皮层由变形的3或4层小的厚壁细胞组成的皮层代替。皮层较宽，内皮层没有硅石瘤。在维管组织里，有大量后生木质部导管，有伴生的原生木质部和韧皮部组，韧皮部组比起次生根含有大量细胞（图2-4，2）。小次生根有一宽皮层，围绕极小的中柱（图2-4，4）。这里没有外皮层，而最外层可能破裂，生有细根为棕色外表。在这样的细根里，维管组织正常，而且可能有功能。

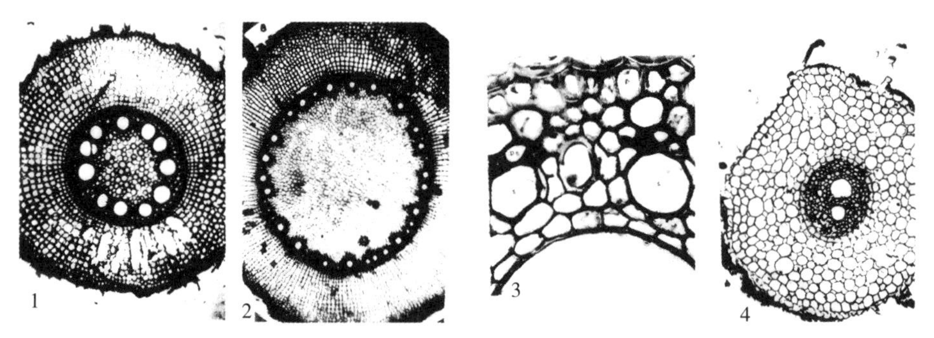

1. 大次生根解剖横切面图（×33） 2. 支持根解剖横切面图（×19）
3. 次生根维管束组织横切面图（×1 000） 4. 小次生根横切面图

图2-4 根结构解剖图（Artschwager，1948）

二、茎的形态解剖

1. 茎的形态

高粱茎又称茎秆，绝大多数为直立的，呈圆筒形，表面光滑。但在品种Korgi里发现有弯曲生长的。在开花期，弯斜的茎秆几乎与地面平行，抽出的穗下垂，而当籽粒灌浆时，穗几乎可以触到地面。

高粱茎秆的高度称作株高。株高由茎高（即各节间长度的总和）、穗柄长和穗长组成（图2-5）。

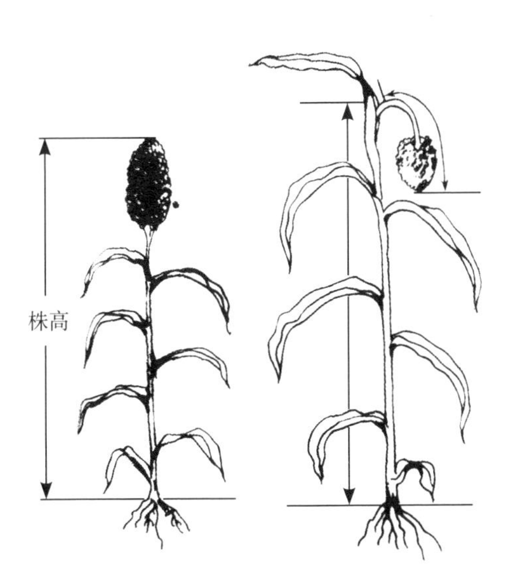

图 2-5　高粱的株高
（引自 L R. House，*A Guide to Sorghum Breeding*，1985）

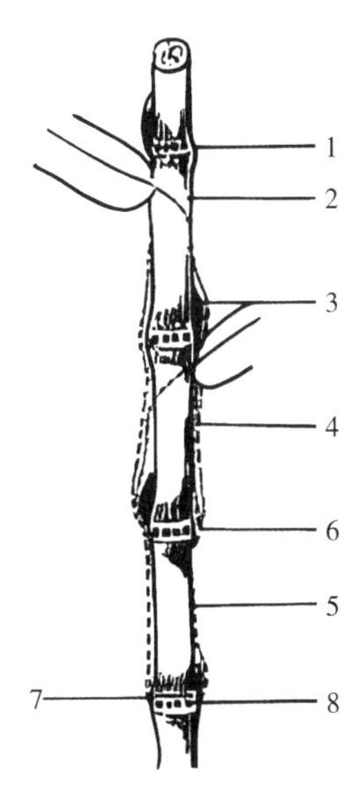

1. 节　2. 节间　3. 腋芽　4. 上一片叶叶鞘
5. 下一片叶叶鞘　6. 不定根原基　7. 生长轮　8. 根带

图 2-6　部分茎的外形
（引自《中国高粱栽培学》，1988）

高粱茎秆高度变异幅度大，0.45~5.0 米。科研上将株高分成不同等级，100 厘米以下为特矮秆，101~150 厘米为矮秆，151~250 厘米为中秆，251~350 厘米为高秆，351 厘米以上为特高秆。高粱茎秆的粗度，即茎粗也是很不同的，一般茎基部直径在 0.5~3 厘米的范围内。Chandon 等（1966）报道直径有 4.6 厘米的品种。

高粱茎秆的基本组成单位是节和节间，节是叶鞘围绕茎秆着生的部位，稍为隆起。节间是 2 个节之间的部分，多呈圆柱形。节包括生长轮和根带 2 个区域（图 2-6）。根带是位于生长轮和叶鞘着生处之间的地方，其宽度变化 3~15 毫米，含有腋芽和根原基，根原基排列在节周围 1~3 个同心环里。最低节的根原基发育成根。对高秆高粱品种来说，支持根正是从近地节长出来。当植株倒伏在地上，在与土壤接触的节上可以长出根来，我们可以利用这一特性由切节来种植再生高粱（Rea 和 Karper，1932）。

生长轮就在每个节的根带上面，是节间基部一条坚实的狭窄带，是由具有分裂能力的细胞组成的，具分生组织性能的分生区。在节间已具有完全分化的维管束和机械组织时，生长轮仍保持着分裂生长的能力。当茎秆被风吹倒或倾斜时，由于生长轮细胞进行分裂使茎秆恢复直立状态；倒伏的茎秆也可通过平卧节上生长轮的细胞不平衡分裂恢复直立。Korgi 高粱茎秆弯斜生长就是由于这些生长轮的不对称生长所致。

高粱茎秆的节数因品种和生育期不同而异，节数与叶数相等，是较稳定的遗传性状。一般早熟品种 10~15 节，中熟品种 16~20 节，晚熟品种 20 节以上，极晚熟品种 30 节以上。同一品种因光照长度和栽培条件的变化，其节数也不同。一般来说，在长光照下（北方）生长的品种，转到短日照（南方）下种植时，节数要减少 5~6 个。

同一株上的节间长度不同，通常是基部的节间短，越往上越长，最长的节间是着生高粱穗（花序）的穗柄。穗柄长度品种间差异大，长者可达 120 厘米，短者仅 20 厘米左右。Ayyangar 等（1938）根据高粱茎秆节间长度变异，把高粱划分为早、中、晚熟类型。① 早熟型：从茎基部往上的节间长度稳定增加。② 中熟型：节间长度呈单峰分布，即在一个较长节间的上面和下面各有一个短节间。③ 晚熟型：节间长度呈双峰分布，即节间长度呈双升、双降型，而最后一个升节间为穗柄。

Quinby 和 Karper（1945）证实，美国的迈罗高粱适合这种分类，晚熟和极晚熟品种为双峰群。

拔节后的节间表面覆盖着白色蜡粉，下部节间蜡粉更多，甚至可掩盖住节秆固有的颜色。蜡粉是表皮细胞分泌物，它可防止或减少体内水分蒸发，又能防止外部水分渗入，是高粱增强耐旱耐涝能力的重要生理构造之一。

高粱茎秆是实心的，髓可以是坚实多汁的，无味或有甜味，也可是干燥的（成熟后）。通常中国高粱多为干燥型茎秆，外国的多为多汁型。

2. 分蘖与分枝

节间与叶片同侧有一条浅纵沟，同叶片互生一样，相邻节间上的纵沟也呈交错排列。每个节间纵沟的基部都有一个单生腋芽。腋芽一般呈休眠状态。如果土壤肥沃、水分充足或主茎生育受阻，受损伤，茎基部的腋芽可发育成分蘖，上部的腋芽可发育成分枝。当腋芽发育成分枝时，其包被叶伸长并展开，形成分枝的第一片叶。由近地面发生的分枝同时又能产生不定根，故称为分蘖，以区别于近顶端所产生的分枝。

主茎能产生分蘖的节称分蘖节，外形稍膨大。最先产生的分蘖称第一分蘖，此后产生的分蘖称第二分蘖，以此类推。节位越低的分蘖，其生育期与主穗越接近，几乎可以同时成熟；节位越高的，其成熟越迟，有的常常虽能抽穗开花，但不能正常成熟。前者称有效分蘖，后者称无效分蘖（图 2-7）。

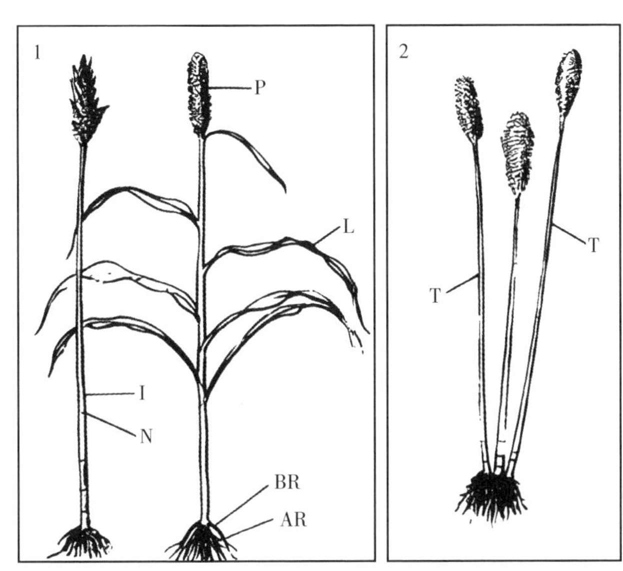

1. 带叶和不带叶高粱植株　2. 带分蘖的高粱植株　AR. 次生根　BR. 支持根　I. 节间
N. 节　L. 叶片　P. 穗　T. 分蘖

图 2-7 高粱茎秆和分蘖（H. H. Hadle，1968）

高粱分蘖力的强弱因高粱类型和品种而异，也受环境条件的影响。一般来说，中国高粱与外国高粱比较其分蘖力弱。高粱生产上一般不采用分蘖，因为分蘖茎要消耗一些养分和水分，影响主茎的生长发育，苗期就应去掉。然而，在繁殖不育系或杂交制种时，为调节有效花期，延长授粉时间，提高结实率，有时也要保留一些分蘖或分枝。

虽然栽培高粱是一年生的，但许多类型的高粱能够通过从老株茎基部的分蘖繁殖存活几年。在乌干达一年有 2 个雨季。因此，在仅割掉收获后的老茎秆后，可长出新的高粱苗来，称为再生高粱。中国南方的一些省（区），如广东、广西、云南、四川等，也有采取这种方式在同一块地里连续生产高粱。

3. 茎的解剖

从高粱茎秆节间横断面（图 2-8）可以看出，高粱节间由表皮、基本组织和维管束组成。表皮为单层细胞，中心部分为维管束，包括韧皮部、木质部和维管束鞘等，表皮与维管束之间是基本组织。

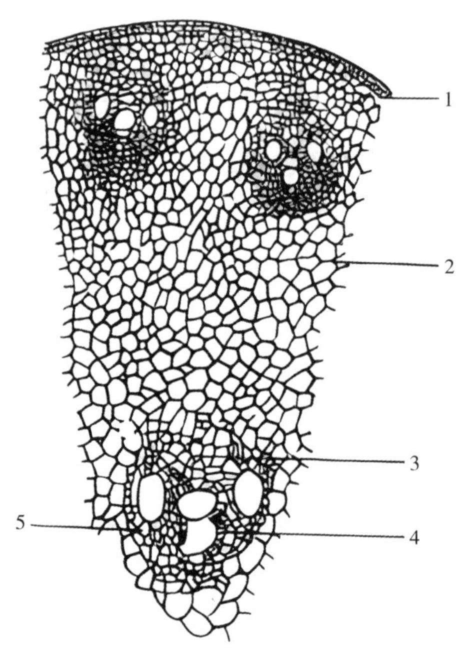

1. 表皮　2. 基本组织　3. 韧皮部　4. 木质部　5. 维管束鞘

图 2-8　高粱茎秆节间横切面图

（1）表皮

在节间表皮的气孔之间，有 3 种细胞可以区分开，即长形细胞、木栓细胞和硅质细胞。长形细胞 50~200 微米，长 10 微米，细胞壁较厚，壁上有明显的单纹孔；木栓细胞紧肾形或近方形，以较长的一面与茎轴垂直；硅质细胞近于马鞍形或长方形，长径与茎轴平行，具收缩的中心和突出的边缘，内含 1 个或多个硅石颗粒。偶然也能发现硅质宽得像木栓细胞。

（2）中心区

节间中心区维管束的横切面见图 2-9（1、2）。原生木质部在茎秆伸长前就长成了，是由环状和螺旋形单元组成。不加厚的壁部在生长期间变成压碎状，使原生木质部的小细胞减小，形成了细胞间隙，而环状螺旋形导管次生壁的残余物突出到细胞间隙里。在原生木质部的两边有 2 条大的后生木质部导管。在这两条大导管之间，导管具纹孔的或者有网状纹孔的次生壁，是小的纹孔管胞和薄壁组织的连接带。韧皮部由筛管和小伴胞组成。在长成的维管束里，原生韧皮部是压碎的和木质化的。维管束由一种非常精细的鞘包裹着，在维管束的里面、外面，形成了典型的束帽。在侧面，束帽通常是单列的或双列的。靠近原生韧皮部的鞘细胞是大的，比别处鞘细胞有更薄的壁。

（3）基本组织

表皮与维管束之间为基本组织，由 18~20 层直径较小、壁稍增厚的薄壁细胞组成。它通常与下表皮的厚壁组织连接着。韧皮部相对发育较好，木质部顶端的束鞘大，这些较小的维管束的木质部只由 1 个或 2 个后生木质部导管组成。从节间茎的外边到里边，原生木质部细胞数目增加，细胞间隙（在最外边的维管束没有间隙）渐渐变大，而在维管束的厚处，细胞间隙减小，沿半径从外面约 2 毫米是茎秆中心区的典型维管束类型。

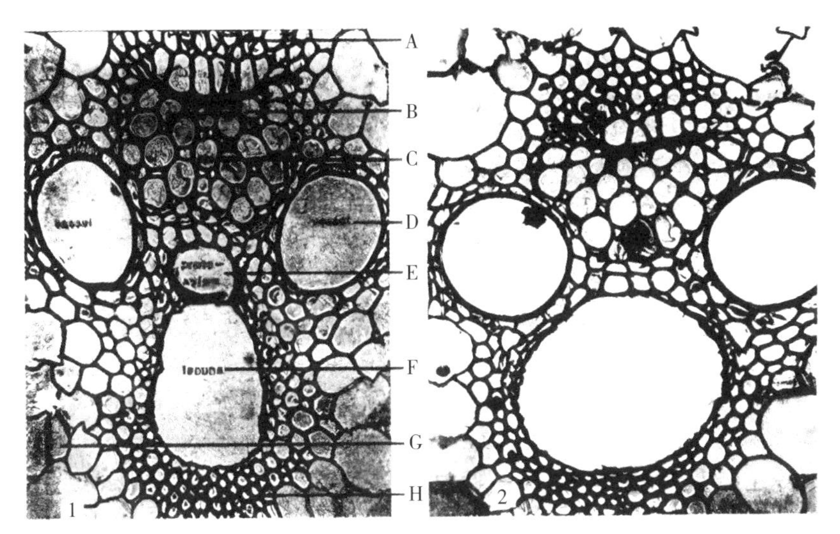

1. 节间中心区大椭圆形维管束　2. 茎中心区大菱形维管束（×222）

A. 韧皮部帽　B. 原生韧皮部　C. 韧皮部　D. 导管　E. 原生木质部　F. 间隙　G. 薄壁组织　H. 木质部帽

图 2-9　维管束结构解剖（Artschwager，1948）

许多高粱品种的节间薄壁细胞含有质体和淀粉。淀粉沉积首先在维管束周围的细胞里进行（“套淀粉” - “Jacket starch”），在某些品种里，这是仅有的淀粉淀积。而在其他品种里，淀粉还能在维管束之间的薄壁细胞里积累（“扩散淀粉”–“Diffuse starch”)(图 2–10)。当茎秆成熟时，薄壁细胞可能被转化成木髓，有时可能造成细胞完全破裂，残余的破裂组织留下使维管束外露。

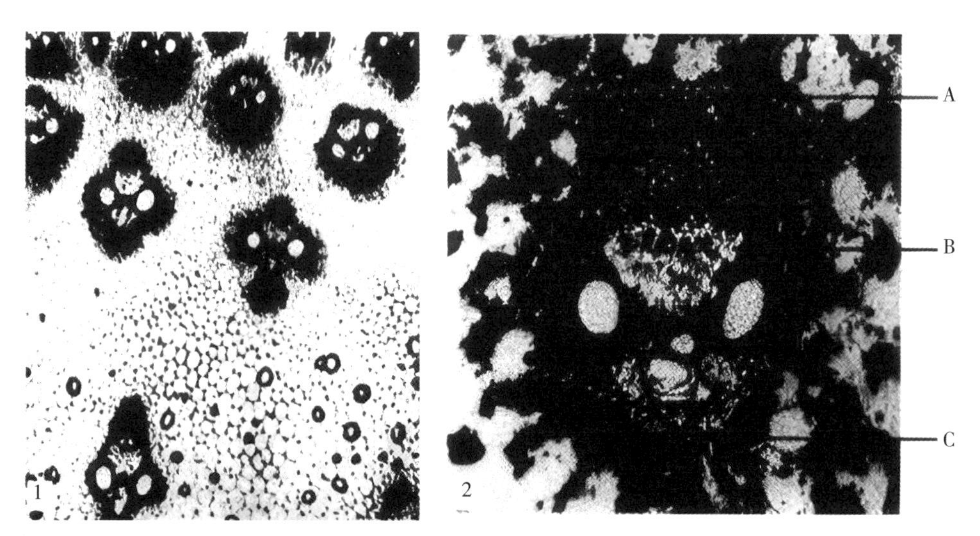

1. 节间基本组织横切面图（×40） 2. 节间中心区维管束，被充满密集淀粉的薄壁细胞包裹着（×190）
A.“扩散”淀粉 B. 韧皮部 C. 套淀粉

图 2–10 基本组织解剖（Artschwager，1948）

4. 茎秆节

茎秆节又称茎节或节，是连接叶维管束的区域。茎维管束进入节产生许多小分枝。这些维管束的分枝网结在节部平面上形成维管束网孔。维管束数目大大增加，可以明显地见到从中央向外分出的侧迹。在节的中心有较多的薄壁组织。

（1）生长轮

节上部和节间基部为居间分生组织区域，即生长轮。居间分生组织的最外层为表皮。在表皮下面有一窄维管束游离带，由一小的，外面稍厚一点的皮层组成。游离带有的大细胞，在它们与里面角度上有胞间孔隙。邻接皮层是一圈很大的紧密包裹在一起的维管束以形成蜂巢状，它们由少数原生木质部单元和一些韧皮部组成，由厚角组织的大鞘包围着。在老茎秆里，这变成硬的且木质化。中间茎秆维管束有更宽的空隙，与正常节间维管束的大小相类似，尽管它们没有原生木质部细胞间隙。维管组织由单层薄壁的木质化细胞包裹（图 2–11）。这一层是厚壁组织鞘的内边界，这在韧皮部区域发育很壮，并形成窄的新月形覆在木质部顶。生长轮区域的中央维管束周围的淀粉填充细胞套在维管束木质部末端是很显著的，相反在韧皮部末端发育得差且不充足。

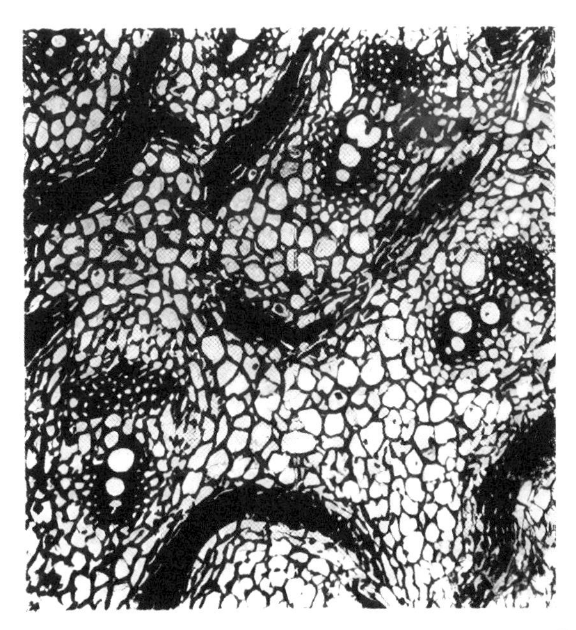

图 2-11　生长轮解剖，×124（Artschwager，1948）

（2）根带

根带有游离维管束皮层，大的厚角组织的韧皮部帽，而在维管周围的淀粉套像生长轮区域的套一样。最外面的维管束有小的韧皮部帽和大的木质部帽，而在每个随后的一层继续向里，这种情形是稳定向里的，直到韧皮部帽变得很大且木质化。在大小上，大大超过木质部的帽。后者减少到 1 层或 2 层细胞。根带较上部的中央维管束类似生长轮的维管束，而根原基下面带柱的维管束有较小的，高度木质化的韧皮部帽，在木质部末端没有淀粉套。连接根原基与茎维管体系的痕迹可以看作是散布的水平维管束，通过横切部分（图 2-12）。

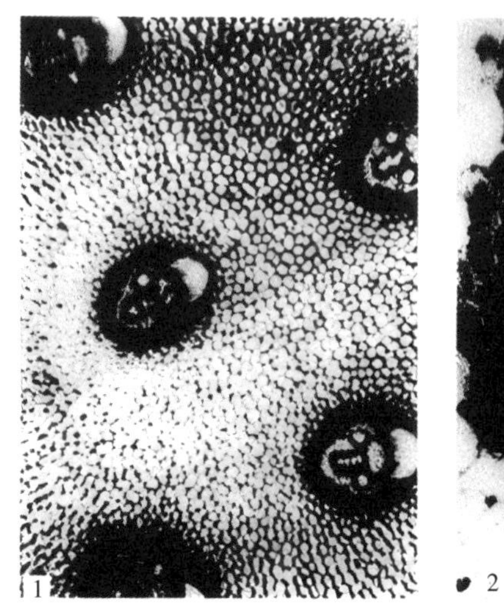

图 2-12 幼根带横切面（图中显示出大量水平踪迹）

（3）完全节

完全节正好附着在叶下面，是一圈接合叶痕维管束的地方。当节间维管束进入节时，便分裂出大量小分枝，产生了平面节的维管网孔。在茎秆周边的部分维管束数目大量增加，中心出现更多的薄壁组织。中间的和侧面的踪迹是显著的，相当于大的倾斜蔓延的维管束，螺旋状的次生加厚的单元组成的木质部（图 2-13）。

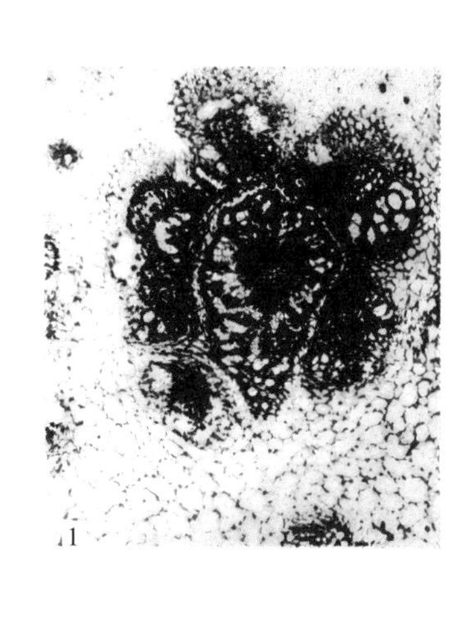

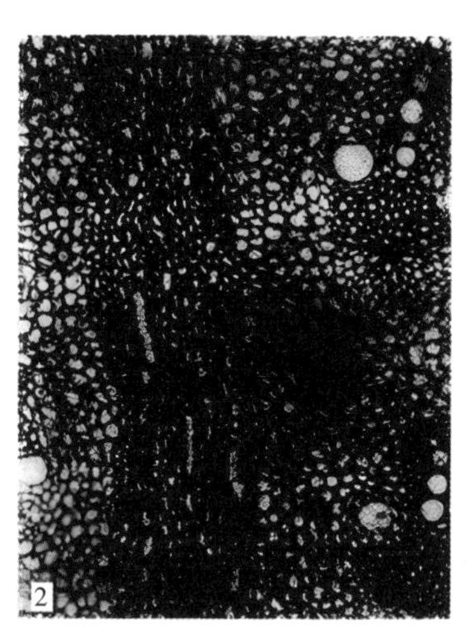

1. 由小维管束围绕的大侧面踪迹 2. 部分水平正中踪迹（×100）

图 2-13 完全节解剖图（Artschwager，1948）

三、叶的形态解剖

1. 叶的形态

高粱叶是形态结构、生理功能高度分化的侧生组织，由叶片、叶鞘及其相连接的节结和着生于节结上的叶舌组成（图 2-14）。

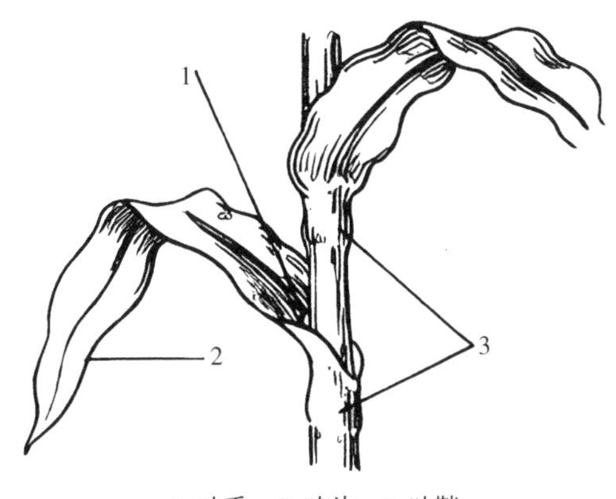

1. 叶舌　2. 叶片　3. 叶鞘

图 2-14　高粱叶结构

（1）叶片

在栽培高粱中，不同品种的主茎叶片数是很不一样的，7~30 片。多数品种的幼叶是直的，老叶呈波曲形。长成的叶片长 30~135 厘米，最宽点的叶宽 1.5~13 厘米。叶片一般呈披针形或呈直线披针形。这样的结果，叶片的最宽部位可能是靠近茎叶鞘连接之处。然而，更多叶片的最宽处是位于叶片约一半的地方。

叶缘可能是平的或是波浪状的，这要取决于叶缘与叶脉的生长是否均衡，当叶缘比中脉更长时，则叶片呈波浪状的形状就产生了。幼叶边缘是粗糙的，成熟叶片的边是光滑的。中脉色是一个相对稳定的遗传性状，常因品种而异。一般在无水多髓的品种里，中脉是白色或黄色；而在多汁类型的品种里，中脉是一种暗绿色，常常有一精细的白色条纹。中脉色可分成 3 种：一是半透明的绿色或近似灰色，称为蜡脉；二是不透明白色，称为白脉；三是黄色，称为黄脉。中脉的基部可能有茸毛，也可能沿着叶片的部分有茸毛。在与叶鞘接合处的叶脉基部附近常有一层蜡粉。

叶的双面有单列或双列气孔，叶上有多排运动细胞。在干旱条件下，这些细胞能使叶片向内卷起。有些品种有不规则的硅质细胞排在叶片里。这种类型的品种，第四片叶长出时，就能产生这种细胞，这可以表现出抗芒蝇的特性（Ponnaiya，1951）。

叶片在茎秆上的排列不完全一样，多数高粱的叶片按两排在茎秆的相对位置交替排列，即为互生叶片。也有相当多的品种叶片两排排列不是在相对位置上，而是按一定角度互相排列。有时，第一片叶可以在第五片叶上，第三片叶在第七片叶上，在第三片和第五片叶之间有一个小锐角；同样，第二片叶在第六片叶上，第四片叶在第八片叶上，其结果在茎节的相对位置上产生了 2 对重叠排列。旗叶可能远远超出在茎秆的任一叶片排列线上范围之外。

叶片长到一定时期陆续自下而上黄化枯萎。拔节后至抽穗前长新叶的速度很快。到抽穗前是叶片数最多的时期，也是叶面积最大的时期。挑旗时，底部叶片相继枯黄，如果发生叶病，则变黄枯死得更快。但是，有的品种直到成熟时仍保持着较多的绿色叶片，这种特性中国称作“青枝绿叶”，国外称作“持绿”（staygreen）。这种性状与品种的抗旱性和抗叶病性有关。

（2）叶鞘

叶鞘着生于茎节上，边缘重叠，几乎将节间完全包裹，这些叶鞘在连续节上交替环绕。叶鞘长度不同，在 15~35 厘米。一般来说，茎基部和顶端的叶鞘短些，中间茎节的叶鞘长些。不同品种叶鞘长度也不同，短的仅包裹节间的一半左右，长的可达上一节间的节处。因此，叶鞘的重叠主要由节间和叶鞘长度决定。叶鞘是光滑的，有平行细脉，有一精细的脊，这是由于主叶脉互相接近所致。拔节后叶鞘常有粉状蜡被，特别是上部叶鞘。当这种蜡被淀积较多时，叶鞘则表现青白色。在与节连接的叶鞘基部上有一带状白色短茸毛。叶鞘有防止雨水、病原菌、昆虫及尘埃侵入茎秆，以及加固茎秆增加强度的作用。

（3）叶结

叶结是叶片和叶鞘交接处的带状组织。叶结可以是平滑的，也可以是有皱褶的（Ayyangar 等，1935a）。叶结上有包围茎秆的膜状薄片，为叶舌。叶舌较短小，为直立状突出物，长 1~3 厘米。叶舌起初透明，后变成膜质并裂开，叶舌上部的自由边缘有纤毛。叶舌的存在能使叶片和茎秆成一定的生长角度，一般在 40° ~60°，有的品种叶片与茎秆夹角成 15° ~30°，使叶片上冲；也有的品种其夹角大于 60°，使叶片呈平展状。有的品种无叶舌，这种高粱叶结光滑无茸毛，叶片与茎秆夹角在 10° 以内，叶片全部上冲，为紧株型（Ayyangar 等，1935b）。一般认为高粱无叶耳，但也有人认为，叶舌两侧质地粗糙的三角形开裂就是叶耳，叶耳在形状上不同。

2. 叶的解剖

（1）叶鞘基部

通过叶鞘基部横切图看出维管束或多或少均匀地分布在整个横切部分。最小的维管束与较外面表皮相邻，而最大的维管束趋向中心，表皮外面有可见的茸毛（图 2-15）。所有维管束都有大的韧皮部帽。小的维管束没有多少维管束组织，而大的维管束类似于茎生长轮的维管束。

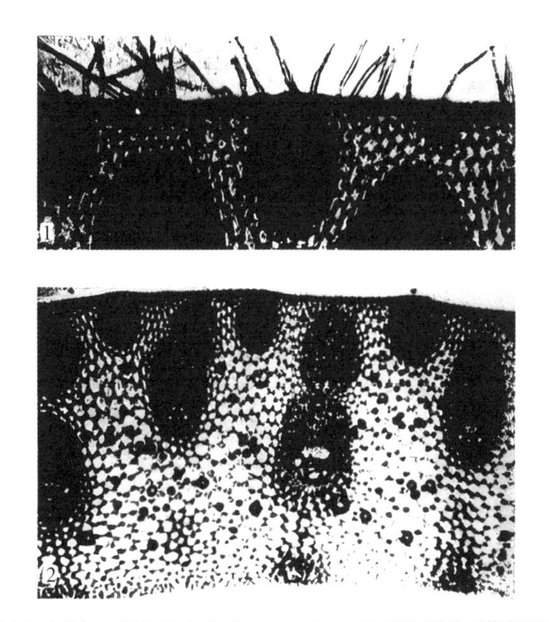

1. 叶鞘基部表区横切面图显示出茸毛（×64） 2. 叶鞘基部基区横切面图（×34）

图 2-15 叶鞘基部解剖（Artschwager，1948）

（2）叶鞘

叶鞘有相互平行蔓延的维管束，它们与横向连接的小叶脉间隔一定距离相接合，在叶鞘的窄部位，小的和大的维管束交替，而在中央宽的区域，也有中等大小的维管束（图 2-16）。小型维管束紧靠表皮，叶鞘的厚壁组织在木质部末端是窄的，在韧皮部末端是宽的，而且与表皮厚壁组织汇合。中等维管束有原生木质部，但常常没有细胞间隙。韧皮部可能与表皮厚壁组织接触，或者被几排薄壁细胞分开。大型维管束类似于节间中心区的维管束，除韧皮部更加发育以外。韧皮部帽与下表皮厚壁组织接触，靠近中心的维管束除外。放射状的一片绿色组织约有5个细胞宽，把大维管束的木质部与鞘下面的表皮的一小群薄壁的下表皮厚壁组织连接起来。这些放射状的一片绿色组织之间的区域以大的空胞填充。在老叶鞘里，这些组织表现为白色海绵状（多孔）。翅脉之间的叶鞘其他表皮由有规则的长形细胞与一群短细胞交替组成。在这里，这些细胞位于翅脉上面，完全由木栓细胞和硅石细胞组成。侧面翅脉区域被两排有规则的前缘表皮细胞分开，这一区域是单个垂直纵列气孔。内表皮完全由长形薄壁细胞构成。

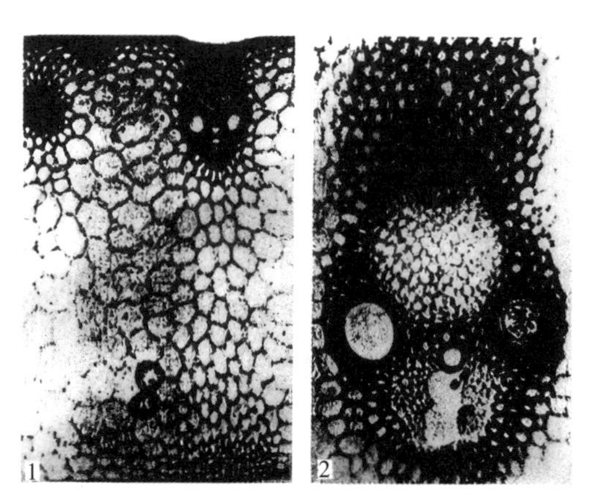

1. 鞘横切面图。大维管束与表皮厚壁组织相连；从外部看，该区域显示出一浅凹槽（×36）
2. 大维管束（×153）

图 2-16　叶鞘解剖（Artschwager，1948）

（3）叶片

叶片的结构一般可分为表皮（上表皮和下表皮），叶肉和叶脉三部分。表皮由表皮细胞、气孔组成；叶肉由叶肉细胞组成；叶脉由维管束、维管束鞘和机械组织组成（图 2-17）。

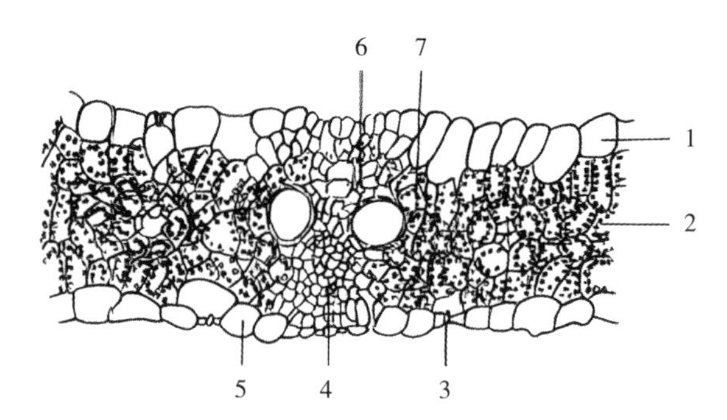

1. 运动细胞　2. 叶肉　3. 气孔　4. 韧皮部　5. 表皮细胞　6. 木质部　7. 维管束鞘

图 2-17　高粱叶片横切面

表皮细胞分成4种类型，即长形细胞、栓化细胞、硅质细胞和泡状细胞（运动细胞）。长形细胞的长轴与叶长轴平行，侧壁为细波纹状的硅化壁，具大液泡，外壁较厚，有角质层。栓化细胞形似肾，长轴与长细胞短轴平行。硅质细胞与栓化细胞伴生，形状近似马鞍形，内含颗粒状硅质体。在叶脉上方，栓化和硅质细胞交互排列成纵行。泡状细胞分布于维管束之间，上表皮多，下表皮少。

在上、下表皮上有单列或双列的气孔。气孔有规律地与长形细胞相间分布。在这样的长形细胞之间缺少栓化细胞和硅细胞。气孔由2个保卫细胞和中间的孔道组成。在保卫细胞的两侧各有一个副卫细胞。长成的气孔保卫细胞呈哑铃形，细胞两端壁薄，围绕开孔周围的壁厚。因此，当渗透压发生变化时，细胞吸水，两端的薄壁膨胀，将中间的壁拉开，使气孔开放。

叶片上、下表皮细胞排列紧密，细胞外有发育很好的角质层，并覆盖着蜡质层，加之保卫细胞壁弹性大，因此在连续干旱结束后细胞仍能恢复正常。泡状细胞能在细胞失水时使叶片向上内卷以减少蒸腾失水。高粱叶片的这些解剖特征表明叶片表皮细胞具有特殊的抗旱结构。

叶肉为薄壁细胞，内含叶绿体，是进行光合作用制造有机物质的重要场所。高粱叶肉细胞比玉米的稍窄，峰稍圆，叶绿体多为椭圆形。叶肉细胞沿着维管束呈放射状排列，有利于光合产物的运输。

维管束分大、中、小三种类型。维管束除具有输导功能外，还起支撑叶片的作用。它们在叶片上一般按等距呈平行排列。小圆形维管束有7~15群，嵌入与下表皮靠近的薄壁组织里，与大的、卵形维管束交替，后者为叶片主脉，几乎占据叶片部分的整个深度（图2-18，1）。这些大型维管束在结构上与叶鞘的维管束相似。每个维管束由窄的木质化的鞘包围着。木质化延伸到韧皮部顶下表皮厚壁组织，而它在木质部顶由一单层薄细胞与韧皮部顶厚壁细胞分开。

叶片的小圆形维管束由几个发孔的木质部细胞和一群韧皮部细胞组成，整个由大的厚壁的含有大量的大叶绿体的绿色组织的鞘包围着（图2-18，2）。

中脉横断面是新月形。在下面分布有维管束，这些维管束与叶鞘的相似（图2-18，3）。中脉的上面由厚壁细胞组成。在绿色中脉里，这一组织充满汁液；在白色中脉里，这一组织被空气充满，因而是白色的。中脉底下的表皮与叶片的表皮相似，纵列的栓化硅质细胞群和窄长形细胞相当多。

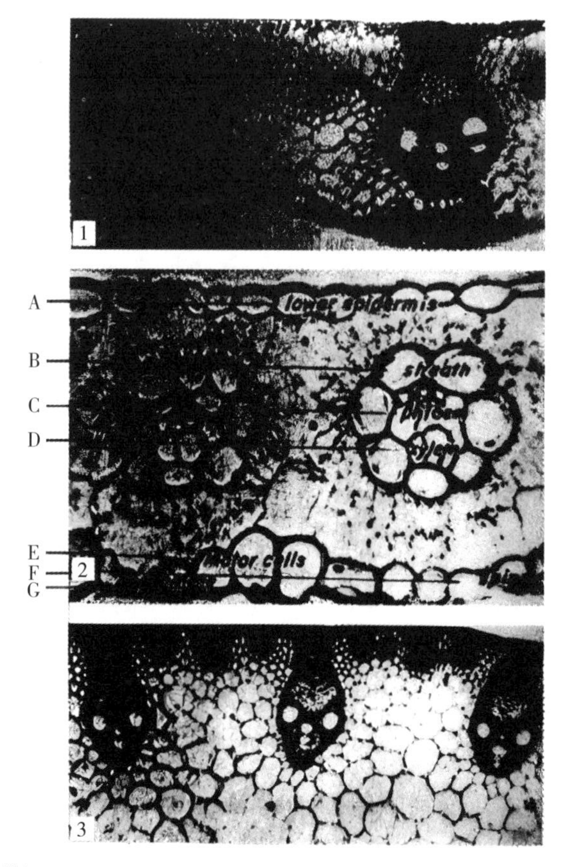

1. 叶片横切面图（×60） 2. 放大的叶横切面图，显示 2 个小维管束（×125）
3. 中脉局部横切面图，表明维管束的分布（×60）
A. 下表皮 B. 鞘 C. 韧皮部 D. 木质部 E. 运动细胞 F. 脊柱 G. 气孔

图 2–18 叶片结构解剖（Artschwager，1948）

像叶鞘一样，在平行叶脉之间由大量细小的横向叶脉互相连接。通过这些纵横交错的叶脉，导管将蒸腾液流中的水分和无机盐运送到维管束鞘和叶肉细胞中进行光合作用，并将光合产物通过筛管输送到植株的其他器官。

同其他 C4 植物一样，高粱叶片维管束结构的最显著特征也是维管束鞘为大型薄壁细胞且十分发达。维管束细胞含大量细胞器，其中的叶绿体比叶体组织的大，且色深。因此，维管束细胞形成淀粉的能力强。围绕在维管束鞘周围的叶肉细胞，其突起部分内伸并与维管束鞘细胞相连，其间有大量胞间连丝贯通。维管束排列非常稠密，叶脉间隔很窄，仅 0.1 毫米。叶脉间叶肉细胞少，仅有 2~3 个细胞。高粱维管束的这些解剖特征有利于光合产物的运输。

第二节　高粱生长发育期

一、花序和花的形态及其分化

1. 花序的生长和形态结构

（1）花序的生长

高粱圆锥花序着生于穗柄的顶部。抽穗前，旗叶叶鞘包裹着幼花序，呈鼓苞状，俗称打“苞”。抽穗时，幼花序从旗叶叶鞘顶被推上来，张开。当幼花序通过时，叶鞘膨胀而开。随着穗柄的生长，花序继续伸长，直至到达植株的最高高度。多数品种的花序可以完全伸出旗叶叶鞘，少数品种的花序仍有最下面的部分花序被旗叶叶鞘包裹着。如果穗不能完全从叶鞘抽出来，会造成霉烂，或者发生病虫害，如棉铃虫、玉米螟等。

圆锥花序的穗柄或直立或弯曲。向下弯曲的穗又称鹅颈穗。这常常是由于大花序在发育期间劈开了叶鞘，在裂开的这一边不能支撑整个穗而造成的。当抽出的穗柄较软时，由于穗的重量使其弯曲而形成鹅颈穗（Martin，1932）。而坚硬的穗柄得到的是直立穗。

（2）穗结构

① 穗轴和枝梗。高粱圆锥花序就是穗，中间有一明显的直立主轴，称穗轴。穗轴具棱，由4~10节组成，一般长有茸毛。从穗柚长出的第一级枝梗，一般每节轮生长出5~10个；从第一级枝梗再长出第二级枝梗；有时还能长出第三级枝梗。小穗就着生在第二、第三级枝梗上（图2-19）。由于穗轴长失短不一，以及第一、第二、第三级枝梗的长短、数目和分布不同，因而形成了各式各样的穗形。例如，若穗轴基部第一级枝梗较长，向上逐次缩短，则形成牛心形穗；如果穗轴基部和上部的第一级枝梗长短基本相等，第二、第三级枝梗分布均匀，则形成筒形穗（或棒形穗）；如果穗轴中部第一级枝梗较长，而其上、下的较短，则形成纺锤形，如此，等等。

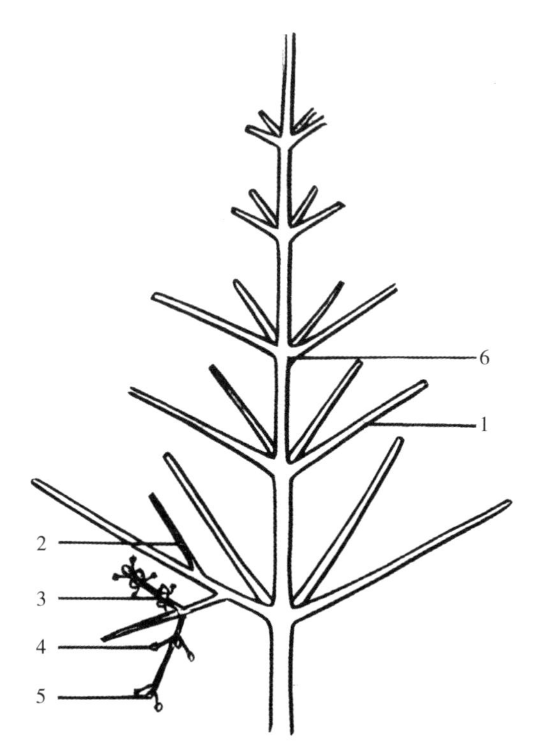

1. 第一级枝梗　2. 第二级枝梗　3. 第三级枝梗　4. 有柄小穗　5. 无柄小穗　6. 穗轴

图 2-19　高粱圆锥花序分枝模式（引自《中国高粱栽培学》，1988）

由于各级枝梗长短的不同，小穗着生疏密的不同，还可将高粱穗分成紧穗、中紧穗、中散穗和散穗 4 种穗型。成熟时，枝梗紧密，手握无多大弹性，并有硬质感觉者为紧穗型；枝梗紧密，手握有较大弹性并无硬质感觉者为中紧穗型；枝梗不甚紧密，对着光线观察枝梗有空隙者为中散穗型；第一级枝梗长，第二、第三级枝梗柔软并稀疏下垂者为散穗型。散穗型又可分为侧散（向一个方向垂散）和周散（向四周垂散）两种散穗型。

第一级枝梗与叶鞘是同源的，有时能发现异常类型。在这种类型里，穗较低的枝梗可能是叶鞘，由叶脉处着生一个总状花序的第二级枝梗，延伸的枝梗产生一个极小的叶片和叶舌。最下面穗枝梗还可能长出一个苞片，在长度上有几个毫米到几个厘米之别，而且在其顶端还可能长出一个极小的叶片。

第一级枝梗除轮生的以外，也有螺旋形排列。在第一级枝梗和花序轴的接合处有一叶枕，因而枝梗几乎是直立的。总状在花序成对着生小穗，每对中一个是可育的无柄小穗，另一个是有柄小穗（雄性可育或不育）。很少的有柄小穗雌性是可育的。每个总状花序顶端无柄小穗有 2 个有柄小穗与其相连（图 2-20）。

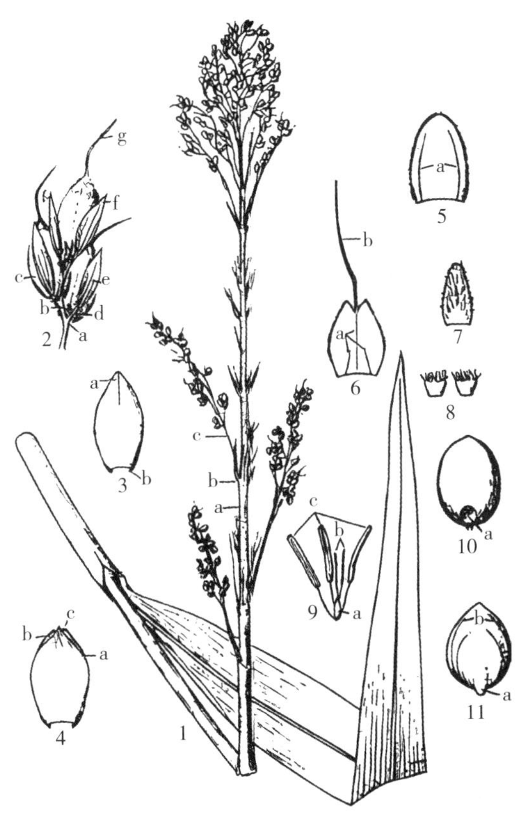

1. 穗的一部分（a. 穗轴节间　b. 穗轴节　c. 第一级枝梗）
2. 总状花序（a. 节　b. 节间　c. 无柄小穗　d. 柄　e. 有柄小穗　f. 顶有柄小穗　g. 芒）
3. 内颖（a. 龙骨脊　b. 内缘）4. 外颖（a. 龙骨脊　b. 龙骨脊翅　c. 末龙骨脊微齿）
5. 外稃（a. 翅脉）6. 内稃（a. 翅脉　b. 芒）7. 鳞毛　8. 浆片　9. 花（a. 子房　b. 柱头　c. 花药）
10. 籽粒（a. 种脐）11. 籽粒（a. 胚痕　b. 侧线）

图 2-20　高粱花序和小穗

② 小穗。小穗的形态结构是高粱分类重要的形态特征依据。无柄小穗有 2 个颖片，质地为坚硬的革质或柔软的膜质。形状呈卵形，或椭圆形和倒卵形等。颜色有红、黄、褐、黑、紫、白等。亮度多数发暗，少数有光泽。下方的颖片称外颖，上方的颖片称内颖，其长度几乎相等，一般是外颖包着内颖的一小部分。外颖质地相对软一些，因品种不同生有 6~18 条脉纹，近顶端处脉纹或清晰或消失，顶端不着生或着生少量短毛，外缘或基部着生短毛。内颖质地硬而发亮，先端尖锐，常有一明显的中肋，两侧脉纹仅上方能找到，基部多生有茸毛。籽粒成

熟时，多数品种的籽粒露在颖外，裸露的程度不一样；也有的品种颖壳紧紧包裹着籽粒。有的常用品种或商用高粱的颖壳长于籽粒，因而籽粒被颖壳包裹着。（图 2-21）。

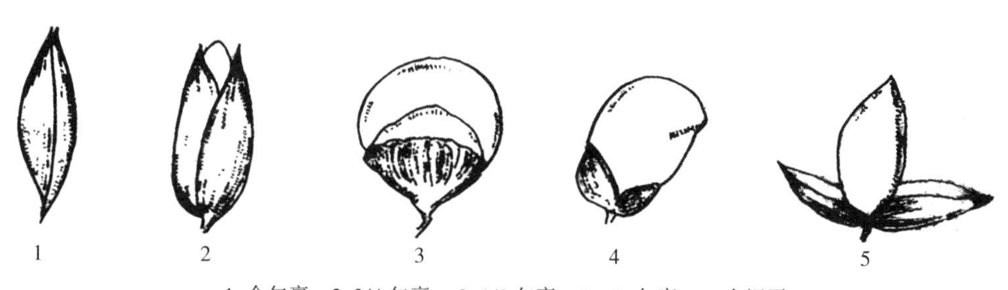

1. 全包裹 2. 3/4 包裹 3. 1/2 包裹 4. 1/4 包裹 5. 全裸露

图 2-21 颖壳包裹籽粒程度（引自 L.R.House，*A Guide to Sorghum Breeding*，1985）

有柄小穗位于无柄小穗的一侧，形状细长。不同品种间有柄小穗的差别较大，或者是宿存的，或者是脱落的；大的或者小的；长花梗的或短花梗的。有柄小穗常常只有两个颖片组成，有时有稃。

③ 小花。无柄小穗里有 2 朵小花，较上面的小花发育完好，是可育花；较下面的小花不育，是退化花，只有 1 个稃，形成 1 个宽的、膜质的、有缘毛的相当平的苞片。该苞片部分包裹了可育小花。可育小花有 1 个外稃和 1 内稃，均为膜质。外稃较大，顶端有 2 个游离的齿状裂片，或多少贴生在芒上或沟槽的短尖头上（图 2-22）。有时，芒卷缠或弯曲呈膝盖状。也有外稃顶端全缘的类型。内稃小而薄。在内外稃之间有 3 枚雄蕊和 1 枚雌蕊。雄蕊由花丝和花药组成，花丝细长，顶端有 2 裂 4 室筒状花药，中间有药隔相连。雌蕊由子房、花柱柱头组成，居小花中间，子房上位卵圆形，两心皮构成一室，内有倒生胚珠。子房的两侧各

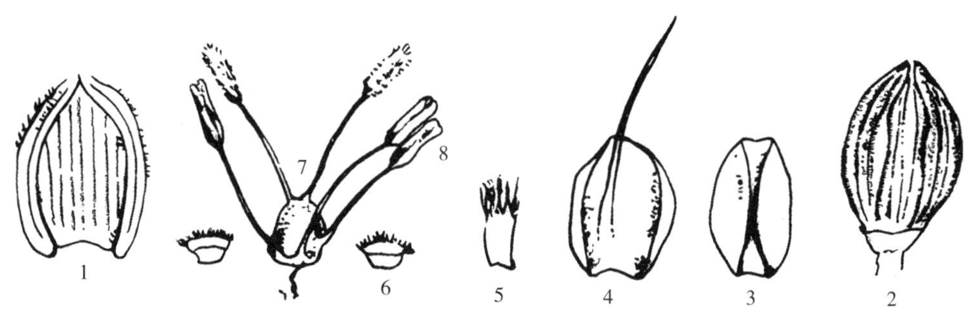

1. 外颖 2. 内颖 3. 不孕花外稃 4. 可孕花外稃 5. 可孕花内稃 6. 浆片 7. 雌蕊 8. 雄蕊

图 2-22 无柄小穗和小花的结构（引自《中国高粱栽培学》，1988）

有1枚肉质浆片，呈宽短截形，上边有缘毛。浆片吸水能将颖片撑开，有助于开花。有的高粱品种在每个小穗上有规则地结双粒，这是由于另一朵小花也是可育的。双粒总是背靠背而生。偶尔也能发现同生种子，2个籽粒被裹在同果皮里，但却是2个分开的胚（Karper，1931）。还有多花类型，多花在每个小穗里可以结2~6个分开的籽粒，还有某些多花类型是不育的。

有些品种有柄小穗里有3枚花药的小雄蕊，称单性花，花药能产生正常的花粉。具有这种性状的高粱恢复系对制种提高结实率非常有效。因为单性花通常在无柄小穗小花开过之后才开，因而延长了整个制种田的开花散粉期。只有极少数品种的有柄小穗具有功能的子房并产生种子，然而有柄小穗结的籽粒总是比无柄小穗结的籽粒更小些。

（3）穗茸毛

穗轴生有不同程度的茸毛，似乎所有的茸毛都长在节上，程度不同。Cowgill（1926）区分出3种主要的茸毛类型：① 细毛，多少不一的细毛均匀地遍及穗轴的表面，或者主要分布在穗轴的沟槽里；② 茸毛生长在穗轴的脊上，比第一类的细毛要长；③ 穗轴上有粗糙硬毛状。

2. 花序的分化

（1）营养分化期与生殖分化期

高粱茎端生长锥可分为营养分化期和生殖分化期。营养分化期茎端生长锥要完成营养器官，即叶片、茎节和节间原始体的分化，此期的生长锥称为营养生长锥。生殖分化期茎端生长锥在完成营养器官原始体分化之后发生了质的转变，开始生殖器官原始体的分化，此期的生长锥称为生殖生长锥。生殖生长锥分化产生花序，所以称为花序分化。高粱花序呈圆锥形，故称圆锥花序，也称穗。它是由穗轴、枝梗小穗、小花等构成，所以花序分化又称穗分化。

（2）穗分化及其分期

许多学者对高粱穗分化及其分期都做过研究，目前公认的穗分化分为8个时期。

① 生殖生长锥分化前期。这一时期是营养生长即将结束，在生长锥上仍可见到产生的叶片和芽组织（图2–23，1）。

② 生殖生长锥伸长期。这一时期标志着营养生长已经结束，转向生殖生长，穗分化开始。这时，生长锥体积明显增大，顶端突起，呈圆锥体状，长度大于宽度（图2–23，2）。

③ 枝梗分化期。这一时期是第一、第二、第三级枝梗原基分化期。先在伸长的生长锥基部出现苞叶原基，然后在苞叶原基的腋间产生乳头状突起，这些突起围绕在生长锥的基部，数目逐渐从下向上增加，这就是第一级枝梗原基，以后发育成花序上的第一级枝梗。第一级枝梗分化是从下向上的。当生长锥长到 2 毫米时，第一级枝梗原基全部形成。这时，苞叶原基逐渐消失。顶端第一级枝梗原基即将分化完成时，下面的第一级枝梗原基的基部渐渐变宽，两侧产生互生的第二级枝梗原基（图 2-23，3）。第二级枝梗原基的分化也是从下向上的。所以，

1. 三周苗龄的叶原基（Lp）和生长锥（A） 2. 生殖生长锥伸长期
3. 第一级枝梗原基（Pb）分化，第二级枝梗原基（Sb）开始
4. 各级枝梗原基向顶式分化，伸长 5. 外颖原基（O）分化，可见无柄（S）和有柄（P）小穗
6. 紧靠外颖（O）和内颖（Ⅰ）小花的不育小花外稃（SI）和可育小花外稃（L）
7. 小花上雄蕊原基（St）分化
8. 无柄（S）和有柄（P）小穗的小花的雄蕊（St）和雌蕊（Pi）原基分化
图 2-23 高粱穗分化时期（Eastin 和 Kit-wah Lee，1984）

第一、第二级枝梗原基的分化是向顶式的。第三级枝梗原基先在生长锥中部产生，再向上、向下分化。当生长锥长到 4 毫米时，第三级枝梗原基就全部形成了（图 2-23，4）。

当第二、第三级枝梗原基发育时，第一级枝梗原基膨大为具有多头原基的肉质体。通常，在生长锥中，下部分化枝梗原基比顶端快，因此生长锥上部只产生第一、第二级枝梗，而中、下部除第一级枝梗外，还多产生第二、第三级枝梗。

④ 小穗和小花分化期。当第三级枝梗在生长锥基部出现时，生长锥顶端的末级枝梗上便产生了小穗原基。小穗原基的分化是从生长锥顶端的枝梗上逐渐向基部推进，因此是离顶式的分化。小穗原基的分化产生小穗和小花。分化过程是先从小穗原基基部的一侧产生外颖片原基。当外颖片原基膨大到几乎包裹整个小穗原基的基部时，在相对的一侧产生内颖片原基（图 2-23，5）。随后，在内颖片原基对面的较高位置上分化出退化小花的外稃原基。在外稃腋间产生退化小花原基，其体积很小，很快便消失了。在退化小花原基刚形成突起时，其对面产生可育小花外稃原基，同时腋间很快产生可育小花原基，位于退化小花原基的上方，这时生长较快的外颖片已包裹着小花。可育小花原基分化之后，小穗原茎就不再膨大。每个小穗虽然有两朵小花，但退化小花只剩 1 个外稃（图 2-23，6）。小穗原基分化的次序是外颖、内颖、外稃、退化小花原基、可育小花原基。

⑤ 雌蕊和雄蕊分化期。在可育小花的内颖原基产生后，小花原基的顶端产生 3 个乳头状突起，即花药原基，将会形成 3 个花药。其中，1 个在外稃的基部，另 2 个在外稃的两侧呈鼎立状。花药原基出现不久，在 3 个花药原基的中间分化出雌蕊原基，以后发育成子房和花柱、柱头（图 2-23，7、8）。这时，分化产生两种不同的小穗：一种是有柄小穗，它的花原基在花药形成突起之后就不再继续生长，逐渐退化，故称之不育小穗；另一种是无柄小穗，称之可育小穗。它的基部不伸长成柄。小穗的 2 朵花中的第一朵花原基尚未形成雌蕊、雄蕊原基就开始退化成退化小花；第二朵小花发育正常，内外颖片迅速生长合拢，包围整个小穗。一般来说，在顶端产生 3 个并生的小穗，中间为无柄小穗，两侧为有柄小穗；其他部位都并生两个小穗，一个有柄小穗，另一个无柄小穗。花原基的分化顺序是内稃、雄蕊、雌蕊、浆片。它们是向顶式分化。

⑥ 减数分裂期。在雄蕊体积膨大后，子房的顶端开始分化出 2 个突起的柱头原基。雌蕊产生不久，浆片开始分化形成。这时雄蕊药囊的药隔开始出现，基部开始居间生长，花丝随之产生。一般认为，这时是减数分裂期。膨大的药囊呈

四棱状，囊内产生花粉母细胞，并进行减数分裂，经二分体，形成四分体，最后每个四分体发育花粉粒。

⑦ 花器形成期。这一时期花器各部分迅速增大。柱头上开始出现羽毛状腺毛，雄蕊的花丝伸长。小穗上的颖片、外稃、浆片以及花序轴（穗轴）等，在体积上都迅速增大。外颖的基部出现刚毛状毛，这是花器各器官都已形成，生长锥的分生组织已停止分化。

⑧ 抽穗期。花序轴伸长期这一时期颖片明显增大，由黄白色逐渐变为绿色或黄色。随着花器的发育，花序轴迅速生长，即将开始抽穗。这一时期颖片明显增长。

（3）穗分化与单穗产量

穗分化得好坏，充分与否对最终的单穗产量关系密切。单从穗分化看，应重视以下几条。第一，由于第一级枝梗原基是向顶式分化的，因此当营养生长锥的生长期延长时，则生长锥增大，使第一级枝梗原基的数目也随着增多。第二，由于第二、第三级枝梗是在第一级枝梗原基上分化的，因此只有各级枝梗的数目多，产生的小穗才多。而各级枝梗数目的多少显然与小穗分化开始的时间有关。因为小穗分化是离顶式的。如果枝梗原基分化后，很快就开始小穗分化，那么很显然上部第一级枝梗上的第二、第三级枝梗的数目就会减少，所产生的小穗总数也会减少，其结果是单穗的总粒数也就减少。因此，延长第一、第二、第三级枝梗的分化期，并适当延迟小穗原基分化开始的时间，对产生更多的小穗数有重要作用。

影响高粱穗分化的因素，除品种种性以外，也受生态条件的影响，如温度、光照、水肥、栽培管理等。例如，在枝梗原基形成期，适当低温和加强水肥管理均是很关键的。

二、生殖器官的发生和生殖

1. 雌蕊和雄蕊的发育和形态解剖

（1）大孢子发生

单胚珠附在心皮壁上，由子房壁内表皮下面部分的细胞分裂形成的。开始时胚珠为直立状，发育过程为弯生状，最终旋转为倒生状。成熟的胚珠有 2 层珠被，外珠被比内珠被略长。每层珠被都是 2 层细胞，珠孔处则有 4~5 层细胞。胚珠发育初期珠心为一团幼小的细胞，很快珠心表皮下有一个细胞增大，成为孢原细胞。它形成胚囊母细胞，又称大孢子母细胞。最初，大孢子母细胞与一单层胚珠细胞组织连接，但是很快这一层组织的宽度由于其平周分裂而增加，从而把大孢子母细胞推向珠心的合点部位。大孢子母细胞由于体积增大变成椭圆形。大孢子母细胞经历减数分裂并在一纵上形成四分体大孢子。四分体的最大细胞为合点大孢子，是有功能的，而其他 3 个较小的退化了。大孢子增大和分裂，一个核保留在珠孔末端，另一个移向合点的末端。细胞核经过 3 次分裂变成 8 个，结果形成典型的 1 个卵细胞，2 个助细胞，2 个极核，3 个反足细胞的结构（图 2-24 和图 2-25，1、2）。

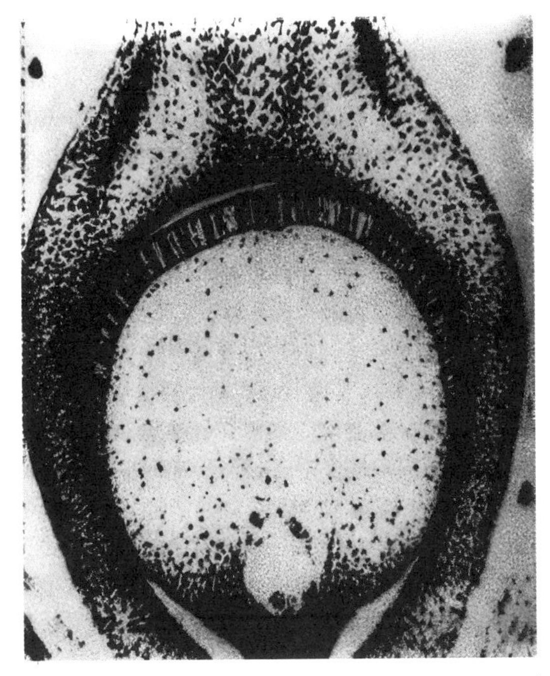

图 2-24　受精时的胚珠和胚囊：中间纵切面（×85）（Artschwager 和 McGuire，1949）

幼卵是球形的，当它发育后变成气球形状。卵位于 2 个助细胞之间，合称为卵器。之后，当胚囊成熟时，助细胞就收缩而失去原来的结构，而且纵列条纹出现在顶端生出丝状物。2 个极核很相似，集合为中央细胞，并与同时产生的卵细胞紧密靠近。3 个反足细胞位于胚囊的合点端，当较低的极核一离开它们就开始分裂，产生一网状反足组织，这种反足组织完全充满了胚囊的合点部位（图 2-25，1）。它们在胚囊中起吸收营养作用。

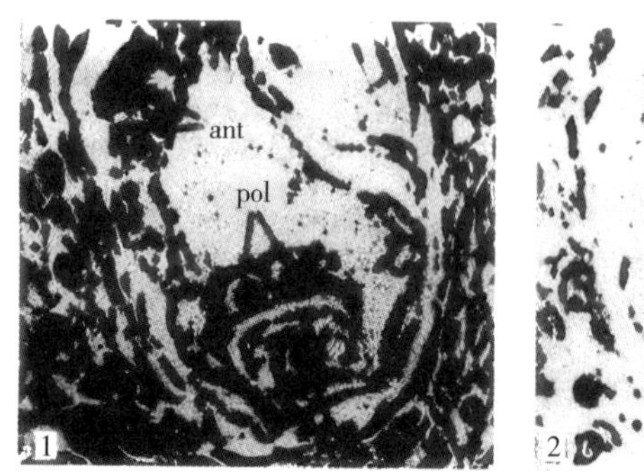

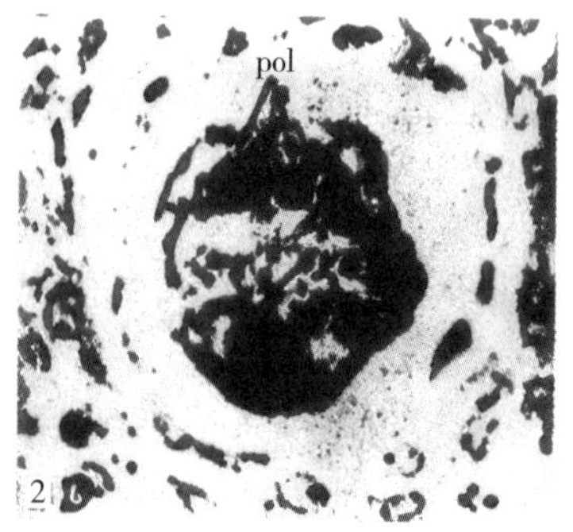

1. ant：反足细胞 pol：极核 egg：卵（×7 000） 2. pol：极核 syn：助细胞（×850）

图 2-25 胚囊纵切面（Artschwager 和 McGuire，1949）

（2）小孢子发生

小孢子发生为一团同类分生细胞，外周为一层表皮，随后在表皮的下方产生孢原细胞。孢原细胞进行一次平周分裂后形成内、外两层细胞，外层为壁细胞，内层为造孢细胞。这时幼小的花药已长成四棱形，横切面如四裂片，渐渐发育成具有四室的花粉囊。

花药壁由壁细胞分化而成，共有 4 层细胞。最外层为表皮，细胞呈砖形，壁薄，核大。在表皮里面，壁细胞经过平周和垂直分裂后产生花药壁的其他 3 层细胞，即药室内壁（纤维层），药室中间层和毡绒层（图 2-26）。药室内壁及中间层细胞大小差不多。花药成熟时，药室内壁细胞的壁往往不均匀地木质化加厚，由于纤维层细胞壁的收缩，使花粉囊开裂，花粉散出。药室中间层存在的时间很短，成熟时退化完全被吸收。花药壁的最内层为毡绒层。该层细胞比其他层细胞

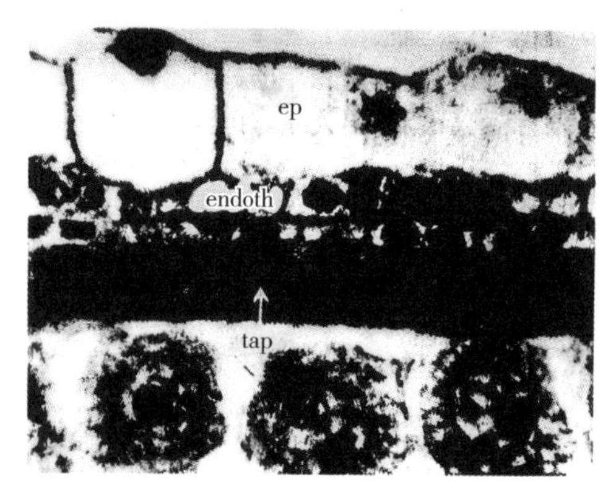

tap. 具双核毡绒层细胞 ep. 花药表皮细胞 endoth. 药室内壁

图 2-26 小孢子发生：晚前期花粉母细胞（×1 000）（Artschwager 和 McGuire，1949）

大，横切面几乎呈等四边形，细胞质浓厚，染色深，核大。开始为单核细胞，由于分裂时细胞质不分开，因而有的细胞为双核。

在花药壁发育的同时，初生造孢细胞也进行分裂，形成花粉母细胞，又称小孢子母细胞。花粉母细胞体积大，细胞质浓厚，细胞核大。花粉母细胞通过减数分裂及时地形成四分体，为左右对称型。四分体分离形成四个小孢子，小孢子再进而发育成花粉粒。

随着造孢细胞发育为花粉母细胞，药室中部由于腓胝质的沉积而形成腓胝体。在减数分裂过程中，腓胝体也分离，并向花药壁方向移动，在花粉母细胞外形成一覆盖层。之后这种特殊的壁溶解消失，使小孢子从四分体中游离出来。刚形成的小孢子周缘凹凸不平，细胞质浓厚，有 1~2 个核仁。以后逐渐变圆，并形成外壁和内壁。随着小孢子的发育，外壁更加明显，同时分化出萌芽孔。接着细胞质液泡化，先是形成许多小液泡，后合并成大液泡。核由中央移向与萌芽孔相对的壁处。单核小孢子很快进行有丝分裂，由于细胞分裂中期纺锤体两极不对称，结果向外形成菱形生殖细胞，向心形成椭圆形营养细胞。营养核在原处迅速扩大，并进行蛋白质和多糖的合成。同时，生殖细胞体积增大，进行有丝分裂，形成 2 个椭圆形的精子，成熟的精子为螺旋形，并列排在营养核附近。成熟的花粉粒具有内、外壁发育良好的 3 核，即 1 个营养核、2 个精核的花粉粒结构。

高粱小孢子发生过程中，从花粉母细胞经减数分裂形成四分体期间，植株对环境变化十分敏感。低温、干旱和营养不良都会影响减数分裂的正常进行。

（3）雄性不育性

人们在种植高粱时，很早就发现雄性不育现象。雄性不育高粱的雌蕊发育正常，而雄蕊发育不良，表现为花粉干瘪瘦小，乳白色、淡黄色或褐色带斑点。花粉粒无生命力，自交均不结实。

雄性不育分为两种类型，一是细胞核雄性不育，二是细胞核和细胞质互作雄性不育，后者又称细胞质雄性不育。它们都受基因的控制。高粱细胞质雄性不育以败育花粉为特征。Singh 和 Hadley（1961）研究表明，在小孢子阶段之前没发现小孢子发生畸形与细胞质雄性不育有关。随着小孢子的形成，不育高粱产生原花粉。这种原花粉可能有内壁、外壁和发芽孔，但不发生小孢子减数分裂，不能形成淀粉，也没有功能。

但也有一些研究人员认为，细胞质雄性不育花粉母细胞的减数分裂是正常的，只是在四分体以后才发生畸形。张孔湉（1964）曾观察到，高粱雄性不育系减数分裂前的细胞核没发生异常现象，只是细胞质失去了常态。雄性不育植株的花粉母细胞于前期Ⅰ的粗线期就出现了败育迹象，花粉母细胞变小和出现黏着状态。又据中山大学生物系（1974）的研究，细胞粘连现象在造孢细胞、花粉母细胞及其减数分裂Ⅰ、Ⅱ的前期、中期、后期、末期均可见到。减数分裂之前，可育系和不育系的绒毡层细胞相似，而在分裂后期，绒毡层细胞变厚和紊乱。张孔湉（1964）认为，在单核阶段，不育系的绒毡层表现为两种类型：一种是绒毡层伸长败育型，即当小孢子体积增大时，绒毡层细胞不退化，反而伸长向药室内侵入，把小孢子挤压成一团。另一种是绒毡层退化败育型，绒毡层细胞不伸长侵入药室内，只是小孢子的壁皱缩，相互黏成一团而败育。这两种类型花药中的小孢子最后都停滞在单核阶段，不形成正常成熟的花粉粒，因而产生败育。

Brooks 和 Chien（1966）研究可育高粱品种麦地（Wheatland）和矮瑞德兰（Dwarf Redlan）发现，绒毡层是宽窄均匀（4.1~16.0 微米）的辐射状宽度，而退化的辐射状宽度小于 4 微米；在不育绒毡层里，几乎没有多少是退化的绒毡层，大多数表现出辐射状宽度大于 16.1 微米的绒毡层（图 2–27）。

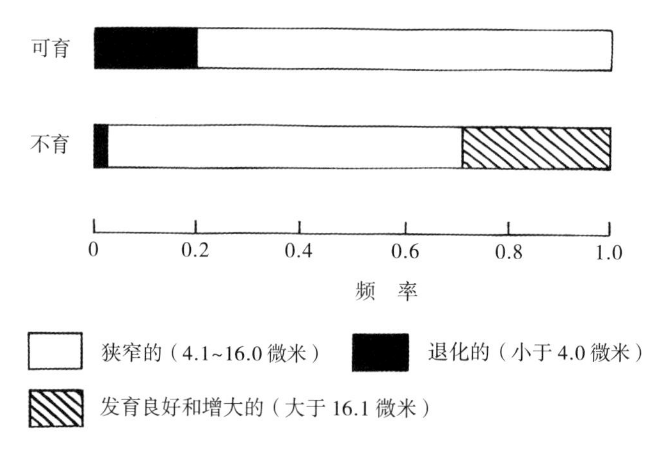

图 2–27 麦地和矮瑞德兰高粱花粉形成末期狭带类型频率（Brooks 等，1966）

中山大学研究显示，有些不育系在花粉母细胞进入减数分裂前期Ⅰ时，胼胝质不随花粉母细胞向外移动而是和它分开后滞留在花药中央，形成不定形的质团。这种质团呈纤维状，在减数分裂时扩散，先行消失。因此，花药中的二分体与四分体不能形成正常的次生细胞壁，使花粉母细胞粘连在一起，融合形成多倍体或多核小孢子。很明显，胼胝质发育的异常状态是不育系花粉母细胞发育过程的特征之一。

总之，高粱不育系在小孢子发育过程中，虽然也经过第一、第二收缩期的类似变化，但细胞内含物始终无法充实起来，绝大多数细胞停滞在单核阶段，不能通过有丝分裂形成营养核和生殖核，因而不能形成雄配子。

细胞质雄性不育的发现，使高粱杂种优势的利用变成现实，高粱杂交种的应用使籽粒产量大幅提升。而细胞核雄性不育的发现和利用，可使高粱实现轮回选择，进而使群体改良成为可能。

2. 生殖

（1）开花期

高粱从出苗到开花所经历的日数受基因 *Ma1*、*Ma2*、*Ma3* 和 *Ma4* 的制约，不同品种的开花期是不同的（表 2-1）。最长的开花日数（开花期）是 100 天迈罗，90 天；最短开花日数是 38 天迈罗，44 天。

表 2-1　高粱不同品种开花期

品种	基因型	开花期 / 天
100 天迈罗（100M）	*Ma1Ma2Ma3Ma4*	90
90 天迈罗（90M）	*Ma1Ma2ma3Ma4*	82
80 天迈罗（80M）	*Ma1ma2Ma3Ma4*	68
60 天迈罗（60M）	*Ma1ma2ma3Ma4*	64
快熟迈罗（SM100）	*ma1Ma2Ma3Ma4*	56
快熟迈罗（SM90）	*ma1Ma2ma3Ma4*	56
快熟迈罗（SM80）	*ma1ma2Ma3Ma4*	60
快熟迈罗（SM60）	*ma1ma2ma3Ma4*	58
莱尔迈罗（44M）	*Ma1ma2ma3RMa4*	48
38 天迈罗（38M）	*ma1ma2ma3RMa4*	44
赫格瑞（H）	*Ma1Ma2Ma3ma4*	70
早熟赫格瑞（EH）	*Ma1Ma2ma3ma4*	60
康拜因赫格瑞（CH）	*Ma1Ma2ma3Ma4*	72
波尼塔	*ma1Ma2ma3Ma4*	64
康拜因波尼塔	*ma1Ma2Ma3Ma4*	62
得克萨斯黑壳卡佛尔	*ma1Ma2Ma3Ma4*	68
康拜因卡佛尔 60	*ma1Ma2ma3Ma4*	59
瑞德兰	*ma1Ma2Ma3Ma4*	70
粉红卡佛尔 C1432	*ma1Ma2Ma3Ma4*	70

（续表）

品种	基因型	开花期 / 天
红卡佛尔 PI19492	*ma1Ma2Ma3Ma4*	72
粉红卡佛尔 PI19742	*ma1Ma2Ma3Ma4*	72
卡罗	*ma1ma2Ma3Ma4*	62
早熟卡罗	*ma1Ma2Ma3Ma4*	59
康拜因 7078	*ma1Ma2ma3Ma4*	58
Tx414	*ma1Ma2ma3Ma4*	60
卡普罗克	*ma1Ma2Ma3Ma4*	70
都拉 PI54484	*ma1Ma2ma3Ma4*	62
法哥	*Ma1ma2Ma3Ma4*	70

（2）开花

当高粱穗完全抽出旗叶鞘时，花序便开始开花。不同品种开始开花不一样，有的是边抽穗边开花；有的品种是在抽穗后 2~6 天开始开花。同一分枝上的有柄小穗比无柄小穗晚开花 2~4 天。开花顺序是自上而下，开的第一朵花或者是最上面的穗枝梗的顶端的无柄小穗，或者是第 2 个无柄小穗。一般来说，位于穗同一水平上的无柄小穗大体在相同时间内开花。

整个花序从开始开花到结束的时间，因品种、穗头大小，环境温湿度不同要 6~15 天，一般是 6~9 天。高峰开花期大约在整个开花期的一半时段。每天开始开花的时间已有各种报道，22：00—8：30。同一品种在不同地点或同一地点不同品种开始开花的时间都是不同的。在美国得克萨斯州的齐立柯斯，有 67% 的黑壳卡佛尔观察到的开花时间在 22：00—3：00，而 70% 多的标准黄迈罗开花时间在 4：00—7：00。在印度，高粱开花时间 0：00—2：00，而且继续到 8：00 或更晚些，多数花在 4：00 开放（Ayyangar 和 Rao，1981）。

在中国，汇总高粱开始开花时间研究的结果是从 19：00—7：00，开放的花朵数占全日开花总数的 90.3%~96.7%；7：00—19：00 开花的极少（乔魁多，1956）。徐爱菊（1979）在大连观察，晋杂 4 号的第 1 朵花于 2：00 开放，以后每天开花时间渐次往后推移，清晨 4：00—6：00 开花最盛，7：00 以后开花最少。开花的节律主要受黑暗和温度的影响（Stephens 和 Quinby，1934）。开花的最适温度为 20~22℃，相对湿度在 70%~90%。

由于两枚浆片膨胀的压力很快就使内、外颖片张开而开花，大约 10 分钟就完成这一过程，这时柱头和花药伸出颖外（图 2–28）。颖壳张开的角度一般为

45°，最大能达到60°以上。由于品种不同，或者是柱头与花药一起伸出来，或者是其中1个先伸出来，接着另一个再伸出来。不同品种有宽且短的颖壳，或者有大的羽毛状柱头和花药。当花药从开启的颖壳伸出来时，它们旋转并展开，而花丝很快伸长，花药向下变成悬垂状。有时，当这样的花药倾斜时就开裂散粉了，多数是它们在裂开前，保持吊垂状态一个短时间，然后开裂散粉。极个别品种在颖壳张开前花药先行破裂散粉，进行自交。开花结束后颖片复而闭合，花药和柱头或部分或全部留在颖外。

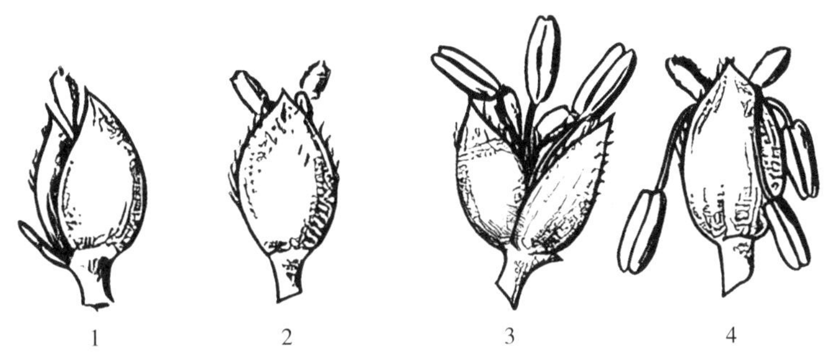

1. 将开放　2. 初开放　3. 完全开放　4. 已开放

图 2-28　小花开放过程

从颖壳张开到闭合的时间有许多观察报道。印度的观测结果是45分钟左右。Stephens 和 Quinby（1934）在美国得克萨斯州观测矮菲特瑞塔品种为2小时，幅度为0.5~4.0小时。在中国，不同学者观测的结果是不一样的。孙凤舞（1957）记载要20分钟，赵渭清记载小黄壳需要30分钟。杨赞林（1957）在安徽观测的结果从内、外颖张开到完全闭合，长达2~3小时。总之，在高温条件下，开、闭时间短，低温则长；湿度大，开、闭时间长，低温多湿开闭时间更长。相反，高温干燥则开闭时间短。花药开裂的时间和程度也受天气条件的影响，阴冷潮湿的早晨，尽管颖壳已张开，花药已伸出，但花药不会立即开裂。

（3）授粉

高粱属常异交作物，开花后在颖外进行授粉，天然杂交率较高，5%左右是通常公认的数字（Graham，1916；Ball，1910；Patel，1928；Karper 和 Conner，1919；Sieglinger，1921），最高可达50%。异交的比率受风向、风力和穗形的影响，散穗比紧穗更易异交，穗上部1/4处发生的异交多于下部3/4的2~4倍（Maunder 和 Sharp，1963）。徐天锡（1934）观测的高粱异交率为3.9%；孙仲逸

（1934）在南京观测的是 2.9%。

开花前一天，花粉粒尚未成熟，直到开花前 1 小时花粉才成熟，并具有萌发力。刚散粉的花粉粒生命力最强，萌发率最高，花粉管伸长速度最快。花粉一般存活 3~6 小时，而柱头有受精力可达开花后 1 周或更长，然而最佳授粉期是开花后 72 小时时间里。

（4）受精

① 普通受精。花粉粒落到雌蕊柱头上立即发芽。首先花粉内壁从萌发孔突出伸长，形成花粉管，原生质也随着进入其内。花粉管继续生长，通过柱头的腺性表皮细胞进入柱头的 1 个侧枝，继续向下经花柱进入子房壁，再通过分离的珠心细胞进入胚囊。在这个时期珠孔里层细胞已长得很大。尽管有许多花粉管可能进入子房腔里，但是只有 1 或 2 个穿入珠孔的花粉管能够射出其精子，与卵细胞受精。通常花粉粒落到柱头上后大约 2 小时就能与卵细胞受精。而李扬汉（1979）认为授粉 6~12 小时后开始受精。

高粱的受精过程同一般禾谷类作物一样，也是“双受精”。即 1 个精子与两个极核受精，另一个精子与卵细胞受精。极核受精与卵细胞受精同时发生。2 个极核在受精前或者已发生融合，之后与精子受精，或者 1 个极核先与精子结合，再与另 1 个极核发生融合，形成胚乳母细胞。卵细胞受精后产生的合子，大约有 4 小时的静止期。而极核受精后的胚乳母细胞静止期较短，因此其分裂较受精卵早。通过精卵结合形成双倍染色体数目的合子（$2n$），恢复了高粱原有的染色体数目，使物种得以延续。

② 闭花受精。在加纳，有一个高粱在正常条件下不开花，以品种 Nunaba 为代表。Bowden 和 Neve（1953）报道，该品种在开花期颖壳不张开。在东非的条件下，Nunaba 表现完全的闭花受精，既看不到颖壳张开，也见不到柱头和花药的任何标志，但结实是正常的。Ayyangar 和 Ponnaiya（1939）也报道高粱的闭花受精。

第三节 高粱的器官生长与形成

一、籽粒发育

高粱籽粒，习惯上称种子，属颖果。籽粒由子房里的胚珠发育而来，种皮由珠被发育而来，果皮由子房壁发育的，胚和胚乳分别由受精卵和受精极核发育来的。

1. 胚的发育

受精卵即合子，经 4 小时的静止后便开始分裂。合子先进行横向分裂变为 2 个细胞。1 个细胞向着胚囊的中心，叫顶端细胞，另一个叫基细胞。这两个细胞通过分裂形成胚体和胚柄。初期胚柄吸收营养以供胚体发育用，同时通过胚柄细胞的分裂作用，将胚体推向胚乳中去。6 天后胚呈菱形，其较低末端变细与胚柄连接（图 2-29）。7 天后，胚柄不能辨别了，已经破碎，并且被生长中的胚乳细胞吸收了。第 6 天时，可看到器官分化的标志。在胚后面的下方呈现出锯齿形缺刻。该缺刻上面部分发育成小盾片上部，下面部分变成子叶鞘和相继发育的几个叶原基。

受精后第 8 天生长点可清楚看到，是个半球状分生组织团。受精后 10~12 天在胚芽鞘节和盾片节之间的区域形成中胚轴。在第一营养叶原基出现的时期，胚较低部位开始发育初生根，并形成胚根鞘，包裹着胚根。在根尖和鞘之间，形成了根帽。同时小盾片已发育出 2 个翅，并折叠形成一个套包裹着胚。胚长到第 12 天已经完全成形，之后在体积上快速增大，直到成熟。

2. 胚乳的发育

初生胚乳核由于是 2 个极核与 1 个精子结合形成的，所以是 3 倍体（$3n$）。核分裂后不立即形成细胞壁，因而出现 3 个以上的自由核。受精 2 小时初生胚乳核即分裂，3 小时则已分散开，11 小时分散的核已分布在胚囊周围的边缘位置上，在胚囊内有一个大的中央液泡。自由核由细胞质相互联系，珠孔一端的较密集。胚乳发育很快，2 天后可见外围的胚乳核已开始出现细胞壁，3 天的胚乳细胞已完全形成细胞壁。到第 5 天，珠心组织逐渐被胚乳吸收，从而胚乳占据了珠心的大部分。到第 6 天，淀粉开始淀积，由于快速增加，到第 9 天时全部胚乳细胞的 2/3 都充满了淀粉。

当外层胚乳细胞成熟和它的细胞壁更厚时，可见油状物贮在里面，它们形成一表层，后来变成糊粉层。然而，基部的胚乳细胞不是分裂，而是伸长，其中的细胞质分解了。该层仅保留一细胞厚，并与表皮层，即初生糊粉层联系（图 2-30）。

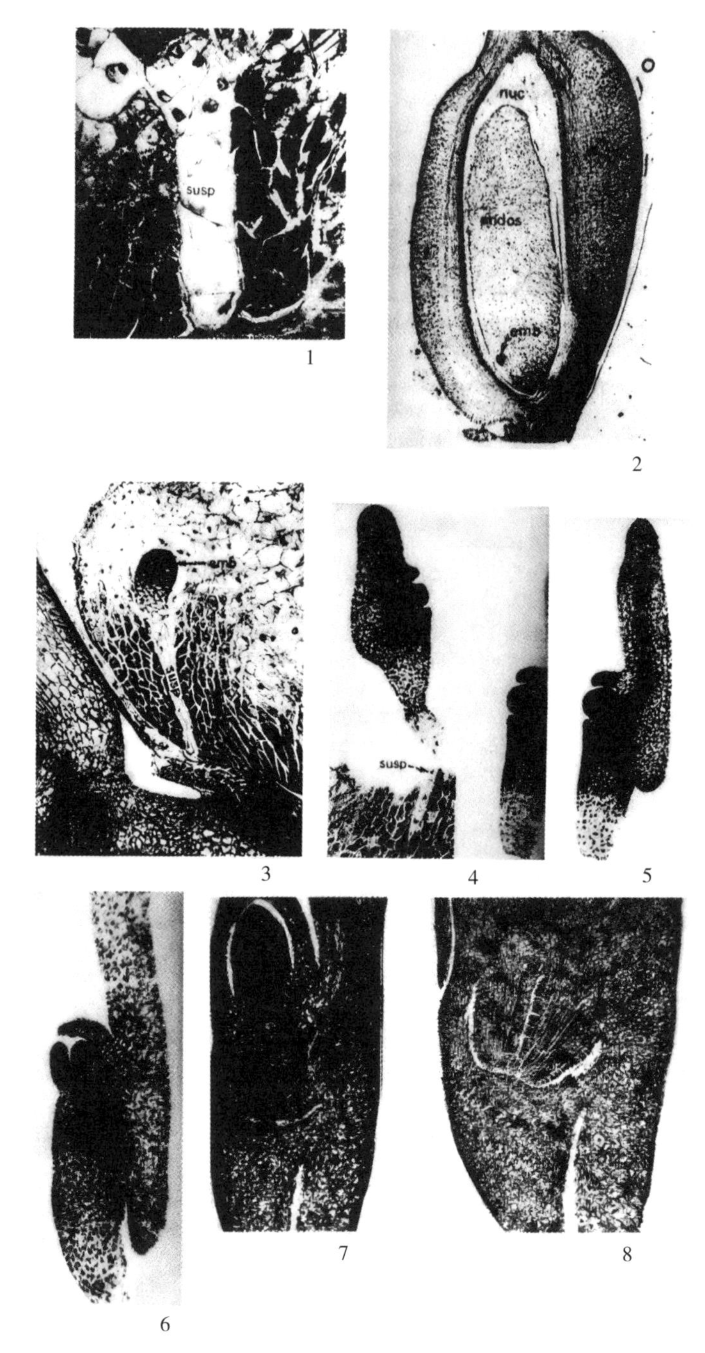

1. 幼胚和大胚柄（×525） 2. 5 天龄胚的胚珠，胚乳几乎取代全部珠心组织（×30）
3. 4 天龄胚和大胚柄（×30） 4. 6 天龄胚和长胚柄（×135） 5. 7 天龄胚（×135） 6. 8 天龄胚（×135）
7. 11 天龄胚（×135） 8. 13 天龄胚一部分（×135） susp. 胚柄 emb. 胚 nuc. 珠心 endos. 胚乳

图 2-29 胚的发育（Artschwager 和 McGure，1949）

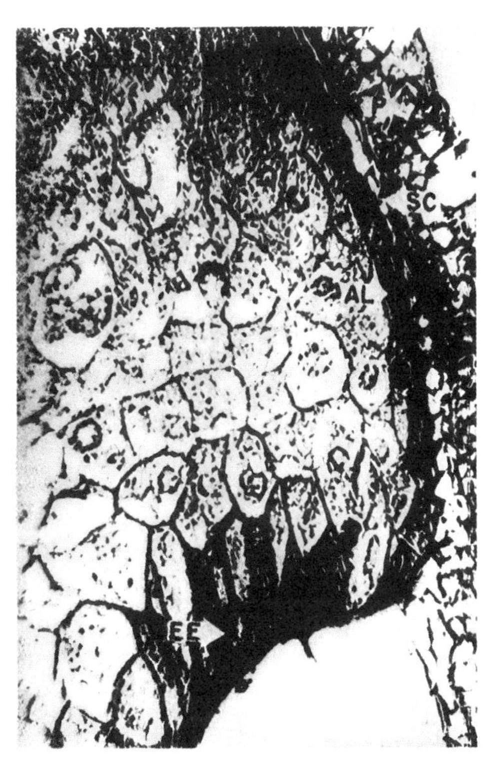

P. 果皮　SC. 种皮　AL. 糊粉层　EE. 胚乳表皮（×227）（Sanders，1955）

图 2-30　胚乳基部区域纵切面

在胚下面的胚乳与种皮紧密相连，而基部胚乳的其余部分与种皮分离。果皮和种皮由于籽粒其他部分的发育被向外推动，空间上发生体积的增大，因为基部胚乳细胞分裂已经停止。当胚乳表层（糊粉层）细胞分裂停止时，除次表层外的多数胚乳细胞都淀积淀粉粒。中央基部细胞最后充满淀粉粒。淀粉粒取代浓厚的细胞质，这时蛋白质网状组织也形成。一个典型的蛋白质网状组织（图 2-31，1、2）所示。在其他部位的细胞分裂停止后，次表皮层的细胞分裂继续，并产生 1 层或 2 层同心周边扁平细胞。这些细胞在发育期含有浓厚的细胞质，当淀粉粒和网状蛋白质产生时，这些细胞就不突出了。

1. 淀粉粒、气泡和少数蛋白质体。光滑的表面是周边的胚乳细胞

2. 围绕淀粉的蛋白质基质的放大图。淀粉已被 α– 淀粉酶溶解了（3 × 3 000）

图 2–31 高粱胚乳结构解剖（L.W.Rooney 和 R.D.Sullins）

3. 种脐的发育

种脐位于种子基部，是特别重要的地方，通过种脐营养可以达到发育中的籽粒（图 2–32，1）。当种子成熟时，其吸收的营养被阻隔在种脐。柄附着点上 1 毫米全粒横切面图（图 2–32，2）。韧皮部与木质部分开正好在木质部进入鳞片的那一点下面。这形成一宽带细胞，连续到远离胚的果皮，并覆盖着胎座合点垫和转运细胞。这一小块韧皮部被限制到转运细胞区域内，从不穿过珠心组织。

除种脐外，种皮包围整个种子。在这里，内珠被的两个象角突出物伸展到胎座合点垫的两边（图 2–32，3）。转运细胞本身变形成为基部胚乳细胞，表现出胞质束和壁隆起。这些隆起物在与胎座合点垫毗邻的细胞层是最紧密的，并且在转运细胞里变得不突出了，直到从合点垫处有约 10 个细胞时，它们就再看不到。这些转运细胞含有丰富的细胞质和很多线粒体，而胚乳细胞是正常薄壁的，充满了淀粉（图 2–32，4）。位于韧皮部薄壁组织带和转运细胞之间的胎座合点垫是由薄壁的等径细胞组成，这些细胞既没压碎也没压缩（图 2–32，5）。

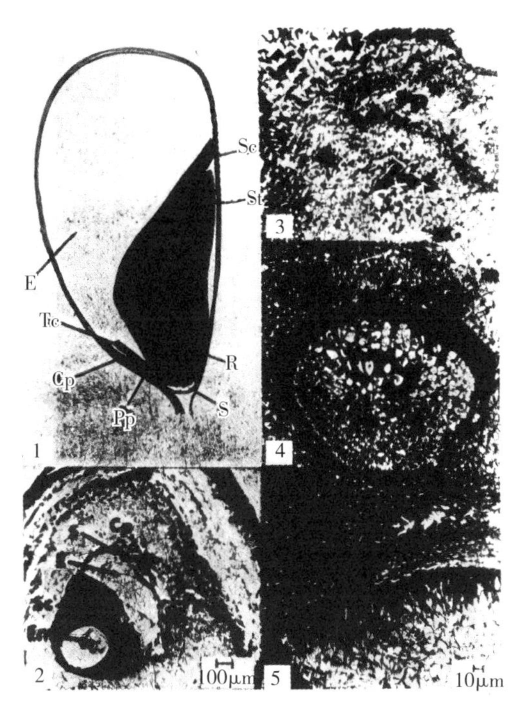

1. 籽粒纵切面图解：表明胚乳（E）、转运细胞（Tc）、胎座合点垫（Cp）、韧皮部薄壁组织（Pp）、种皮（S）、胚根（R）、芽（St）、小盾片（Sc）的位置；2. 花梗点上 1 毫米处完整高粱粒横切面图、表示不同组织的空间位置：胚（Em）（其他字母同 1.）；3. 表示专化转运细胞（Tc）横切面图。被压碎的内珠被（Ii）、部分种皮、在胎座一合点垫的两边形成角质（×350）；4. 变形如转运细胞的基部胚乳，表示典型的细胞壁突起物（×250）；5. 围绕胚乳的种皮横切面图，表示种脐孔与转运细胞相邻（×425）

图 2-32　授粉后 35 天高粱籽粒和种脐结构（Giles 等，1975）

当籽粒达到生理成熟时形成的“黑层”，出现在位于转运细胞区域内的果皮的基部离胚的一种锯齿状的棕色组织带。与转运垫毗邻的韧皮部细胞在授粉后约 30 天开始含有果胶或黏胶，而且这种物质在此后的 5 天里变得很稠密。果皮的小黑块明显地与“黑层”连合，在颜色上变得更加清楚了，更黑了。从受精后 40 天起，黑色紧密层表现出更加深黑（Giles 等，1975）。

4. 种皮的发育

授粉时，籽粒的未成熟结构是胚珠和子房壁。受精时，子房壁已有 4 层细胞，并发育成成熟的果皮；子房壁完全包裹着胚珠，胚珠发育成成熟的种子。授粉时，珠心由内外珠被覆盖，并被一薄层角质分开（图 2-33）。

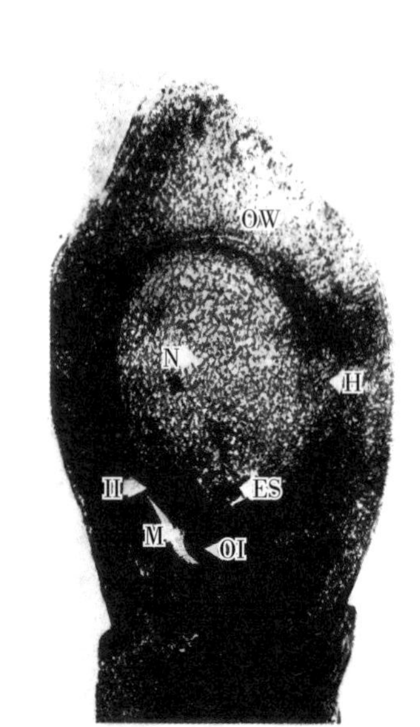

OW. 子房壁　OI. 外珠被　II. 内珠被　N. 珠心　ES. 胚囊　M. 珠孔　H. 种脐（×31.5）

图 2-33　授粉时胚珠纵切面（Sanders，1955）

在珠孔处，内珠被由 2 层细胞组成。而珠孔处的外珠被则由几层细胞组成。在内珠被和果皮之间变成压碎状，授粉第 6 天几乎完全被吸收掉。这时，在最初分开的 2 个珠被上增加了更多的角质。授粉第 9 天时，顶部的内珠被由大的凸起细胞组成，这种细胞沿籽粒表面以直角增大（图 2-34，1、2）。这些细胞随后碎裂并消失了。授粉后 21 天（图 2-34，3），许多栽培高粱在胚乳和果皮之间没有多少蜂窝状组织。Sanders（1955）研究种皮的发育是直到授粉第 9 天是一致的。某些品种，例如早熟赫格瑞在籽粒里有一里表皮。这类品种在授粉前有一个发育完好的内珠被，而且细胞含有一种橘红色素。这些细胞以大小（不是以数目）增大，压力导致这些细胞壁破裂（图 2-35，1、3）。当细胞壁破裂时，产生更多的色素并不断地形成色素层。在色素细胞的顶部保留一种固态厚层，而胚芽的表面，其厚度不比单层细胞更厚（图 2-35，3）。比较品种马丁（图 2-35，2）。在品种康拜因卡佛尔 54T 中，在种子顶部末端的某些内珠被细胞仍是完整的，而在别的地方，这层细胞或者在成熟时完全被吸收了，或者仅剩下破碎的细胞壁。在珠被或它的残留物上都没有色素淀积。在所有的情况下，曾把珠被分成两层的角质层在果皮底下作为连续的包被仍然存在。所有品种在胚乳和果皮之间形成角质种皮。多数研究的品种在胚乳和果皮之间没有多少或完全没有蜂窝状组织。

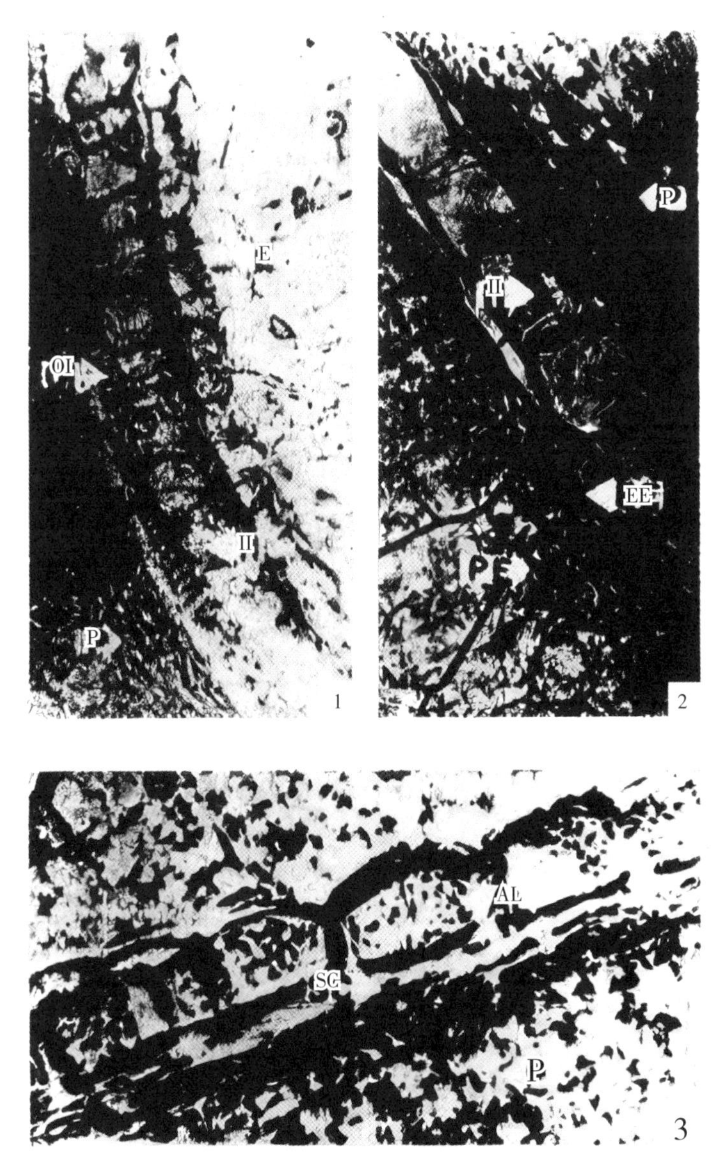

1.CK54T 授粉 9 天时靠近顶部横切面图（×200）

2.CK60 授粉后 9 天横切面图，表示种皮孔细胞和外胚乳的形成（×199.5）

3. 马丁授粉后 21 天的种皮和糊粉横切面图（×322） EE. 胚乳表皮 PE. 外胚乳 P. 果皮

OI. 外珠被 II. 内珠被 E. 胚乳 SC. 种皮 AL. 糊粉

图 2-34 种皮的发育（Sanders，1955）

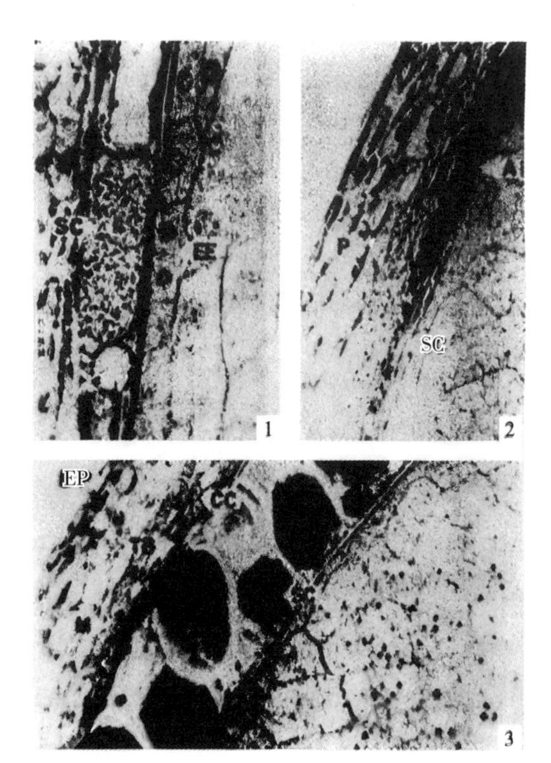

1. 早熟赫格瑞授粉 6 天时种皮和胚乳表皮横切面图（×216） SC. 种皮 EE. 胚乳外皮
2. 马丁授粉后 30 天果皮和部分胚乳横切面图（×56） P. 果皮 AL. 糊粉
3. 早熟赫格瑞授粉后 30 天果皮和着色种皮的顶部位横切面图（×50）
EP. 果皮表皮 M. 中果皮 CC. 交叉细胞层 TB. 管胞层

图 2-35 不同品种种皮情况（Sanders，1955）

二、成熟种子的结构

成熟种子的结构可分为 4 部分，最外层是果皮，往里是种皮，再往里是胚乳，以及胚。

1. 果皮

果皮就是由子房壁发育来的。成熟时的果皮细胞数目大约与受精时相同，只是细胞变得更大，壁已加厚。果皮包括外果皮，中果皮和内果皮（图 2-36 和图 2-37）。

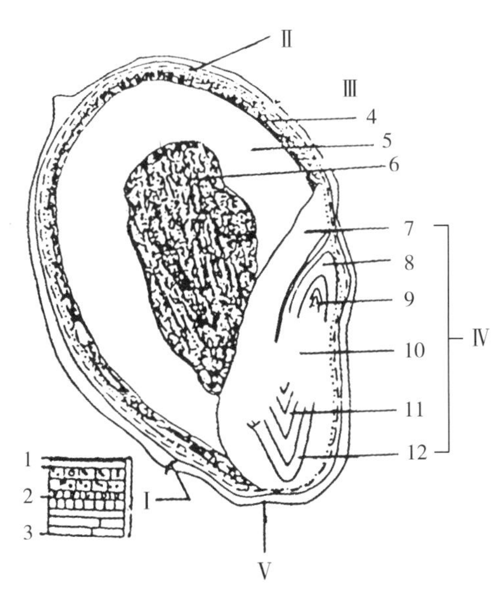

Ⅰ.果皮　1.外果皮　2.中果皮　3.内果皮（上为横细胞，下为管细胞）Ⅱ.种皮　Ⅲ.胚乳
4.糊粉层　5.角质胚乳　6.粉质胚乳　Ⅳ.胚　7.盾片　8.胚芽鞘　9.胚芽　10.胚轴　11.胚根
12.胚根鞘　Ⅴ.种脐

图2-36　成熟种子的结构（Rooney，1981）

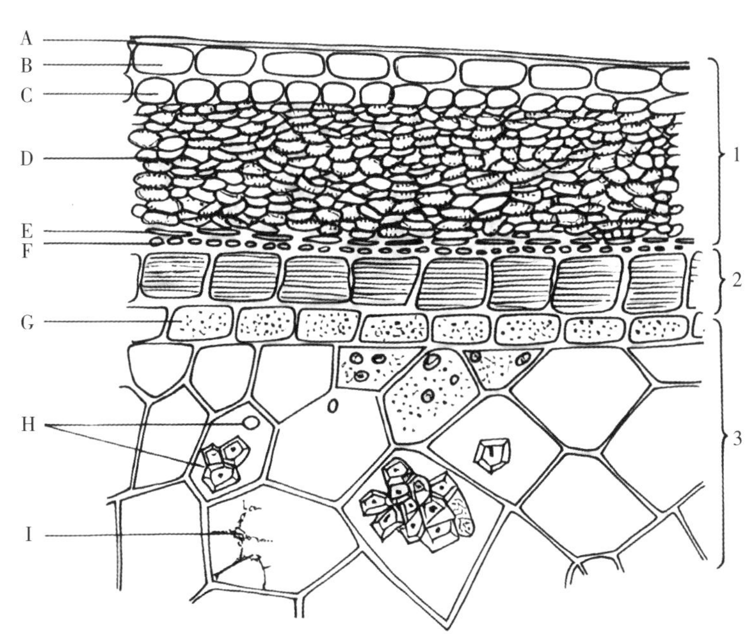

1.果皮　2.种皮　3.胚乳　A.角质层　B.表皮　C.下表皮　D.中果皮　E.横细胞
F.管细胞　G.糊粉层　H.淀粉层　I.蛋白质体

图2-37　成熟种子结构（Snowden，1926）

最外层的是外果皮，它由 2~3 层长方形或矩形细胞组成。细胞壁上具有许多单纹孔，其外有不均等增厚的角质层，有时含有色素。特别是当颖片颜色较深时，色素可透过外果皮渗到胚乳组织中。中果皮由数层大的，伸长的薄壁细胞组成。许多品种中果皮含有淀粉，但成熟时消失。一般来说，中果皮薄的品种，碾磨加工时出米率和出粉率较高。再往里的内果皮由横细胞和管细胞组成。这些长而窄的横细胞与中果皮的薄壁细胞联结，其长轴与籽粒长轴垂直。管细胞约 5 微米宽、200 微米长，横切时为圆形成椭圆形，细胞的长轴与籽粒的长轴方向一致。

2. 种皮

种皮是由内珠被发育来的。如果品种有种皮，通常是厚的，辐射状外壁以及很膨胀的内壁。并与果皮紧紧相连，很难分开。种皮沉淀的色素以花青素为主，其次是类胡萝卜素和叶绿素。其含量因品种和环境条件而异。一般淡色籽粒花青素很少或没有。种皮里还含有另一种多酚化合物——单宁。种皮里的单宁既可以渗到果皮里使籽粒颜色加深，也能渗入胚乳里使其发涩。有的品种种皮极薄，不含色素，单宁含量也极低，食用品质优良。另外，单宁在种子收获前抗穗发芽，耐贮藏和抗虫等方面具有良好作用，也有的品种没有种皮。

3. 胚乳

胚乳分成糊粉层和淀粉层。糊粉层由规则的单层块状矩形细胞组成，内含丰富的糊粉粒和脂肪。淀粉层可分为胚乳外层，角质胚乳和粉质胚乳。这两种胚乳所含淀粉粒形态不同，前者为多角形表面凹陷的多面体，后者为球形。角质胚乳中的蛋白质含量高于粉质胚乳。根据籽粒中角质胚乳和粉质胚乳的相对比例，可把胚乳分为角质型、粉质型和中间型。胚乳中的淀粉虽然都由葡萄糖分子缩合而成，但按分子结构又分为直链淀粉和支链淀粉。直链淀粉链长无分枝，分子量较小（10 000~50 000），遇碘呈蓝色或紫色，能溶于水；支链淀粉在直链上还有许多分枝，遇碘呈红色，分子量比直链淀粉大得多，而且不溶于水。一般粒用高粱品种支链淀粉与直链淀粉之比为 3∶1，称为粳型；蜡质型胚乳几乎全由支链淀粉所组成，也称为糯高粱。

此外，印度等国还有一种爆裂型高粱，它的角质外有一层坚韧而富于弹性的胶状物质，遇热迅速膨胀而开裂。还有一种高粱籽粒含有大量胡萝卜素，呈现柠檬黄色，称为黄胚乳高粱。

4. 胚

胚位于籽粒腹部的下方，稍隆起，呈青白半透明状，通常是淡黄色。成熟的种子其大小是不同的，一般用千粒重表示。千粒重在20克以下者为极小粒品种；20.1~25.0克为小粒品种；25.1~30.0克为中粒品种；30.1~35.0克为大粒品种；35.1克以上者为极大粒品种。

第三章 合理轮作及种植模式

第一节 轮 作

一、轮作

1. 高粱实行轮作倒茬的原因

高粱不宜连作。多年生产实践表明，高粱连作（重茬）减产。其主要原因是高粱需肥量大，吸肥多，对土壤结构破坏较重。杨有志（1964）调查，高粱下茬地 0~30 厘米的残存氮量，仅为玉米或豆茬地的 28.8%。高粱从土壤中吸收的氮素是根茬残留量的 9.5 倍，吸收的磷素是残留量的 7.7 倍（表 3–1）。吕家善等（1982）根据对 4 种作物茬口的土壤养分分析结果表明，他们残留给土壤的氮、磷、钾及有机质的数量大小顺序是玉米 > 棉花 > 大豆 > 高粱。Conrad（1938）针对高粱连作产量下降做了研究。他发现，这种产量降低主要由于亚硝酸盐缺少的缘故。这可能是由于高粱根系大量吸收亚硝酸盐所致。

表 3–1　高粱和玉米、大豆茬地氮磷变化比较（杨有志，1964）

茬口	生物产量 /（千克 / 公顷）	地上都带走的养分 /（千克 / 公顷）		根茬残留的养分（0~30 厘米，千克 / 公顷）		带走与残留之比	
		氮	磷	氮	磷	氮	磷
高粱	4 717.5	229.5	41.25	24.0	5.25	9.5 : 1	7.7 : 1
玉米、大豆	4 912.5	134.25	17.25	82.5	6.75	1.6 : 1	3.0 : 1

在干旱年份，高粱连作茬地的水分状况明显不如其他作物茬地。特别是高粱生育前期的土壤含水量比玉米茬地少3.84%~2.88%（10厘米深）和2.61%~2.47%（20厘米深）；比大豆茬地少4.5%~2.8%（10厘米深）和2.23%~1.62%（20厘米深）（表3-2）。

表3-2　高粱、玉米、大豆连作各层土壤含水量比较　（%）

作物连作年数	4月29日		5月9日		5月26日		6月17日		6月30日		10月7日	
	0~10厘米	10~20厘米	0~10厘米	10~20厘米	0~10厘米	10~20厘米	0~10厘米	10~20厘米	0~10厘米	10~20厘米	0~10厘米	10~20厘米
玉米3	20.10	22.26	15.14	17.54	13.92	17.13	17.57	20.05	12.80	13.80	19.27	19.28
大豆3	20.35	22.26	15.80	17.91	14.88	15.27	16.92	19.06	10.50	13.80	18.80	18.80
高粱3	18.42	18.13	11.30	15.07	11.92	14.78	14.69	17.44	10.40	12.20	16.31	16.31

来源：辽宁省农业科学院，1964。

高粱连作使病虫害加重。调查发现，连作3年后高粱丝黑穗病发病率可达30%以上，而轮作3年其发病率只有1%~2%。吕家善等调查表明，连作高粱茬地的蛴螬数量比玉米、大豆、棉花、向日葵茬地都多。发生严重的地块，每平方米有蛴螬9.2头，缺苗率达9.8%。

综上，在高粱连作下，由于对土壤养分消耗量大，而残留给土壤的养分少，加之连作茬地土壤含水量少和病虫害加重，因此造成连作高粱减产。

2. 高粱轮作倒茬增产原因

高粱实行轮作倒茬增产的原因在于，一是轮作倒茬有利于均衡利用土壤中的各种养分。因为高粱茬地的肥力消耗较多，如不实行轮作倒茬，就会造成耕层中某些营养元素缺乏，肥力降低。据辽宁省海城县81个典型地块调查，高粱轮作倒茬比连作增产20%以上。二是轮作倒茬能够减轻病害。据辽宁省辽阳、昌图、法库等地调查，连作1年，高粱黑穗病发病率为4.4%~6.3%，连作2年为3.7%~19.0%，3年的高达11.0%~28.2%；相反，轮作地的发病率低，如上茬为玉米或大豆的，发病率仅有1.6%~5.0%。三是实行轮作倒茬可减少落生高粱。落生高粱与当年种植的高粱幼苗相似，但穗子散，成熟时易掉粒，因而降低了籽粒产量。

3. 高粱对前、后茬的要求和影响

多年的生产实践表明，为获得高产，高粱的前茬最好是大豆，其次是施肥较多的小麦、玉米和棉花等作物。玉米间作或混作大豆也是较好的茬口。辽宁省农

业科学院（1965）对高粱茬和玉米混作大豆茬的养分进行了比较。结果表明，玉米混作大豆地上部分带走的养分较少，残留的氮、磷和有机质较多（表3-3），因此在玉米混作大豆茬上种植高粱比连作高粱能增产20%左右。

表3-3　高粱与玉米混作大豆茬养分比较

茬口	地上部带走的养分/（千克/公顷）						根茬遗留养分（10~30厘米，千克/公顷）		带走与遗留比例	
	氮		磷		合计				氮	磷
	植株	籽粒	植株	籽粒	氮	磷	氮	磷		
玉米大豆混作	69.0	66.0	7.5	10.5	135.0	18.0	84.0	7.5	1.6∶1	2.6∶1
高粱	159.0	70.5	22.5	19.5	229.5	42.0	24.0	6.0	9.5∶1	7.8∶1

来源：辽宁省农业科学院，1965。

高粱对后茬作物的影响是存在的。一般情况下，以高粱为茬地的小麦生长状况和最终产量不如以玉米为前茬地的。由于高粱对氮素及灰分元素的消耗量大于玉米，明显影响后作小麦的产量。苏陕民等（1981）曾研究了高粱茬地对小麦等作物的影响。盆栽条件下，高粱—谷子根际土生长的小麦最差；黑豆、绿豆，青豆根际土次之；玉米、花生根际土的小麦生长最好（表3-4）。与其他作物茬地相比，高粱下茬的小麦，生育日数相对增加，成穗数略有减少，株高和千粒重明显下降。用高粱根浸液进行小麦种子发芽时发现，有2%的种子虽已萌动，但胚芽和初生根的生长受到抑制。发芽100小时后，幼苗只有2厘米高，124小时仅2.5厘米。

表3-4　高粱等不同作物根际土对小麦生长发育的影响

作物茬口	出苗期（日/月）	成苗株数	平均株高 播后10天	平均株高 30天	成熟期（日/月）	株高/厘米	单株穗数	千粒重/克	生长势顺序
黑豆	18/10	14	6.2	9.9	2、6	43.8	1.25	39.7	3
青豆	20/10	14	3.1	8.4	3/6	38.0	1.21	39.1	5
绿豆	20/10	14	3.7	8.5	2/6	42.3	1.25	39.0	4
花生	19/10	14	4.5	9.5	2/6	47.2	1.21	41.7	1
玉米	20/10	14	4.7	9.2	2/6	43.6	1.36	41.3	2
谷子	20/10	14	4.4	8.8	3/6	39.6	1.29	37.5	6
高粱	20/10	14	3.2	8.2	6/6	29.6	1.18	32.5	7

来源：苏陕民等，1981。

二、高粱轮作形式

由于各地的生态、生产和经济条件的不同，以及栽培技术和作物构成的不同，在栽培历史上形成了各种轮作方式。以“→”表示年际间的轮换，“—”表示年内的轮换或复种。

春播早、晚熟区为一年一熟制，常用一茬豆科作物恢复地力，常见的轮作方式有：

高粱→大豆

高粱→谷子→大豆

高粱→大豆→春小麦

高粱→谷子→大豆→玉米

高粱→谷子→春小麦或玉米大豆混作

高粱→大豆→春小麦→玉米

在种植棉花的地区，常采用的轮作形式有：

高粱→大豆→棉花

高粱→玉米大豆混作（或谷子、糜子等）→棉花

在种植绿肥的地区，常见的轮作方式有：

高粱→草木樨（1~2 年）→谷子

高粱→草木樨 – 谷子（1~2 年）→大豆

高粱→糜子→荞麦→草木樨（1~2 年）→谷子

第二节　种植模式

高粱生产的实质是在一定的自然（光、温、水）和栽培（特别是肥料与密度）条件下，以作物自身遗传特性为基础，通过作物与环境的相互作用，表现为干物质积累与转化（伴随能量转移、物质生产过程）。在高粱增产诸因素中，品种选择、调整种植方式、合理密度、科学施肥、节水灌溉、覆膜栽培、化控调节以及规范化综合栽培技术都起着重要作用。种植方式是对高粱产量影响较大的重要栽培技术因子，对群体结构的调节具有重要作用。

一、覆膜、大垄双行、宽窄行、比空等模式

结合农耕机械，确定垄宽，双行小垄垄宽 30~40 厘米、大垄垄宽 50~60 厘米。垄宽可以适当增减，注意调整株距，以确保品种留苗密度。有条件的地区可以采用覆膜滴灌方式。目前生产上所使用的小型播种机械，基本上能够一次性完成开沟、施肥、播种、覆土、镇压、喷施除草剂、覆膜等工序。辛宗旭（2012）试验得出：覆膜、微集水、大小垄、一穴双株、三比空（密疏密）、三比空（均匀密度）、二比空 7 种种植模式均比常规种植模式增产，分别比常规种植模式提高 15.86%、13.89%、10.5%、4.82%、4.06%、3.77% 和 2.78%，其中覆膜模式产量最高。

二、间作、套作模式

1. 间作

间作是指两种作物相间种植，两种作物的播种期和收获期相同或大体相同。与高粱实行间作的作物有谷子、大豆、甘薯等。

（1）高粱与大豆间作

这是高粱产区采用的一种最为普遍的一种间作方式，即利用作物间高度上的差异获得高产。其行比要针对以哪种作物为主要收获物来定。例如，在辽宁省锦州地区以高粱为主要收获物，常采用 8 垄高粱与 4 垄大豆的间作方式。如果两种作物同等重要，则采取 4 行高粱 4 行大豆的间作方式。如果大豆为主要收获物，则应增加大豆的行数，4 行高粱 6 行或 8 行大豆。

（2）高粱与谷子间作

这一间作方式是中国北方高粱产区应用较为广泛的方式。行（垄）比为 1∶3、1∶6、3∶6 或 6∶6。如山西省晋中、忻州地区多采用 3 行高粱、6 行谷子的带状间种方式。吉林省多采用 6 行高粱与 6 行谷子的间种方式。

（3）高粱与花生间作

这是北方高粱产区的一种好的间作方式，尤其是在风沙半干旱地区更是如此，因为花生适于风沙地栽培，抗旱性较好，高粱也是耐旱的作物。二者间作均能减少对土壤水分的竞争。另外，高粱秋天收割后，根茬留在地表，可以减轻风蚀对沙地的侵袭，有保护表土的作用。高粱与花生间作一般采取 4∶6 或 4∶8 等行（垄）比。

（4）高粱与甘薯间作

在甘薯产区的河南、江苏、山东等省常采用。通常是每隔几行甘薯，在沟里种一行高粱。这种间作方式以收获甘薯为主，所以高粱的行数不多。

2. 套作

套作也是两种作物相间种植，但两种作物的生育期长短不同，其中一种作物生育期较短，可以在相同时间或大体相同时间播种，生育期短的作物可大幅提前收获。与高粱套种的主要作物有马铃薯、冬小麦和春小麦等。

（1）高粱与马铃薯套作

这是中国北方高粱产区普遍采用的一种套种方式。做法是先种马铃薯，待其到生育中期时，套种高粱。行比一般多采取 2 行高粱 2 行或 4 行马铃薯。这种套种方式对两种作物都有利。马铃薯多半生育期不受高粱影响，可以正常生长；当马铃薯开始结薯后，高粱植株有一定遮阳作用，可降低地温，有利于块茎形成和膨大；当高粱达到生育中期时，马铃薯已成熟收获了，其空间高粱可充分利用，通风透光条件大大改善，促进了高粱的生育。因此，这种套种方式对两种作物增产最显著。

（2）高粱与冬、春小麦套种

在冬小麦产区的河北、河南、山东等省常采用高粱与冬小麦套种。具体操作是在麦收前的麦田畦埂两边各种 1 行高粱，与冬小麦共同生长一段时间。待麦收后，在小麦茬地上再播种夏大豆、夏谷子等矮秆作物。也有采用套种或移栽相结合的方式。移栽方式复种指数高，高粱比例大，常为生产条件好、冬小麦产量高、劳力充足的地区所采用。具体做法是，麦收前在畦埂两侧套播种高粱时多下种子，麦收后待高粱长至 7~8 片叶时，将健壮的幼苗移栽于小麦茬地上。

在北方春小麦产区可采取高粱与春小麦套种。早春 3—4 月，先播种春小麦 2 行。当 4 月末或 5 月初播种 2 行高粱，这时春小麦已处于苗期。前期高粱生长缓慢，不影响春小麦的生长发育；当高粱长到 10~12 片叶时；春小麦处于灌浆熟期；7 月上中旬小麦成熟收获后，其空间有利于高粱通风透光，促进高粱生育，增产效果十分明显。

3. 复种

复种是指在 1 年的生长季节里，上茬作物收获后再种上一茬作物，也于当年收获，称为复种。复种可以一年两收或一年三收。有时为了解决生育期不够的问题，在上茬作物收获前，先把下茬作物育苗，待上茬作物收获后，再移栽到上茬作物地里，称为复栽。

复种、复栽的复种指数高，达到提高单位面积产量的目的。高粱通常作为下茬作物与其他作物复种，可以用作上茬作物的有马铃薯、春油菜、冬春小麦、豌豆等。

复种的重要技术环节，一是要选好品种，选择适宜生育期的上、下茬作物和品种，既能充分利用当地的光热资源，又能保证正常成熟；二是争时间，抢进度，尽快做好上茬作物收后的整地、灭茬、施肥、耙压等田间作业，力争早播。农谚有“春争日、夏争时”之说，意思是说要充分利用夏日的光热条件，一分一秒都是重要的。因此，夏收夏种又有“双抢”的说法，即抢收抢种。

第四章　耕地及田间管理

第一节　施肥、整地

高粱对土壤的要求不严，在各种类型的土壤均可种植，但以有机质含量丰富，pH 值为 6.5~7.5，黑土层较厚的土壤为好。以秋季深翻地为宜，翻耕深度应 20~30 厘米。有灌水条件的地块也可早春深耕、起垄、灌水，为播种作好土地准备。高粱的前茬以大豆、棉花、玉米、小麦为宜。

高粱具有抗涝、抗旱、耐瘠薄、耐盐碱、适应性广等特点。对土壤的要求不太严格，为了获得高产我们应尽量选择中等及中等以上肥力地块。由于饲用高粱种子比较小，播种前必须要精细整地，土地要平整，无杂物和杂草，整地质量将直接影响种子的出苗和保苗。

整地时亩施有机肥 1 500~2 000 千克。如果土壤缺磷或钾，可配合使用矿物磷肥和矿物钾肥，具体数量视土壤条件而定，一般亩施磷肥 10~30 千克，钾肥 5~10 千克。氮素化肥以尿素计算，每亩总量不应超过 20 千克，其中 25%~30% 用于基肥或种肥。

高粱作为具有较强抗旱、耐瘠特性的作物常被种植在干旱、半干旱地区的瘠薄土地上，因此如何采用高效水肥供应种植技术成为高粱产业可持续发展的关键问题。水肥一体化技术作为提高作物产量的核心技术措施，是我国农业绿色可持续发展的重要保障。其优势在于灌溉施肥肥效快，养分利用率提高，可以避免肥料施在较干的表土层易引起的挥发损失、溶解慢，最终肥效发挥慢的问题，避免了铵态和尿素态氮肥施在地表挥发损失的问题，既节约氮肥又有利于环境保护，因此水肥一体化技术使肥料的利用率大幅度提高。灌溉施肥体系比常规施肥节省肥料，同时大大降低了因过量施肥造成的水体污染问题，近年来该技术在玉米、棉花等旱田作物上得到广泛应用，然而在高粱生产上这一技术应用并不成熟。

水肥一体化技术可通过人为定量调控，满足高粱在关键生育期的水肥需要，因而在生产上可达到作物产量和品质协同提高的目标，降低了生产风险。因此，本研究在2020年研究的基础上于2021年继续开展试验，验证最佳水肥一体化技术模式，重点探究水肥一体化氮肥施用量，以提高水分和氮肥耦合利用效率，为春播晚熟区高粱水氮高效利用提供技术支撑。磷钾肥+9千克纯氮（磷肥、钾肥全部作底肥一次施入，氮肥30%作基肥，拔节期随滴灌施入追肥40%，灌浆期随滴灌施入追肥30%）为参试品种辽黏3号2021年水肥一体化施用模式，较当前生产上未使用水肥一体化管理施用12千克/亩的生产方式增产14.5%，同时可节氮25.0%（3千克/亩）。

施肥在提高高粱产量和改善品质方面发挥着关键作用。早在20世纪中，农业生产中大规模使用化学合成无机肥料，对高粱产量的增长做出了重大贡献。但是，与此同时，常年施用化学肥料给生态环境带来了潜在的危机，有些地区因肥料施用过量或方式不当导致环境和土地污染严重，造成资源浪费。随着高粱产量和施肥量的不断增加，施肥对农田生态环境的影响受到广大研究者的重视，特别是施肥引起的土壤环境质量和农产品质量安全问题已引起社会的广泛关注。在这一背景下，国内外大量学者开展了化学肥料替代技术、秸秆还田、精准施肥、配方施肥等方面的尝试研究，并普遍认为化学肥料替代技术最为切实有效。大量学者研究表明，化肥、有机肥二者配合施用是解决化肥过度使用、改善土壤环境和提升作物产量的重要手段。

为探明高粱有机肥料和化学肥料合理配比模式，本研究以氮高效高粱品种辽黏3号为材料开展试验，通过土壤微生物种类、多样性、代谢途径等综合分析，并结合光合参数和产量性状变化阐释高粱有机肥施用模式下的氮素利用机理，旨在从根系微生物和菌落调节角度揭示氮高效高粱氮素利用的高产形成原因，阐释氮高效高粱光合调节与根系分泌物调节的内在作用机理，集成高粱氮肥高效利用与有机粪肥优化融合技术，为高粱氮肥减施提质增效和绿色生产提供技术支撑。

综合2020年和2021年实验结果，在有机肥配施化学氮肥增产机理方面，研究表明肥料使用后土壤噬几丁质菌科（Chitinophagaceae）、棒状杆菌科（Kori-bacteraceae）、毛单胞菌科（Comamonadaceae）、草酸杆菌科（Oxalobacteraceae）、丝状菌科（Hyphomicrobiaceae）、黄单胞菌科（Xanthomonadaceae）等 17 个微生物种群活动活跃。其中，噬几丁质菌科（Chitinophagaceae）、棒状杆菌科（Koribacteraceae）、毛单胞菌科（Comamonadaceae）、草酸杆菌科（Oxalobacteraceae）、丝状菌科（Hyphomicrobiaceae）与高粱光合物质生产显著相关；ko02030（细菌趋化性）和 ko00072（酮体的合成与降解）2 个代谢路径对高粱生长发育起着关键作用。总体而言，氮高效高粱在施用有机肥（含氮 1.5% 鸡粪）200 千克 / 亩产量 + 氮素 8 千克 / 亩 +$P_2O_5$5 千克 / 亩 +K_2O 5 千克 / 亩融合模式为辽黏 3 号的最佳肥料施用技术模式，该模式下可通过土壤微生物的种群活动和代谢调节实现高粱高效光合物质生产，促进较高产量的形成，实现高粱化学肥料减施和高效绿色生产。

第二节　播　种

一、播前种子准备

种子要籽粒饱满，整齐一致，发芽率不低于 85%。播前晒种 3~4 天，并用 40% 乐果乳油按药、水、种子 1∶40∶600 的配比混拌均匀闷种 3~4 小时，或用种子量 0.5% 的 40% 禾穗胺拌种，阴干后播种，防治高粱黑穗病。

二、播种期和播种量

一般在 4 月中下旬到 5 月上旬播种，提倡晚播，光照强的可在 5 月中下旬播种。确定适宜高粱播期的依据是温度、水分、地势、病虫发生时期及品种特性和栽培制度等因素。其中起决定性作用的是温度和水分。高粱种子萌发的最适温度在 18~35℃，最低温度为 8~12℃，从播种到出苗≥ 10℃的有效积温约需 66~88℃。但是，生产上可把土上 5 厘米平均气温达 12℃时作为适时播种的温度指标，播种过早，土温低，出苗缓慢，种子容易霉烂，影响出苗率，且容易感染真菌而发病；播种太晚，墒情差，且有影响正常成熟的危险。

高粱的密度受品种特性、土壤肥力、土地类型、种方式等因素影响。建议用种 2 千克 / 亩。机械化程度高的播种机，建议用种 1 千克 / 亩。

三、播种技术与播种机械

一般采用垄作，行距50~55厘米，株距20~27厘米，亩保苗6 000~7 000株。开沟深度3~5厘米，覆土厚度2~3厘米（视土壤墒情而定，含水量大时浅开沟浅覆土，土壤墒情较差时深开沟，并踩好底格子，覆土厚度3厘米左右），播种后表层土壤稍干时，用磙子镇压以防跑墒。

谷子高粱播种机，山东、河南及黑龙江生产厂家有售。

第三节　间苗除草

出苗后及时查田，出现缺苗时及时浸种催芽补种或借苗、移栽。当高粱2~3叶时进行间苗，到4~5叶期定苗。结合定苗进行第一次中耕，要求浅铲细锄，不伤苗。拔节前结合追肥进行第二次中耕，此时，根尚未伸出行间，可以进行深铲，松土，做到压草不压苗。主要目的是促进根系发育，适当控制地上部的生长，达到苗全、苗齐、苗壮，为后期的生长发育奠定基础。

一、留苗密度

一般早熟品种宜种密些，晚熟品种宜种稀些，因为一般晚熟品种茎叶茂盛、植株较为高大，种得太密，植株柔弱，容易倒伏。

抗倒性强的品种可以适当加密，抗倒性差的品种可适当稀些。株型上冲紧凑的品种，有利于通风透光，可适当加大密度。

一般高肥力地块，密度大些，低肥力地块密度小些，遵循“肥地宜密，薄地宜稀”的原则。

一般采用垄作，行距50~55厘米，株距16~22厘米，亩保苗7 000~9 000株。

二、间苗除草技术简介

在生产和试验上，对高粱田采用传统的“三铲三蹚”进行管理，有利于防寒增温、松土保墒、蓄水防涝和防病防害等，而不足之处是费时费力、成本过高；如果采用喷施除草剂进行封地管理，可以节省大量的人力、物力和时间，达到事半功倍的效果。目前除草剂是蔬菜、玉米、大豆生产上杂草防治的重要手段。高梁对除草剂敏感，稍有不慎就会发生药害，限制了高粱除草剂的大面积使用，因此，如何使用除草剂达到既除草又对高粱的生长无害，成为一个很重要的研究课题。近几年，我国研究人员进行了高粱除草剂的使用研究并开展了适宜当地的除草剂药效评价。

三、除草剂的选择

张姈等（2016）在内蒙古赤峰进行了高粱播后苗前和苗后除草剂的初步筛选。通过对田间杂草防效和“赤杂 28”产量的对比与分析，选出能有效防除杂草又保证“赤杂 28”正常生长的除草剂。研究表明，播后苗前每亩使用 129.2 毫升 72% 异丙甲草胺复配 323 毫升 38% 莠去津封闭喷雾，出苗后于高粱 2~4 叶期每亩使用 38% 莠去津 323 毫升喷雾，以上 2 种方法可安全用于高粱杂交种“赤杂 28”的杂草防治。潘兴东（2017）在黑龙江开展了 50% 异丙甲草胺・莠去津悬浮乳剂防除高粱田杂草药效评价，结果表明：在高粱播后苗前土壤封闭喷施 50% 异丙甲草胺・莠去津悬浮乳剂制剂，用量 2 250~3 000 克 / 公顷，对一年生杂草稗草、狗尾草、藜、反枝苋、酸模叶蓼等均具有较好的防除效果，控草时间长达 50 天以上，且对高粱生长安全。刘宾等（2018）在山东进行了不同除草剂对高粱地杂草防除效果研究，并筛选出既能有效防除杂草又能保证“济梁 1 号”正常生长的除草剂。同时发现，苗前除草剂除草效果优于苗后除草剂。即苗前单一除草剂 50% 异甲・莠去津悬乳剂 200 毫升 / 亩用量和 33% 二甲戊灵 150 毫升 / 亩封闭喷雾，苗后 5~6 叶期每亩喷施单一除草剂 75% 氯吡嘧磺隆 8 克和复配除草剂（56% 二甲四氯 27 毫升 +50% 二氯喹啉酸 10 克 +38% 莠去津 79 毫升 +75% 氯吡嘧磺隆 2 克）均可用于高粱杂交种“济梁 1 号”的杂草防治。李志华（2018）在辽宁以国家高粱改良中心选育的辽杂 37、辽杂 19、辽甜 1、辽黏 3 号为试验材料，采用除草剂莠去津悬浮剂 + 精异丙甲草胺（金都尔）为试验药品进行封地试验。通过对高粱株高、茎粗、干物率以及花期和籽粒产量的研究，分析了封地对高粱生长发育及花期和最终生物产量的影响。结果表明：高粱田进行封地处理后，对营养生长前期有一定影响，而随着植株进入营养生长和生殖生长的并行阶段，这一影响对辽杂 37、辽杂 19 和辽黏 3 号等 3 个品种会逐渐缩小，最终籽粒产量也没有明显差异。并以籽粒产量为目的的高粱田，如果不考虑其他自然因素，可以采用除草剂封地进行田间管理。如果对秸秆有所要求，如青饲、青贮等，应考虑封地管理对营养生长时期生物产量所造成的影响。

丁超等（2017）进行了高粱田常用除草剂对高粱生理生化及产量品质影响的研究。研究高粱田3种常用除草剂不同剂量对高粱的生理生化及产量品质的影响。结果表明，施用3种高粱田常用除草剂50%二氯喹啉酸可湿性粉剂、56%二甲四氯钠粉剂和57% 2,4-D丁酯乳油30天后，对高粱株高、茎粗及展开叶的影响程度依次为57% 2,4-D丁酯乳油>56%二甲四氯钠粉剂>50%二氯喹啉酸可湿性粉剂。其中，低、中剂量除草剂对高粱株高、茎粗及展开叶有促进作用，高剂量除草剂则对高粱有抑制作用。3种除草剂均可使高粱的SPAD值、净光合速率降低，POD、SOD活性以及MDA含量升高，这种影响效应在药后5天最大，至20天时基本可以解除。除56%二甲四氯钠粉剂和57% 2,4-D丁酯乳油高剂量外，其余处理均提高高粱产量，但基本不影响高粱籽粒的蛋白质、脂肪、淀粉及单宁含量，3种除草剂的最高安全剂量分别为750克/公顷、1 800克/公顷和1 050毫升/公顷。

四、除草剂的喷施

播后至出苗前的化学除草是利用时差选择法除草的方法，它是在高粱种子播种后，幼苗未出前，喷洒除草剂，而杂草萌发早的，遇药后会迅速死亡，达到除草目的。不同作物对不同除草剂的敏感程度不同，在选用除草剂时一定要注意对下茬和下季作物的影响问题。有些除草剂残效期很长，施用不当时有可能对敏感的后茬作物造成危害。如莠去津是优良的高粱田除草剂，但它的残效期很长，对豆类作物又很敏感，要谨慎使用。此外，要严格掌握使用浓度与方法，不能随意加大浓度，以免导致药害发生。苗期化学除草是利用除草剂在作物和杂草体内代谢作用不同生物化学过程来达到灭草保苗目的。高粱出苗后5~8叶期，抗药力较强，使用化学除草剂较安全，而5叶前、8叶后对除草剂很敏感，故苗期化学除草一般在5~8叶期进行，否则容易产生药害。

第五章　苗期管理

苗期田间作业较多，包括破除土表板结、查田补苗、间苗定苗、铲蹚、除草等。

一、破除土表板结

高粱播后出苗前，有时会降雨，造成地表板结妨碍出苗。这时应用耢耙地表破除板结以促进出苗，还能提高地温，减少土壤水分蒸发。如果在高粱出苗前长出杂草，应修地，既清除杂草，又破除土表板结，称为“铲萌生”。

二、查田补苗

高粱播种后，由于墒情不足，或地下害虫危害等原因，造成缺苗断垄，应及时查田补苗。在缺苗较多时，可以抓紧补种；补种先浸种催芽，促进加快出苗，使幼苗生长一致。在缺苗较少时可以补栽，补栽应在5叶期之前进行，选择阴天或晴天下午，先在缺苗处刨坑，然后起苗栽于坑内，培土、按实、封严。土壤干旱时，需坐水移栽，以保证成活。

三、间苗、定苗

间苗的目的是使幼苗形成合理的田间分布，避免幼苗互相争夺养分和水分，减少地力消耗。间苗应在2叶或3叶期进行，有利于培育壮苗。3叶以后，幼苗开始长出次生根，遇雨次生根长的更快，间苗过晚，苗大根多，容易伤根或拔断幼苗。

定苗要保证计划种植密度。一般于4叶期定苗，不要晚于5叶期。定苗时要求做到等距留苗，定壮苗、正苗、不留双株苗。在缺苗的地方，也可适当借苗。杂交种生产田间苗、定苗时，要根据芽鞘色、叶形和株高等，拔除杂株、劣株，以提高纯度。

四、铲蹚

铲蹚是苗期管理的主要作业。铲蹚可以清除板结，铲除杂草，对调节改善土壤湿、温度有重要作用。农谚“锄头底下有水又有火”就是说明这个道理。天旱时，铲蹚能破除土壤板结，疏松土壤，接纳雨水，由于表层毛细管被切断而减少土壤水分蒸发；相反，在雨多地湿时，铲蹚增大了土壤孔隙度，可加速水分散失，提高地温。据辽宁省测定，6 月 22 日进行铲蹚，比不铲蹚的地表温度提高 2.8℃，2 厘米土层温度提高 1.0℃，4 厘米土层温度升高 0.8℃。铲蹚改善了土壤环境条件，还可使土壤中好气性微生物活动增强，加速有机质分解，提高土壤养分含量。蹚地可切断垄沟内大量须根，断根恢复需要一定的时间，因而减少了对地上部养分供应，可控制茎叶生长，并能刺激次生根大量发生，增强根系的吸收能力，有利于“敦苗”，使植株生长敦实，叶肥色浓，心大老健。

传统高粱生产田一般要进行“三铲三蹚”，也有“二铲二蹚”，每隔 10~15 天进行一次。第一次在 3~4 叶期进行，因为幼苗矮小，铲深 2~3 厘米，蹚深 4~5 厘米；第二次铲蹚时，幼苗已长高，应深铲壅土推平，防止倒伏，蹚地也要深，压草松土，促进根系深扎和次生根的生长，蹚深 8~10 厘米；第三次铲蹚时，高粱已进拔节阶段，铲地应横锄放土，蹚地深度不宜超过 7 厘米，过深会伤根，降低根的吸收能力。

第一节　苗期生长发育特点及异常现象

一、苗期生长发育特点

种子萌发期在霜前收获的种子或经过晾晒的高粱种子发芽力强。当土壤温度在 6℃以上、种子吸收本身重量的 40%~50% 水分时，便可萌发。如果土壤湿度大，地温低（6℃以下）；种子容易霉烂粉种。一般在土壤 10 厘米深处温度稳定在 12~13℃时播种，经过 10~12 天可出齐苗：土温在 18℃时，约 5 天可出齐苗。

种子发芽最适宜的温度为20~30℃，只需3~4天即可出苗。幼苗期这个时期是高粱生根、长叶、分蘖等营养器官生长时期，但以初生根为主，地上部分生长缓慢。幼苗长出3~4片叶时，幼苗地下长出第一层次生根。

二、苗期生长异常现象

幼苗发黄：高粱虽然对土壤要求不严，耐瘠和耐盐碱，土壤含盐量小于0.3%时，生长正常，但超过0.5%时，则幼苗就发黄枯萎。盐分中的氯离子对高粱为害最大，盐碱性土壤中可溶性盐分浓度较高时，抑制高粱的吸水，并出现反渗透现象，产生生理脱水，造成高粱幼苗发黄枯萎；某些盐类能抑制有益微生物对养分的有效转化而使苗子瘦弱发黄。碱害主要是由于土壤中代换性钠离子的存在，使土壤性质恶化，也影响高粱根系的呼吸和养分的吸收。

除草剂药害造成的叶尖、茎变红，枯萎、死苗。

近年来，在玉米高粱轮作区，由于玉米田除草剂烟嘧磺隆的使用不当，其土壤残留会给后茬高粱生产带来较大的损失。因此，采取及时有效的解毒修复措施，对高粱生产意义重大。

除草剂解毒剂（Antidotes）的概念是1962年由Hoffman首次提出，其在不影响除草剂对靶标杂草活性的前提下有选择地保护作物免遭除草剂的药害，是目前除草剂药害研究的新领域。关于安全剂对烟嘧磺隆当季药害的缓解效果已有学者进行了初步研究。郭瑞峰（2017）以高粱晋糯3号为材料，采用室内生物测定方法，研究安全剂奈安和环丙磺酰胺减轻烟嘧磺隆残留对高粱的药害作用。结果表明，随着土壤中烟嘧磺隆浓度的增大，高粱的生长受到抑制，喷施环丙磺酰胺和奈安后可在一定程度上减轻烟嘧磺隆对高粱生长的影响；当土壤中烟嘧磺隆有效成分残留量为4克/公顷时，环丙磺酰胺喷施量为8毫克/千克、奈安喷施量为10~15克/千克时，药害症状缓解，解毒效果最好。

第二节　苗期自然灾害及病害预防

一、苗期自然灾害及预防

高粱虽然抗旱性强，根系发达，茎叶的表面又有一层蜡粉，能减少水分的蒸发，但水分极为缺乏时，高粱仍会停止生长叶片发黄枯萎。当种植的高粱幼苗的土壤较干时要及时浇水来补充土壤中的水分，高粱幼苗才能正常生长。排水不及时也会导致幼苗发黄甚至烂根，雨水多的季节，排水工作要到位以免洪涝。

高粱为喜温作物，在生育期间所需的温度比玉米高，并具有一定的耐高温特性，全生育期适宜温度 20~30℃。但高粱种子萌动时不耐低温，播种过早发芽缓慢，还容易受病菌侵染，造成粉种或霉烂，高粱幼苗如遇低温容易发黄滞长。

高粱幼苗低温处理：

① 出苗后及时疏苗、定苗，铲除杂草。

② 深松耕地，高粱苗期一般中耕 2~3 次，第 1 次结合定苗进行，15 天后进行第 2 次。

③ 低洼易涝地，地温低，可采用垄作培土以提高地温。

二、苗期病害及预防

许多真菌能侵染高粱种子，并为害胚和胚乳。尤其在多湿和冷凉的条件下，粉质的胚乳种子更容易受到真菌的危害，造成“粉种”，种皮的任何一点轻微受伤都为病菌提供了侵染点。

镰刀菌（Fucarium）在高粱种子上发生侵染是很普遍的，尤其是串珠镰刀菌（*Fusarim moniliforme*）、水稻恶苗病菌（*Gibberella fujikuroi*）是造成腐烂和幼苗疫病的主要病因。腐霉菌（Pythium spp）能侵染地下的幼芽，使幼芽烂掉。禾根腐霉菌（*Pythium arrhenornanes*）也能侵染种子和幼苗，并使幼苗死掉。蠕孢菌（*Helrnintha-sporium* spp.）同样能够侵染种子和幼苗，受玉米蠕孢菌、玉米大斑病菌（*H. turcicum*）侵染的高粱幼苗，感病部位出现病灶中心，由此病害向全株扩展。

药剂拌种是防治种子和幼苗腐烂的有效方法。用福美双拌种既无毒性，又非常有效。使用比例以 1∶400 为好。用汞制剂，如赛力散或氰化甲汞 GN 拌种也有良好的防治效果，但有一定的毒性，因此使用时要用较低的拌种比例，1∶800~1∶1 200 为宜。播种前用 2% 戊唑醇可湿性粉剂 2 克兑水 1 000 毫升，拌种 10 千克，风干后播种。

第三节　苗期虫害预防

一、蝼蛄

1. 分布

蝼蛄属有翅目蝼蛄科，可分为3种，华北蝼蛄（*Gryllotalpa unispina Saussure*）、非洲蝼蛄（*Gryllotalpa africana Palisot*）和台湾蝼蛄（*Gryllotalpa formosana Shiraki*）。其中台湾蝼蛄仅发生在我国台湾、广东、广西等地，危害不重。非洲蝼蛄的主要分布区域在北纬36°线以南，华北、东北也有发生。华北蝼蛄分布在北纬32°线以北的河北、山东、山西、内蒙古、陕西、河南等省（区），危害重。

2. 危害症状

蝼蛄主要在地下咬食播种后或刚发芽的种子，也咬食幼根和嫩茎（图5-1）。在地表咬食时，常常将幼苗接近地面的嫩茎咬断或咬成麻状，致使幼苗萎蔫死亡。蝼蛄还能在表土层穿行隧道，使幼根与土壤分离，失水干枯死。

图5-1　蝼蛄及其危害症状

3. 形态特征

（1）华北蝼蛄

雄成虫体长39~45毫米，头宽5.5毫米。身体浅黄褐色，头部暗褐色，生有黄褐色细毛。前翅长约14毫米，后翅卷成筒状，附于前翅之下。前后是黄褐色，发达。卵椭圆形，初产时1.6~1.8毫米长，1.1~1.3毫米宽，乳白色有光泽，以后逐渐长大变为黄褐色，孵化前2.4~2.8毫米长，1.5~1.7毫米宽，呈暗灰色，比非洲蝼蛄色浅。幼虫的形态特征与成虫相似，前后翅不发达。刚孵化时头胸特细，腹部肥大，呈乳白色，约半小时后腹部变成淡黄色，2龄后身体变成黄褐色。

（2）非洲蝼蛄

非洲蝼蛄与华北蝼蛄大体相似，只是身体比华北蝼蛄细瘦短小，呈灰褐色。卵比华北蝼蛄大，呈暗紫。幼虫体色比华北蝼蛄深，呈灰褐色，腹部末端不像华北蝼蛄呈圆筒形，而是近纺锤形。

4. 生物学

（1）华北蝼蛄

华北蝼蛄完成一个世代一般需3年左右。需以幼虫或成虫在土壤里越冬。越冬的成虫于春季开始活动危害。6月上中旬雌成虫开始产卵，一般产120~160粒，最多500余粒，最少40粒。卵经过20天左右即孵化，通常在6月末至7月初卵孵化为幼虫，至秋季达8~9龄时入土越冬。第二年春季经越冬的幼虫又恢复活动危害，到秋季达12~13龄后又入土越冬。第三年春季仍是越冬幼虫活动危害，到8月上中旬时变为成虫，完成一个生命周期。

（2）非洲蝼蛄

其生活史较短，在南方一年就可完成一个世代，在陕西省1~2年也可完成一个世代。成虫和幼虫均可越冬，一般是越冬成虫于翌年5月产卵，6月初孵化为幼虫，幼虫期共计6~7龄。

蝼蛄的活动特点是昼伏夜出，21：00—3：00为活动取食高峰。初孵幼虫有群集性，6~7天后分散危害。两种蝼蛄均具有趋光性；对香甜等物质特别嗜好，对煮至半熟的谷子、炒香的豆饼和麸皮等也较喜食，对马粪、牛粪以及其他土粪等有机类肥料也有趋性。华北蝼蛄具有多次产卵的能力，在轻盐碱地产卵较多，黏土、壤土和重盐碱地上产卵较少。

5. 防治方法

（1）药剂防治

该法可采用两种方法。

① 药剂拌种。用50%对硫磷乳油，按药：水：种子比例为1∶60∶（800~1 000）

的比例拌种。拌种前先将乳油兑水，再拌入种子。种子拌均匀后闷 3~4 小时，其间每隔 1 小时翻动一次，待药液吸收后将种子摊开晾干即可播种。采用 40% 乙基异柳磷乳油，药：水：种子的比例为（1~1.6）: 100 : 1 000。用 40% 乐果乳油，药：水：种子的比例为 1 : 40 : 600。

② 毒砂（土）、毒谷防治法。每公顷用 7.5 千克的 40% 乙基异柳磷乳油兑水 22.5 千克，拌 600~750 千克细沙或细土，拌匀后将毒砂或毒土撒于播种沟内即可。也可用 40% 乐果乳油制成毒谷，先将谷秕子或玉米面煮熟或炒成半熟有香味，每用公顷 1.5 千克的 40% 乐果乳油兑 15 千克水，然后撒上谷秕子或玉米面，拌匀后随播种撒到播种沟里。二者比较，毒谷效果更好，但成本高。

（2）人工防治法

春季 4 月，在蝼蛄开始上升但还没有向外迁移时，可见到地面顶起拇指大小土堆的虫窝，铲去表土，在洞旁顺洞壁向下挖 45 厘米，见到蝼蛄灭之。夏季产卵盛期，结合铲地找到圆形产卵洞口后，往下挖 10~18 厘米，即可挖出卵粒，再向下挖 8 厘米左右，可挖出雌成虫消灭之。而非洲蝼蛄只要挖 5~10 厘米，即能挖出卵粒。鉴于蝼蛄有趋光性，可在无月光的晴天或闷热天，于 20：00—23：00 用黑光灯、电灯、汽灯或堆火等各种灯光诱杀。如在灯光附近投放毒饵，诱杀效果更好。

二、地老虎

1. 分布

地老虎属鳞翅目夜蛾科，现已发现十余种。地老虎在世界各地均有分布。小地老虎（*Agrotis ypsilon Rottemberg*）分布在长江流域，东南沿海和西南各省（区）。黄地老虎（*Euxoa segetum Schiff Agrotis segetum Schiffermuller*）分布在新疆、青海、甘肃等省（区）以及华北、东北地区的北部。

2. 危害症状

地老虎属杂食性，有 100 余种植物。初龄地老虎啃食高粱心叶或嫩叶，被啃食的叶片呈半透的白斑或小洞。典型的危害症状是幼虫切断土表上面或稍下面的植株，并将咬断的幼株拖进土穴中作为食料。高粱幼苗被咬断的部位因幼苗的高度差异和老嫩而异。如果苗小幼嫩，则靠地表咬断；苗大较老时，则在较上部咬断。

3. 形态特征

（1）小地老虎

成虫体长 16~23 毫米，翅展 42~54 毫米，体翅灰褐色。前翅前缘及外横线至中横线呈黑褐色，后翅灰白色，背面白色。头触角深黄褐色，雌蛾的触角为丝状，雄蛾的为栉齿状，端半部仍为丝状。复眼球形，灰绿色。足黑褐色。腹部腹面每节后方两侧各有一个小黑点，以末端第 2~ 第 5 节最明显。雌成虫把卵产在高粱茎秆和叶片上，或者产在土壤里。卵呈扁圆形，长约 0.5 毫米，宽约 0.3 毫米，上有纵横隆起的线纹。幼虫体长 37~48 毫米，体宽 5.0~6.5 毫米，圆筒形。体色为黄褐至灰褐或暗褐色。背面中央有淡色至黄褐色纵线 2 条。头部暗褐色，单眼漆黑色，额区顶端为单峰。胸足的爪弯度较小，深褐色。基部腹面锐尖。气门黑色，梭形，周围黄褐色。腹部趾钩数有 15~25 个。臀板黄褐色，有 2 条明显的深褐色纵带。幼虫化蛹后，体长 18~24 毫米，宽约 9 毫米，红褐或暗褐色。气门黑色，尾端黑色。腹部背面基部较直，腹部第 1~ 第 3 节侧面无明显的横沟。第 4~ 第 7 节基部的刻点在背部的极大，色也极深，其余的刻点则小得多，色也深。

（2）黄地老虎

成虫体长 14~19 毫米，翅展 32~43 毫米。前翅淡黄或黄褐色，散生褐色点，内横线及中横线波状，白色不明显；后翅灰白色，翅脉及边缘黄褐色，缘毛灰白，稍有浅褐色细线。头部褐色，上有黑色斑纹，触角为暗褐色，雌蛾为丝状，雄蛾栉齿状，端部 1/3 为丝状。复眼灰色，上有黑色斑纹，身体黄褐色。卵扁圆形，长约 1 毫米，表面有 16~20 条放射状纵线。初产时乳白色，数日后在卵壳上呈现淡红色斑纹，孵化前变为暗色。幼虫体长 33~43 毫米，宽 5~6 毫米，呈淡黄褐色，背面有淡色纵带，但不明显。3 龄前身体无光泽，各节均生有褐色小斑点，其上有细毛。单眼黑色，额区顶端呈双峰。胸足的爪为黄褐色，既长又弯，基部腹面较钝圆；腹足趾钩 12~21 个，臀足趾沟有 19~21 个。腹部背面的 4 个毛片大小相似，前面的 1 对略小于后面的 1 对。蛹椭圆形，红褐色，体长 16~23 毫米，腹部 2~5 节背面略高于中胸，但并不明显突出。腹部第 1~ 第 3 节侧面无明显的沟，第 4 节仅背中央基部有少数刻点，很不明显，第 5~ 第 7 节的刻点小且多，气门下方也有 1 个刻点。腹部末端有臀棘 1 对。

4. 生物学

（1）小地老虎

小地老虎在辽宁、内蒙古每年可以完成2~3个世代，华北4代，西南4~5代，广西7代。小地老虎以蛹和幼虫越冬，以蛹越冬较多。一般在春季4月上旬成虫开始出现，以4月中旬较多，4月下旬至5月上旬仍不断出现。5月上旬幼虫开始危害。第二代成虫于6月上旬开始羽化，幼虫在6月中下旬出现。第三代幼虫在10月上旬出现，并陆续危害，早孵化者以蛹态越冬，晚孵化者以幼虫越冬。

（2）黄地老虎

黄地老虎在内蒙古每年发生2代，幼虫于5—6月使幼苗受害最重。在新疆库车每年发生3代。第一代成虫盛期在4月中下旬，一般以幼虫或老熟幼虫越冬。

（3）活动习性

小地老虎成虫傍晚活动，白天栖息阴暗处，喜趋糖蜜。具有很强的迁飞能力。当平均气温达12.8℃，地温15.3℃，相对湿度90%时，成虫活动最盛；而当平均气温达9℃，地温13.8℃，相对湿度73%时，成虫几乎停止活动。1~2龄幼虫昼夜均可危害，3龄以后幼虫对光线有强烈反应，白天躲在2~6厘米土缝里，晚上出来危害。幼虫食量从5龄开始增加，6龄最大。在南方，幼虫越冬多居表土之下，天气温暖时常出来啃食；在北方则居10厘米以下的土层之中，越冬死亡率很高，一般75%左右。

5. 防治方法

（1）药剂防治

药剂防治可采用毒饵、杀虫剂喷雾或喷粉作为土表和植株防治是最常用的。毒饵用硫丹、艾氏剂是有效的。幼苗喷药时，采用西维因、硫丹和1.5%甲基对硫磷粉也是很有效的。由于不同龄期的地老虎对药剂的抵抗力不同，3龄前幼虫抵抗力较差，因此药剂防治应在3龄前进行。

（2）农艺防治

农艺防治可于夏末初秋，或播前3~6周把碎株杂草翻到地下，消灭寄主植物。还可利用地老虎幼虫群居单堆取食的习性，于出苗前每隔1.8~3.5米堆放15厘米高，65厘米的鲜嫩草堆，每隔3~5天换草一次，诱杀幼虫。或将草堆拌药毒杀。

三、蛴螬

1. 分布

蛴螬是金龟子的幼虫，属鞘翅目金龟子科。蛴螬遍布世界各地，有40余种，危害包括高粱在内的多种作物。在中国高粱产区发生普遍为害重的，有华北大黑金龟子（*Holotrichia oblita Faldermann*），主要分布在华北和东北地区；东北大黑金龟子（*Holotrichia diomphalia Bates*），主要分布在东北地区。这两种金龟子原统称朝鲜黑金龟子。

2. 危害症状

蛴螬为害高粱发生在出苗的幼苗上，主要取食地下萌发的种子嫩根、残留种皮、根颈等（图5-2），特别喜食柔嫩多汁的根颈。致使幼苗枯萎死亡。也有的从根颈中部或分蘖节处咬断，将种皮等地下部分吃光后再转害其他植株。当植株长到10~15厘米高时，幼苗开始死掉，严重地块7~10天内大量死苗。一头蛴螬能毁掉5米行长的全部植株。还有一种危害类型是由越冬和当季蛴螬截根引起的，受害的植株尽管在受害后能够开花结实，但常因没有足够的根而造成倒伏。

图5-2　蛴螬及其危害症状

成虫金龟子多取食高粱叶片，初呈缺刻状，严重时吃掉部分、大部甚至全部叶片，使植株枯萎死亡。

3. 形态特征

（1）华北大黑金龟子

成虫体长16.5~22.5毫米，宽9.4~11.2毫米，长椭圆形。头部小，密生刻点。触角 10 节，红褐色，复腿发达。背板上有许多刻点，翅上刻点较多。腹部光亮，腹板生有黄色绒毛。雄金龟子末节中部凹陷，其前节中央有三角形横沟。雌金龟子末节隆起，生殖孔前缘中央部向前凹陷。前胫节外侧有 3 齿，较为锋利。卵椭圆形至近圆形。初产时呈细长圆形，微透明有光泽，以后逐渐变成长椭圆形，污白色至浅褐色。卵粒长径 2.0~2.7 毫米，短径 1.3~1.7 毫米。孵化前卵壳透明，能分辨出幼虫体节和上颚。幼虫在卵壳内间断蠕动，一般经 15~25 分钟可破壳而出。幼虫体长 37~45 毫米，呈“C”形，棕头白身，触角分 4 节。胸部 3 节着生毛和刺。前胸气门的围气门片向后，胸足 3 对，以第三对足最长。腹部 10 节。第 1~8 节两侧各有一对气门，围气门片向前。第 1~7 节腹部背板上密生刚毛。第 9 和第 10 节合称臀节。蛹体长 21~23 毫米，宽 11~12 毫米，椭圆形，黄褐色。蛹头、胸和腹明显可分。快羽化时，色泽加深，复眼变成黑色，蛹体向腹面弯曲。前胸背板宽且大，3 对足依次贴附于腹面。在中、后腹侧板上着生前后翅，均贴于腹面，使中、后胸背板裸露于外。腹背部有 2 对发育器。腹部有 7 节，每节背侧着生一对气门，前 3 对气门明显，围气门片为深褐色，气门孔大，圆形。尾节细长，端部生有 1 对尾角。雄蛹尾节腹板上有 3 个毗连的瘤状突起，雌蛹没有。

（2）东北大黑金龟子

东北大黑金龟子与华北大黑金龟子很相似，唯成虫体态略小，体长 16~21 毫米，宽 8.2~11.0 毫米。而且幼虫后端中部两侧无横向小椭圆形的无毛裸区，或不明显。

4. 生物学

（1）华北大黑金龟子

华北大黑金龟子完成一个世代约需 2 年。例如，在河北省沧州地区成虫期为 345.5 天，卵期 16.4 天，幼虫期 360.9 天，蛹期 19.5 天，合计 742.3 天。越冬成虫于春季 4 月上中旬开始出土活动，5 月下旬开始产卵，6 月下旬陆续孵化为幼虫危害期，到 11 月中旬开始越冬。翌年 4 月上旬幼虫又开始出土危害，至 6 月上旬化蛹，7 月下旬开始羽化为成虫，危害至 11 月越冬。

（2）东北大黑金龟子

东北大黑金龟子在吉林、辽宁、山东等省为 2 年一个世代。以成虫和幼虫交替越冬。越冬成虫于 4 月中下旬出土，5 月下旬开始产卵，6 月下旬孵化为幼虫，11 月以幼虫越冬。翌年 5 月，越冬幼虫出土危害，8 月上旬开始化蛹，下旬羽化为成虫，当年不出土，在30~50厘米深处越冬，翌年4月再出土。出土的成虫白天分散在地里或附近树下，潜伏于5~10厘米的土壤里。18：00以后出土活动，20：00—21：00达出土高峰，后半夜相继入土潜居。成虫喜欢飞翔，活动于矮的灌木丛中，有较强的假死性。雌虫有较强的性诱现象，能重复交尾，多在根部附近表土下3~10厘米处产卵。产卵期9~80天，平均产卵8次。幼虫食量较大，10天内可连续咬死高粱幼苗80多株。

5. 防治方法

（1）药剂防治

可采取药剂拌种、颗粒剂、灌药等措施。用50%氯丹乳剂0.5千克加水15~25千克拌种150~250千克；用七氯乳油0.5千克加水50千克拌种500千克。两种药剂效果后者好于前者。用5%辛硫磷颗粒剂每公顷30千克，或者用75%辛硫磷0.5千克加水5千克拌炉渣25千克制成炉渣颗粒剂与种子混合播种，均有较好的防治效果。当高粱定苗后仍发生蛴螬危害时，可用75%辛硫磷，或用25%乙酰甲氨磷配成1 000倍液灌根。药液用量以每株200~250克为宜。应根据天气、土壤湿度确定适宜的药量，以达到有效的防治效果。

（2）农艺防治

农艺防治方法可采取早播或晚播，或与非禾谷类作物轮作，以避开蛴螬的危害。及时秋翻地，水旱田轮作，分期定苗，适当晚定苗，或利用黑光灯群诱杀成虫，对防治蛴螬危害均有一定效果。

四、金针虫

金针虫，属鞘翅目，叩头虫科。叩头虫的幼虫称为金针虫，主要分布于东北、华北、西北、华东等地。

为害状：主要为害禾谷类、薯类、豆类、棉、麻、瓜及苜蓿等作物的幼芽和种子，可咬食刚出土的幼苗，也可钻入已长大的幼苗根里取食为害，被害处不完全咬断，断口不整齐（图5-3）。还能钻蛀较大的种子及块茎、块根，蛀成孔洞，被害株则干枯而死亡。生产上常见的金针虫种类有沟金针虫和细胸金针虫。

图 5-3 金针虫幼虫及田间为害状

1. 沟金针虫（*Pleonomus canaliculatus* **Faldermann**）

形态特征：成虫体长 14~18 毫米，深褐色，密生黄色细毛。卵近椭圆形，乳白色。幼虫金黄色，扁平，尾节两侧隆起，有 3 对锯齿状凸起，尾端分叉并向上弯曲。蛹纺锤形，19~22 毫米，化蛹初期淡绿色，后变褐色。

生活史：沟金针虫在我国大部地区 3 年完成 1 代，少数个体 4 年 1 代，以成虫和幼虫在土中越冬。因生活历期较长，幼虫发育胚整齐，有世代重叠现象。

2. 细胸金针虫（*Agriotes fuscicollis* **Miwa**）

形态特征：成虫体长 8~9 毫米，体细长，密生暗褐色短毛。卵球形，乳白色。幼虫淡黄色，体细长。尾节圆锥形，背面近前缘两侧各有 1 个褐色圆斑，末端中间有一红褐色小突起。蛹长 8~9 毫米，初乳白色，后变黄色。

生活史：细胸金针虫多 2 年完成 1 代，也有 1 年或 3~4 年完成 1 代的。以幼虫、蛹或成虫在土中 20~40 厘米处越冬，翌年 3 月上中旬开始出土，为害返青麦苗或早播作物，4—5 月为害最盛。

农业防治：秋收后深翻土地，压低越冬幼虫基数。

第六章　拔节—抽穗期管理

此时是高粱营养器官根、茎、叶旺盛生长的时期，也是生殖器官穗迅速分化和形成的时期。这是高粱单株生长发育最繁茂的时期，所需各种营养元素的最大摄取量和临界期几乎都出现在此期，是决定穗子大小、籽粒多少和产量高低的关键时期。因此，此期的田间管理主要是协调好营养生长与生殖生长的关系，在促进茎、叶生长的同时，充分保证穗分化的正常进行，为实现大穗对粒奠定基础。

这一时期的主要田间作业有追肥、灌水、中耕、除草、防治病虫害等。追肥是关键，也是主要的田间管理技术。追肥要掌握高肥地块应促控兼看，缺肥地块应一促到底。

第一节　拔节—抽穗期生长发育特点及管理

一、拔节—抽穗期生长发育特点

地上节间迅速伸长，近地表茎基部变圆可触摸到节时为拔节。高粱的穗分化始期稍晚于拔节期，但常常把拔节期视为穗分化开始。由于节间的伸长，植株明显增高，叶片陆续长出，叶鞘也依次长成。此期，从拔节至旗叶展开之前，需30~40天。本期末，根系数量和长度基本达到最大值。支持根从近地面1~3节处陆续长出。从拔节开始，植株由纯营养生长转入营养生长与生殖生长并进时期。旗叶展开（挑旗）后，穗从旗叶鞘抽出，称抽穗。

二、拔节—抽穗期管理

1. 重施拔节肥

这一时期高粱需肥多。因此，在基肥足，且肥料少，只够一次追肥时，应在拔节初期，或稍提前几天一次施下，如果肥料多，或后期有脱肥现象的可能时，则应按“前重后轻”的原则，分两次施下，即重施拔节肥，占追肥总量的 2/3；轻施孕穗肥，占 1/3，以保花增粒（饲用及糖用高粱应当少施氮肥，多施磷肥钾肥，以利于糖分的积累，减少氢氰酸的含量，提高饲用及糖用品质）。

2. 浇水与排涝

高粱在拔节及抽穗期对水要求迫切，但是，拔节期正是茎部节间伸长时期，应注意防止因灌水过早，节间伸长，引起后期倒伏。因此，拔节水应少灌，轻灌，如土壤水分在田间持水量的 75% 以上时，可以不灌。挑旗孕穗阶段，对水分要求更为迫切，需水达到高峰。这一时期需水量占全生育期的 35%，此时干旱会造成“卡脖旱”，导致抽不出穗来，严重影响幼穗发育，引起小穗小花退化，降低结实率而严重减产。

3. 中耕培土

拔节以后，勤中耕，深中耕，能保持土壤疏松，并可切断部分根系，抑制地上部的生长，促进新根发生，扩大吸收水肥面积，对壮秆大穗的形成，提高经济产量都有积极作用。培土的作用是防止倒伏，保蓄水分，使土壤养分集中于根际，促进气生根向土壤伸展，增强吸收水肥的能力。中耕一般在拔节后开始，这时中耕要深，可在 10 厘米以下。后期中耕要和培土结合进行，以促进支持根早生快长，增强防风、抗倒伏、抗旱和土壤蓄水保墒的能力。

4. 喷洒植物生长调节剂

高粱生育期间，适时喷洒某些植物生长调节剂，可以调节植株营养生长和生殖生长的关系，防止倒伏，促进氮磷的吸收和运转，使植株提早开花，加速灌浆，提早成熟，增加产量常用的植物有乙烯利、矮壮素等。

第二节　拔节—抽穗期生长异常现象及自然灾害

一、生长异常现象

高粱拔节至抽穗开花，吸收氮元素占全生育期总量的62%左右，因此高粱对氮磷钾营养元素的大量吸收是从拔节后开始的。该时期植株叶片容易出现缺肥淡绿甚至发黄现象，因此追肥可在拔节期进行，具有增花、增粒的作用。追肥要重施，约占追肥总量的2/3，孕穗肥要轻施，可起到保花、增粒，防治植株早衰，延长叶片寿命的作用。

二、拔节—抽穗期自然灾害

高粱孕穗期是营养生长与生殖生长并进，此阶段遭受冰雹灾害，不仅易引起叶片和茎秆的损伤，影响植株的正常生长与光合能力，降低营养输送，还会造成穗粒数降低，引起减产。如果雹灾过重还会造成穗茎节被冰雹砸断，植株基本不能正常生长。所以，雹灾过后要及时促进植株恢复生长，减少产量损失。

汛期是气象灾害多发期，气象部门要充分利用天气雷达、卫星云图、计算机和通信传输等先进设备，时刻监测天气变化，及时提供准确的冰雹预报服务和预警信息，努力减轻雹灾对高粱生产的危害，增强农民的防雹抗雹意识，从而提前做好防御措施。当监测到有冰雹发生时，气象部门要抓住时机组织开展人工消雹作业，达到大冰雹化小、小冰雹变成水滴的目的，最大限度地减少雹灾对农作物造成的损失。

第三节　拔节—抽穗期病害预防

一、细菌性叶斑病

细菌性叶斑病有条纹病、条斑病和斑点病。

条纹病：条纹病主要发生在我国的吉林、辽宁、河北、山东、山西、河南、江苏、广西、台湾等省（区）。苏丹、尼日利亚、美国、阿根廷、俄罗斯、匈牙利等国也有发生。

病症：条纹病主要发生在高粱叶片和叶鞘上、病斑着生于叶脉间，沿叶脉上下延伸成不规则条纹。无水浸状，常为红色、紫色或棕色。条纹先出现在下部叶片上，以后逐渐向上部叶片蔓延。条纹的长度为0.7~27.0厘米，最长可达40厘米，宽仅1~2毫米。但几个病斑可以连接在一起，占据大部分叶面。条纹的两端呈钝形，或延长成锯齿状。条纹上常产生大量的细菌黏溢泌物。特别是在叶片背面，黏液干涸后形成小小硬痂或鳞片，很易被雨水冲刷掉。

防治方法：在温暖潮湿的高粱产区，高粱细菌性叶斑病易发生危害。病原菌在种子上或土壤里的感病植株残体上越冬，或在越冬寄主植物上越冬。第二年高粱幼苗长出后，借风、雨、昆虫等传播到下部叶片上，然后再侵染其他叶片或植株。因此，处理前茬病残茎叶和寄主植物可以有效消灭菌源。药剂拌种有助于减少病害。选用抗病高粱品种轮作倒茬等农艺措施也是有效的防治技术。

二、真菌性叶斑病

高粱真菌性叶斑病主要有大斑病、炭疽病、煤纹病、高粱北方炭疽病。

1. 病症和病原菌

（1）大斑病

大斑病发生在中国的黑龙江、吉林、辽宁、内蒙古、河北、河南、山东、山西、湖北、湖南、广东、广西、江苏、浙江、安徽、江西、福建、甘肃、新疆、四川、云南、贵州、台湾等省（区），及世界玉米产区。

① 病症。大斑病危害高粱及高粱属内的一些种，如苏丹草、约翰逊草等。典型的病斑呈梭形，中心淡褐色至褐色，边缘紫红色，早期常有不规则的轮纹，病斑颇大，通常有（1~3）厘米 ×（4~15）厘米，是该菌的子实体。一般先从植株下部叶片发病，逐渐向上发展。潮湿条件下，病斑快速发展，互相汇合，叶片枯死。严重时全株变黄枯萎，特重年份全田一片枯黄，使籽粒灌浆不足，穗松粒秕，粒重降低，造成减产。

② 病原菌。大斑病菌（*Helminthasprium turcicum* Pass）属半知菌类丛梗孢目暗梗孢科玉米大斑病菌。无性世代因具分生孢子梗、分生孢子和菌丝，因而也称分生孢子世代。有性世代为（*Trichometasphaeria tunica* Pass Luttrell），目前只有在人工培养下发生，在侵染循环中不起多大作用。分生孢子梗褐色，单生或2~6

根分生，直立或有膝状曲折，2~6 个隔膜，（7.5~10.0）微米 ×（12.5~188.7）微米，基部膨大，孢痕明显，坐落于顶端或折点，3~5 微米。分生孢子褐绿色，梭形，直立或向一侧弯曲，中央直径最宽，向二端狭细，顶细胞椭圆形或长椭圆形，基部细胞长锥形，脐明显，突出，2.7~3.4 微米，2~8 隔膜，（15.1~22.9）微米 ×（57.7~140.7）微米（图 6-1）。孢子萌发时，多从一端生一根芽管。菌丝生长的温度范围 5~35℃，最适温度 27~30℃，孢子形成的温度 11~30℃，最适温度 23~27℃。

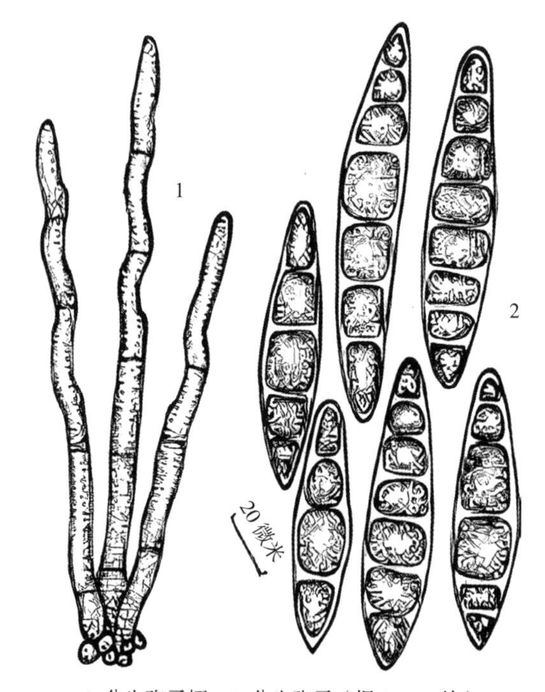

1. 分生孢子梗　2. 分生孢子（据 Saccas 绘）

图 6-1　大斑病菌（*Helminthosporium turcicum* Pass.）

为害高粱和玉米的大斑病菌是同菌种的不同生理型，高粱专化型为 *Trichometa sphaeria turcica* SP. sorghi，玉米专化型为 *T. turcica* f. sp. Zeae，二者的主要区别是高粱专化型对高粱表现为专化致病性，菌落呈深橄榄色。玉米专化型对玉米表现为专化致病性，菌落灰色至白绿色，菌丝体繁茂，在分生孢子的形成和形态方面，两个专化型没有区别。

（2）炭疽病

该病发生在我国的黑龙江、吉林、辽宁、内蒙古、河北、河南、山东、山西、湖北、湖南、广东、广西、江苏、浙江、江西、安徽、福建、甘肃、四川、云南、台湾等省（区）；日本、朝鲜、缅甸、巴基斯坦、印度、苏丹、肯尼亚、乌干达、坦桑尼亚、加纳、乍得、中非、尼日利亚、塞内加尔、津巴布韦、南非、巴西、阿根廷、美国、加拿大、俄罗斯、英国、意大利、原南斯拉夫、法国、荷兰、澳大利亚等国都有发生。

① 病症。从菌期到成熟期均能发病。苗期为害能造成死苗，以为害叶片导致叶枯影响最重。叶两面病斑梭形，（1~2）毫米 ×（2~4）毫米，中央红褐色，边缘紫红色，其上密生分生孢子盘，常先发生于叶片的端部，严重时使叶片局部枯死。叶鞘上病斑较大，呈近椭圆形。种子可带菌，出苗后可使细苗折倒死亡，有时还可使高粱茎秆腐烂。高粱抽穗后，叶片上的病菌还能迅速侵染幼嫩的穗颈，受害部位形成较大病斑，其上有小黑点，易造成被害穗颈风折。穗、枝梗、籽粒和颖壳受害后呈紫红色，中央枯黄，密生小黑点，全穗枯黄，或干秕枯死。

② 病原菌。炭疽病菌［*Colletotrichum graminnicolun*（Cesati）Wile］属半知菌类黑盘孢目黑盘孢科禾谷炭疽病菌。分生孢子盘散生或聚生，突出表皮，黑色，刚毛分散或行排列于分生孢子盘中，数量较多，暗褐色，顶端色泽较淡，正直或微弯，基部稍膨大，顶端较尖，3~7 个隔膜，（4~6）微米 ×（64~128）微米；分生孢子梗呈柱形，无色单孢，（4~5）微米 ×（10~14）微米；分生孢子镰刀形，无色单胞，弯度不大，内含物不呈颗粒状，（3~5）微米 ×（17~32）微米（图 6–2）。

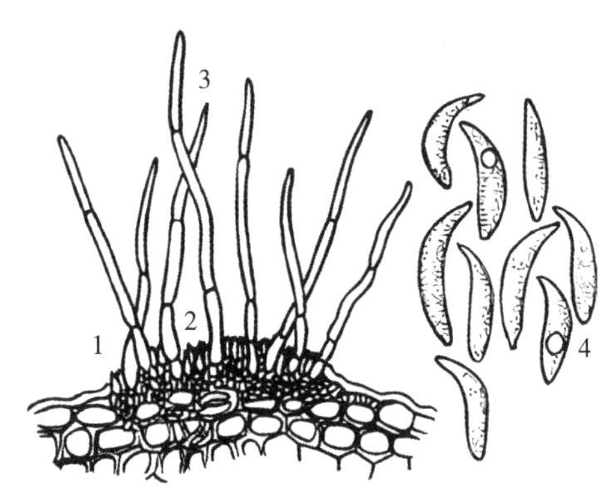

1. 分生孢子盘　2. 分子孢子梗　3. 刚毛　4. 分生孢子（据 Saccas 绘）

图 6–2　炭疽病菌［*Colletotrichum graminnicolun*（Ces.）Wile.］

（3）煤纹病

煤纹病主要发生在我国的黑龙江、吉林、辽宁、内蒙古、河北、河南、山东、山西、广东、广西、湖南、江苏、福建、云南、贵州等省（区）；日本、印度、苏丹、坦桑尼亚、乍得、中非、刚果、尼日利亚、赞比亚、津巴布韦、阿根廷、美国、苏联等国。

① 病症。为害高粱叶两面的病斑为梭形，或长椭圆形，（4~10）毫米 ×（10~15）毫米，中央淡褐色，边缘紫红色，有时周围有黄色晕环，上生大量黑色小粒，初期产生大量分生孢子，后期消失形成菌核，菌核用手可抹去大半，这些黑色的菌核涂到手指上像精细的黑色烟灰，严重发病时，使叶片早枯。

② 病原菌。高粱煤纹病菌［*Ramulispora sorghi*（Ellet & Everhart）Olive & lefebvre］属半知菌类丛梗孢目来梗孢科。分生孢子座自表皮下的子座发展而成，逐渐从气孔突出，分生孢子梗极多，无色，圆柱形，0~1 个隔膜，（2~3）微米 ×（10~44）微米，分生孢子呈线形或鞭形，无色，多数具 1~3 个分枝，微弯，顶端略类，3~9 个隔膜，内含物颗粒状，（2~3）微米 ×（32~80）微米。后期分生孢子消失，病斑二面逐渐形成菌核，菌核聚生，表生，近球形，半球形，表面粗糙或光滑，黑色，直径 58~167 微米（图 6-3）。

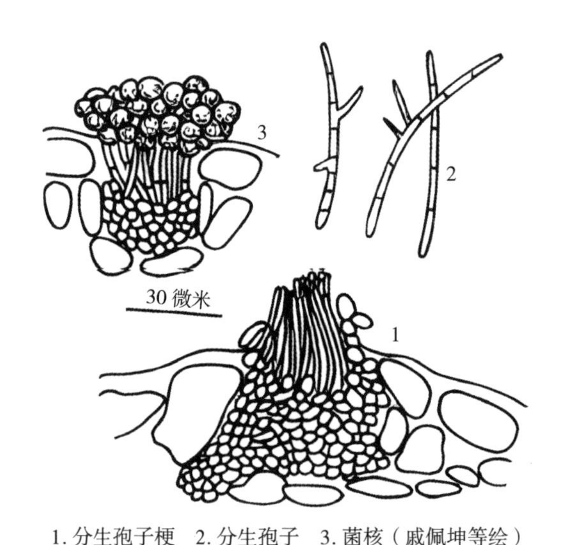

1. 分生孢子梗　2. 分生孢子　3. 菌核（戚佩坤等绘）

图 6-3　煤纹病菌［*Ramulispora sorghi*（Ellet.EV.）L.S.Olive & lefebvre］

（4）高粱北方炭疽病

该病又称高粱眼斑病。主要发生在我国黑龙江、吉林、辽宁、云南等地及日本、美国、法国等国家。

① 病症。该病主要为害高粱叶片，叶鞘和籽粒。叶上病斑为紫红色，后期病斑中央可稍呈灰白色；发生严重时叶片上布满病斑，叶片变成火红色，迅速干瘪死亡。有的高粱品种病斑呈较大的椭圆形。在瘠薄土地上黄绿色的叶片受害时，常被另一种真菌叶极细交链孢菌第二次侵染，在病斑周围形成数圈明显的紫红色轮纹，最终变成椭圆形大斑。病菌侵染高粱籽粒时，也产生细小的紫红色斑点。

② 病原菌。玉米黏盘圆孢（玉米眼斑病菌）（*Kabatiella zeae* Narita & Hiratsuka）属半知菌类黑盘孢目黑盘孢科。分生孢子盘大部分埋入寄主气孔下，极小，无色，无刚毛；分生孢子梗短棒状，无色，顶端膨大，2~3 根分生孢子梗可钻出表皮外；分生孢子 2~7 个聚生于其膨大的顶端，镰刀形，长梭形，近棒形，无色透明，单胞，微弯，（3~5）微米 ×（12~30）微米，分生孢子脱落后，分生孢子梗膨大的顶端上，隐约可见小枝梗（图 6-4）。

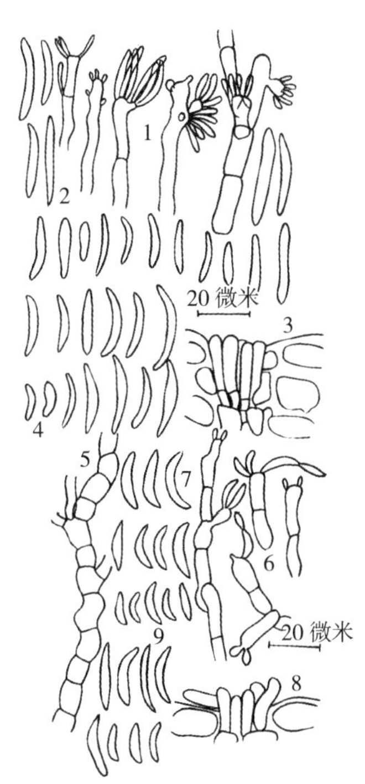

1、2、5. 在马铃薯蔗糖琼脂上培养 4 天（25℃）的分生孢子梗，分生孢子和菌丝体（分离自玉米）
3、4. 在玉米叶斑上形成的分生孢子盘和分生孢子
6、7. 在铃薯蔗糖琼脂上培养 4 天（25℃）的分生孢子梗和分生孢子（分离自高粱）
8、9. 在高粱叶斑上形成的分生孢子盘和分生孢子

图 6-4　玉米黏盘圆孢（*Kabatiella zeae* Narita & Hiratsuka）

2. 防治方法

（1）药剂防治

对真菌性叶斑病可采取下列防治方法。药剂防治可拌药和孕穗期喷药。可湿性粉剂采用 50% 多菌灵或 50% 甲基托布津，或用 50% 福美双拌种，用量均为 1 千克药拌种 100 千克。用 0.35% 的 50% 萎锈灵拌种防治效果也很好。此外，用 50% 放菌灵 500 倍液，或用 40% 福美砷 500 倍液，或用 70% 甲基托布津，或用 50% 托布津或 50% 代森铵的 1 000~2 000 倍液，或用 70% 代森锰，或用 65% 代森锌的 1 000 倍液，或用 50% 多菌灵 500 倍液，在高粱孕穗至抽穗前后每隔 7~10 天喷药 1 次，连续喷 2~3 次。

（2）农艺防治

农艺防治措施有：彻底清除田间病残植株，收割后及时耕翻，开春前处理掉带病秸秆，均能减少病源。实生轮作倒茬可防止病原菌的累积，适时早播可使发病期避开高温和多雨时段，增施基肥和磷、钾肥，中耕松土、及时排水可降低土壤湿度，从而增强植株的抗病力。而选育和采用抗病高粱品种或杂交种是防治高粱叶斑病的根本性措施。

三、顶腐病

高粱顶腐病最早于 1896 年，由 Wakker 和 Went 在爪哇的甘蔗上发现的，以爪哇语“Pokkah boeng”命名，意为植株顶部扭曲畸形。之后，在爪哇发现该病还能侵害高粱。再后，在世界的许多国家和地区先后发现了高粱顶腐病。如美国的路易斯安那州和夏威夷，古巴、印度、澳大利亚等。在中国，1992 年在辽宁省农业科学院高粱试验田首次发现高粱顶腐病，此后在山东省和山西省也发现此病。重病区发病率达 40% 以上。

1. 病症

顶腐病从苗期到成株期均表现病症。植株顶部叶片受害，叶片失绿、畸形，皱褶或扭曲，边缘有许多横向刀切状缺刻，有时可见沿主脉一侧或两侧的叶组织有刀削状，病叶上常有褐色斑点。严重时，顶部 4~5 片叶的叶关尖或整个叶片枯烂，后期叶片短小或仅存基部一些组织，呈人为撕断或撕裂状。有些品种病株顶部叶片扭曲，互相卷裹，呈长鞭弯垂状。病害扩展到叶鞘和茎秆时，常导致叶鞘干枯，茎秆弯软，猝倒。花序受害后，造成穗短小，轻者部分小花败育，重者整穗不结实。主穗早期受害时，促使侧枝发育，引起多枝穗发育不足。田间湿度大时，植株被害部位密生一层粉红霉状物。

2. 病原

高粱顶腐病原菌是亚黏团串珠镰孢菌［*Fusarium moniliforme*（Sheld）Var. *subglutinans* Woll & Reink］，属半知菌类丛梗孢目束梗孢科。在PSA培养基上，6天的菌落粉白色，中部淡紫色，气生菌丝絮状，长2~3毫米。培养基反面菌落淡黄色，略见蓝色放射纹。小型分生孢子丰富，长卵形或拟纺锤形，不串生或聚集成疏松的呈船头状黏孢子团。大型分生孢子镰刀形，较细直，顶孢渐尖，是孢较明显，2~5个分隔，多数3个分隔；大小为2隔的（20.0~32.5）微米×（2.0~2.8）微米，平均24.5微米×2.4微米；3隔的（25.5~48.8）微米×（2.5~3.0）微米，平均37.2微米×2.8微米；4隔的（41.3~55.0）微米×（2.5~3.8）微米，平均48.2微米×3.2微米；5隔的（52.5~62.5）微米×（2.8~4.8）微米，平均56.8微米×3.5微米，产孢细胞为内壁芽生瓶梗式产孢（eb-ph），单瓶梗和复瓶梗并存，以单瓶梗为多数。在PSA培养基上培养10~12天后，大型分生孢子和菌丝上产生存垣孢子，顶生或间生，单生或串生，椭圆形至近球形，淡褐色，（4.8~6.4）微米×（5.2~10.4）微米（图6-5）。

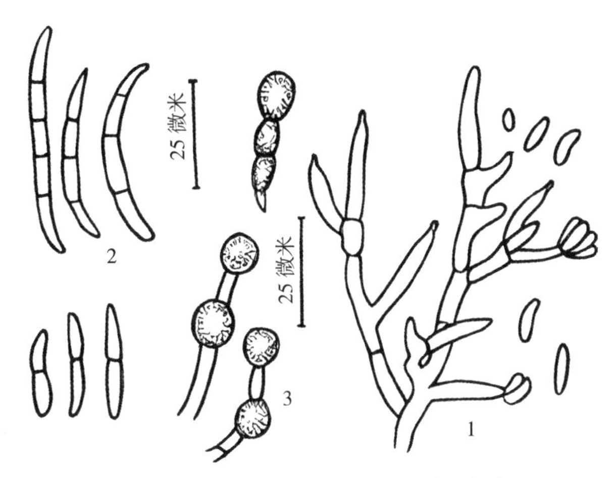

1. 分生孢子梗　2. 分生孢子　3. 厚垣孢子

图6-5　高粱顶腐病病原菌形态

病菌菌丝在5~35℃温度下均能生长，适宜温度25~30℃，以28℃为最适。小型分生孢子萌发的温度范围为10~40℃，适宜温度25~28℃，低于10℃或高于40℃时，几乎不能萌发。小型分生孢子萌发的适宜pH值为6~7。而在pH值

3~12 的范围内均能产生大型分生孢子，以 pH 值 4~11 为适宜。

在人工接种条件下，亚黏团串珠镰孢菌能侵染高粱、苏丹草、哥伦布草、玉米、谷子、珍珠粟、薏苡、水稻、燕麦、小麦和狗尾草等禾本科植物。

3. 防治方法

选用抗病品种和杂交种是防治这三种病害的有效方法。有研究对 2 484 份高粱种质进行抗高粱靶斑病鉴定筛选，从中选出 198 份抗病资源，如麦地 B、IS2811、IS10316B、2077B、CS-133、ACC288 等。

第四节　拔节—抽穗期虫害预防

一、黏虫

1. 分布

黏虫（*Leucania separaita* Walker）属鳞翅目夜蛾科。黏虫分布很广，亚洲、斐济和新西兰。在中国除新疆、西藏海拔 3 300 米以上的地区情况不明外，黏虫遍及全国，一直是黄河、淮河、海河流域的毁灭性害虫。从历史到现代，全国各地均有发生黏虫危害的记载。1961 年，吉林省黏虫危害面积达 1.3 万公顷，1971 年达 140 万公顷，1972 年达 127 万公顷。

图 6-6　黏虫及其危害症状

2. 危害症状

黏虫是杂食性害虫，能危害 30 个科 104 种植物。初龄幼虫一般只啃食叶肉而残留表皮，形成半透明的小条斑，或在叶缘上咬成小缺口。随虫长大，缺口逐渐增多和增大，并连成一片（图 6-6）。严重危害时，叶片被吃光，仅剩下叶脉，更甚者，全株被吃光。

3. 形态特征

成虫体长 18~20 毫米，淡黄褐色或浅灰褐色，有的稍带红褐色。前翅中央有2个淡黄色圆斑，近中央处有1个小白点，其两侧各有1个小黑点，外缘有7个小黑点，排列成行。前翅顶角有一黑纹，由翅尖向后缘斜伸，接近中部则逐渐变成点线，这是成虫的主要特征。后翅基区为淡灰褐色，翅尖和外缘色较浓，稍带棕色。前缘基部有针刺状的刺缰与前翅相连，雌蛾翅缰3根，雄蛾1根。复眼较大，赤褐色，触角丝状。口器细管状。雌蛾腹部末端比雄蛾稍尖，生殖器边缘深褐色。雄蛾尾部有抱器。

卵直径约0.5毫米，馒头形稍带光泽，表面有网状细脊纹。初产时乳白色，逐渐变成黄色至褐色，孵化前变成黑色。成虫产卵同时分泌黏液把卵粒粘在叶片上，堆成2~4行，或重叠起来形成卵块。每个卵块少则20~30粒，多则200~300粒。

幼虫共有6个龄期，老熟幼虫体长约38毫米，头部淡黄褐色，沿蜕裂线有两条黑褐色纵纹，呈“八”字形。口器咀嚼式，上唇略呈长方形，前缘中央凹陷。胸腹部圆筒形，有5条纵线，胸部第一节和腹部第1~第8节两侧各有气门1个，椭圆形，气门盖黑色。胸部盾片浓黑色，有光泽，胸足第1节较粗大，末端渐细，第3节生有浓黑色爪。腹部共10节，第3~第6节腹面各有腹足1对，腹部第10节有尾足1对。腹足及尾足外侧都有黑褐色斑纹，先端圆盘形，密生黑褐色趾沟，排成半环状。

蛹体长19~23毫米，宽约7毫米，初化时乳白色，后变成红褐色。腹部背面有若干个横列皱纹，腹部第5~第7节背面有横脊状隆起，上有刻点横列成线，两端分别伸到两侧气门的附近，刻点的后缘如锯齿状。腹部末端有尾刺3对，中间1对粗大且直，两侧的细小略弯曲。蛹体在发育过程中，复眼和体色均不断加深。雄蛹生殖孔位于腹部第8节的腹面。雄蛹生殖孔位于腹部第9节的腹面。

4. 生物学

（1）黏虫世代

黏虫在一年内可产生多代。黏虫各虫态的发育速度与温度呈正相关，因此各虫态生命期的长短随虫态当时温度的高低而变化。在发育适宜的温度下，温度越高各虫态的时间越短，温度越低则越长。在一般自然条件下，第一代卵期6~15天，幼虫期14~28天，前蛹期1~3天，蛹期10~14天，成虫期3~7天，完成一个世代需40~50天。

在中国，黏虫越冬以北纬33°线，或以1月0℃等温线为分界线。此线以北各地日平均温度≤0℃的天数在30天以上，黏虫不能越冬。黏虫卵在每天6小时、34℃以上的变温条件下，死亡率可达83%~100%。因此，黏虫在广东以南地区，除特别荫凉环境外，一般不能越夏。

黏虫有季节性远距离南北往返迁飞的习性，即春、夏季由南往北，秋季由北向南的季节性迁飞。黏虫在广西、广东的1—2月产生一个世代，此代羽化的成虫于3—4月大部向北迁飞，其中绝大多数迁飞到江苏、河南、安徽和山东南部地区繁殖危害，并产生第二代。第二代成虫的一部迁飞到河北、山西、山东及河南北部，因当时的环境条件不适合而不构成危害；另一部迁飞到更远的东北中、北部地区，但不能生存繁殖。在江苏、河南当地繁殖的第二代（总第三代）黏虫，于5—6月又向北迁飞，成为东北地区主要的为害黏虫。在河北、山东等地，除有迁飞来的成虫外，还有当地繁殖的后代，故有世代重叠现象。

在东北危害世代羽化的成虫，于7—8月大部分向南迁飞，少部分在东北南部再繁殖为害。此代黏虫于9月再迁飞到湖南、福建、广东、广西等地为害，并以幼虫越冬。翌年1—2月又羽化为成虫。根据这一迁飞规律，可根据广西、广东等地越冬虫源基数和群体发育进度，来预测江苏、安徽、河南、湖北、山东等地第一代黏虫的发生程度。进而，根据4—5月在江苏、安徽、河南、湖北、山东等地的第一代黏虫发生后的虫口基数和群体发育进度，便可预测东北三省、内蒙古、河北、山西和山东北部等地第二代黏虫的发生趋势。相反方向，从北向南也可进行黏虫发生趋势预报。

（2）黏虫习性

成虫昼伏夜出，20：00—22：00及天亮前的几个小时活动最盛。白天则潜伏于草丛、草垛、田间杂草、土块间或土缝等处。成虫趋光性较弱，对短光波趋性稍强。成虫刚羽化需补充营养，对糖、酒、醋混合液趋性很强。可利用黏虫的这种习性诱杀成虫。成虫能连续飞行36小时，是迄今已知具远距离迁飞习性的昆虫中飞翔时间最长的。成虫对产卵地点有一定选择性，多产于枯叶尖或苞叶等。

幼虫白天多潜伏于叶心或叶背处，夜晚活动危害。在阴天或天气凉爽时，白天也能看到幼虫为害。幼虫常躲到喇叭口或叶舌和穗部苞叶里，有群居性和假死性。1~2龄幼虫受到惊动或感到环境不适时，常吐丝悬空借风力飘游，等到安静以后，再沿丝爬回。幼虫还有潜土习性，4龄以上幼虫常钻到1~2厘米的根旁松土中潜伏。6龄老熟幼虫常于上述部位作土室，虫体缩短，变成“前蛹”，再蜕皮化蛹。

5. 防治方法

防治黏虫应把握关键时段，灭蛾应在成虫盛发期和大量产卵之前。灭卵应在孵化之前。灭幼虫应在3龄以前。因此，做好预测预报是至关重要的。

（1）药剂灭虫

1~2龄幼虫食量小抗药力低，容易用药灭杀。当高粱苗期田间100株幼虫数达20~30头或生育中后期50~100头时进行灭杀。用除虫精粉（0.04%氯菊酯粉剂），每公顷喷洒22.5~37.5千克。

（2）诱蛾灭杀

根据成虫白天潜伏于枯草干柴中的习性，可于田间设置长60厘米左右，直径8~9厘米的大谷草把诱集成虫杀之。每公顷设15~30个即可。每天日出前检查，扒开草把捕杀成虫。每隔5天更换一次草把。在房前屋后将高粱秸或玉米秸5~6捆立成三脚架，每天早上抖落一次灭蛾。还可利用成虫对糖蜜或发酵物质的趋性进行诱杀，用废糖蜜500克、醋500克、酒125克、水125克，另加上述混合液总重量1%的90%敌百虫。如果用红糖、白糖、砂糖代替废糖蜜时，则用糖370克、醋500克、酒130千克、水250克，另加上总重量1%的90%敌百虫。将配置好的毒液装入瓷盆内，或喷于草地上，诱杀效果极好。

（3）诱蛾产卵灭杀

利用成虫产卵的习性，在高粱田间插上小草把诱集雌蛾产卵，杀灭卵块。方法是将谷草或芦苇草切成约50厘米长的草段，每7~8根扎成一束，插于田间稍高于高粱植株。通常每公顷插30~40束。必须每天杀灭1次，以免卵孵化。

二、玉米螟

1. 分布

玉米螟（*Ostrinia furnacalis* Guenée）属鳞翅目螟蛾科。玉米螟又称亚洲玉米螟、钻心虫、箭杆虫，是世界性害虫。在中国，除西藏尚未见报道外，其他地区均有发生，以华北、东北、西北和华东地区为害最重。

2. 危害症状

玉米螟以幼虫蛀茎为害（图6-7），3龄以内幼虫“潜藏”为害，4~5龄蛀入为害。可以危害的植物达40个科131个属215个种之多。幼虫可以危害高粱的任何部位，但主要是茎部受害。在高粱孕穗之前，幼虫集中于心叶为害，最初

图 6-7 玉米螟及其为害症状

表现出许多白色的小斑点，以后产生大而不规则的伤痕，形成花叶。较大的幼虫钻蛀叶卷，待叶片展开后呈现排状孔。如果一株高粱上有多头幼虫为害，心叶会被咬食得支离破碎，使叶片不能展开，植株生长迟缓，不能正常抽穗。

在高粱生育后期，主要危害茎秆和穗茎，其蛀入部位多在穗茎中部或茎节处，造成折穗和折茎。蛀孔外部茎秆和叶鞘出现红褐色，影响籽粒灌浆，使粒重下降而减产。

3. 形态特征

玉米螟雄蛾黄褐色，体长 10~14 毫米，翅展 20~26 毫米。喙发达，复眼黑色，触角丝状。前翅黄色，斑纹暗褐色。前缘脉在中部以前平直，然后稍折向翅顶。内横线明显，呈波状纹，有一小深褐色的环形斑及一肾形的褐斑，环形斑和肾形斑之间有一黄色小斑。外横线锯齿状，内折角在脉上，外折角在脉间，外有一明显的黄色“Z”形暗斑，缘毛黄褐色。后翅浅黄色，斑纹暗褐色，在中区有暗褐色亚缘带和后中带，其中有一黄色斑。

雌蛾体长 13~15 毫米，翅展 30 毫米左右，较雄蛾颜色淡，前翅浅灰黄色，横纹明显或不明显，后翅正面浅黄色，横纹不明显或无。

卵扁平，椭圆形，初产乳白色，后变黄白色，半透明，常 15~60 粒粘在一起排列成不规则的鱼鳞状卵块。幼虫分 5 龄，初孵幼虫体长约 1.5 毫米，头壳黑色，体乳白色，半透明。老熟幼虫体长 20~30 毫米，头壳深棕色，体浅灰色或浅红褐色；有纵线 3 条，以背线较为明显，暗褐色；中后胸节背面有 4 个毛疣，圆形，后列 2 个，且前大后小；腹足趾钩为三序缺环型，上环缺口很小。蛹黄褐色至红褐色，长 15~18 毫米，纺锤形，臀棘黑褐色，端部有 5~8 根向上弯曲的刺毛。

4. 生物学

在中国，不同地区玉米螟一年发生的世代数不一样。广西南部一年可发生 6~7 代，广西柳州、广东曲江、台湾台北一年发生 5 代；江西、浙江、湖南、湖北以及安徽、江苏南部一年发生 4 代；河北大部、陕西、山西南部、河南、山东、江苏、四川、安徽大部一年发生 3 代；辽宁、内蒙古、山西大部和河北北部一年发生 2 代；黑龙江和吉林长白山地区一年仅发生 1 代。不论一年发生多少代，玉米苗都是以老熟幼虫在高粱的茎秆、穗子和根茬里越冬，春季化蛹，之后羽化成越冬代成虫，飞到田间产卵危害。

成虫昼伏夜出，飞翔力较强，有趋光性和趋化性。成虫羽化后当天交尾，1~2 天后开始产卵。大部分卵是产在叶的背面，中脉附近更多些，少数产在叶面、茎和穗上。卵粒呈鱼鳞状排列，每个卵块有 20~60 粒，平均为 30 粒，每头雌蛾可产卵 10~20 块。越冬代成虫由于羽化不整齐，在田间产卵期自 6 月中下旬至 7 月中下旬，长达 20~30 天。

幼虫孵化后，先群集在卵块附近，1 小时左右爬到心叶内和穗内取食为害。有的初龄幼虫还可吐丝下垂，随风飘移到附近的植株为害。一般第一代幼虫均集中在心叶内取食。幼虫蜕皮 4~5 次。第一代幼虫大部分在茎内化蛹，化蛹前在茎内先咬一羽化孔，仅留一层表皮，然后在内作一薄茧化蛹，羽化时顶破羽化孔而出。少数玉米螟还可在叶鞘、苞叶和穗轴上化蛹。

以辽宁省为例，玉米螟越冬幼虫一般于 5 月中下旬开始化蛹。试验表明，化蛹日期的早晚与当时的降水量有密切关系，降水量多，越冬幼虫能直接喝到雨水，化蛹就早，否则化蛹就会延迟。化蛹盛期为 5 月中旬，蛹期 6~10 天；5 月下旬，6 月上旬，越冬代成虫开始出现，6 月中旬越冬代成虫羽化达盛期。第一代玉米螟卵始见于 6 月中旬。6 月下旬至 7 月初为产卵盛期。第一代卵期 5~6 天，6 月下旬至 7 月上旬第一代幼虫开始孵化，7 月上中旬幼虫进入为害盛期，幼虫期 20~30 天。7 月下旬至 8 月上旬开始化蛹，第一代蛹期 7 天左右，8 月上旬第一代成虫羽化。第二代卵在 8 月中旬大量产生，8 月上中旬至收获是第二代玉米螟的为害期，随后以老熟幼虫越冬。

5. 防治方法

（1）药剂防治

玉米螟属于钻蛀性害虫，掌握施药时期很重要，必须把螟虫消灭在蛀入茎秆之前。可在心叶期投施 3% 克百威颗粒剂，或用 0.1% 高效氯氟氰菊酯颗粒剂，使用时拌 10 倍煤渣或细沙颗粒，每株 1.5 克；或用 1% 对硫磷颗粒剂，或用 1% 辛硫磷颗粒剂，于高粱心叶末期每株投颗粒剂 1~2 克。

（2）生物防治

白僵菌治幼虫，在东北，越冬幼虫开始复苏化蛹前，对残存的高粱、玉米秸秆，可用孢子含量 80 亿 ~100 亿个 / 克的白僵菌粉 100 克 / 立方米喷粉或分层撒布菌土进行封垛。在高湿度地区，如贵州、四川等地，高粱心叶期可施用白僵菌颗粒剂，用含量 50 亿个 / 克的白僵菌粉与煤渣或细沙按 1∶10 的比例混匀制成颗粒剂，施入心叶内，每公顷用量 50~70 千克。

赤眼蜂防治，在东北利用柞蚕卵繁殖的松毛虫赤眼蜂或螟黄赤眼蜂，在华南和华北利用人工卵或米蛾卵等繁殖玉米螟赤眼蜂或螟黄赤眼蜂，进行田间人工放蜂防治。当玉米螟田间百株卵块 1~2 块时（即产卵初期）为第一次放蜂的最佳时间，之后隔 5~7 天再放第二次蜂。每公顷 2 次共放蜂 15 万 ~30 万头，每公顷放蜂点 30 处。将蜂卡别在高粱中部叶片背面。大面积连片防治会收到更好的防效。有条件的地方可用性诱剂诱杀雄蛾，可有效防控玉米螟的发生危害。

（3）农艺防治

处理越冬高粱秸秆，在春夏越冬幼虫化蛹、羽化前处理掉，能压低虫源基数。各地可因地制宜采用高温沤肥、秸秆还田、白僵菌封垛等，减少消灭虫源。利用高粱的抗螟性是防治重要的一环，可减少农药用量，保护环境和天敌，是根本性措施。

（4）物理防治

利用成虫趋光性，在村屯设置高压汞灯进行诱杀，将成虫消灭在产卵之前。设灯时间 6 月末至 7 月末，在开阔场所灯距 100~150 米。灯下建一直径 1.2 米，深 12 厘米的圆形捕虫水池，水中加 50 克洗衣粉。

第七章　开花—灌浆期管理

第一节　开花—灌浆期生长发育特点

高粱抽穗不久，即开花受精，受精后子房逐渐膨大，经过灌浆充实，发育形成籽粒。籽粒的大小与饱满度，除与抽穗前的植株生育状况有关外，还与开花、结实期的环境条件有很大关系。了解开花受精、籽粒形成过程的要求，采取各项措施，为籽粒灌浆结实创造有利条件，对提高粒重十分重要。

通常高粱抽穗后3~4天即开花，少数品种边抽穗边开花。开花顺序由穗顶部开始渐及中部、下部。全穗开花过程7~9天，以第2~第5天最多。开花时间以3：00—11：00最盛，有时可延至13：00左右。开花期间要求较高的温度，以26~30℃最适宜，低于14~15℃不能开花。一般日平均气温高，开花提前，日平均气温低，开花时间推迟。如开花期温度过高又遇干旱，会使花粉干枯丧失萌发能力。但雨水过多也不利，花粉常因吸水破裂，不能正常受精，使空粒增多，降低结实率。

第二节　开花—灌浆期自然灾害及病害管理

一、开花—灌浆期自然灾害

高温干旱：开花和灌浆期发生干旱，会使花粉粒和柱头寿命缩短，授粉和受精不良，结实率下降；干旱还会使籽粒灌浆速度减慢，甚至停滞，导致粒重明显下降。干旱发生时常导致高粱生长发育速度减缓，连续干旱则造成生育不能进行，严重干旱使植株枯死。从外部形态看，干旱先引起叶片自上而下内卷、褪色、向上竖起；叶尖和叶缘开始发黄，萎蔫，枯干，导致穗分化不良，抽穗开花延迟，小花败育等。开花后发生干旱，则授粉不良，植株早衰，籽粒灌浆受阻，严重时植株枯死，导致严重减产或绝收。

高粱开花期，持续降雨对高粱的授粉有不利影响。出现短时间的降雨对高粱产量的影响不大，如果出现连阴雨天气，减产幅度会比较大。

二、开花—灌浆期病害预防

1. 黑穗病

黑穗病是遍布世界的主要高粱病害。在中国的各高粱产区都有发生，以东北和华北地区危害严重。已知危害高粱的黑穗病有丝黑穗病、散黑穗病、坚黑穗病、角黑穗病、花黑穗病等。这里仅介绍生产上普遍发生的前 3 种黑穗病。

（1）丝黑穗病

丝黑穗病主要发生在中国的黑龙江、吉林、辽宁、内蒙古、河北、河南、山东、山西、湖北、湖南、江苏、安徽、浙江、陕西、甘肃、新疆、四川、云南、贵州、台湾等省（区）；还发生在日本、缅甸、印度、巴基斯坦、菲律宾、印度尼西亚等国和非洲、美洲、大洋洲和欧洲等区域。爱沙尼亚是世界最北的分布区，新西兰和智利是最南的分布区。

① 病症。主要发生在高粱穗部，使整个穗变成黑粉，俗称“乌米”。生育前期丝黑穗病瘤内充满黑粉。有时在植株的上部叶片发病，长出椭圆形明显隆起的灰色小瘤。但是，叶片的维管束不被破坏。在高粱孕穗之前一般不易观察。

典型症状只有到孕穗和抽穗时才能明显看出来。受害的植株一般比较矮小，高粱幼穗比正常的穗细。病穗在未抽出旗叶前即膨大，幼嫩时为白色棒状，早期在旗叶鞘内仅露出穗的上半部。病菌孢子堆生在穗里，侵染全穗。起初里面是白色丝状物，外面包一层白色薄膜。成熟后，全穗变成一个大灰包，外膜破裂后，散出黑粉，仅存丝状的维管束，随着黑粉的脱落，留下像头发一样的一束束黑丝。有时也产生部分瘤状灰包，夹杂在橘红色不孕的小穗中。个别的主穗不孕，分枝产生病穗；或者主穗无病，分枝和侧生小穗为病穗。

② 病原菌。高粱丝黑穗病菌［*Sphacelotheca reiliana*（Kühn）Clinton］属担

子菌纲黑粉菌目黑粉菌科。孢子堆生在花序中，侵染整个花序，全部变成黑粉体。早期厚垣孢子常 30 多枚聚在一起，呈圆球形或呈不规则状临时性孢子球，直径 50~70 微米，后期各自分离。厚垣孢子圆形或卵圆形，直径 9~14 微米，黄褐色至紫褐色，表面密布小刺，膜存 2 微米（图 7-1）。厚垣孢子发芽时，产生一枚 4 细胞的先菌丝，每个细胞侧方及顶端形成一个小孢子，小孢子可以芽植成许多次生小孢子。不同性系的小孢子或次生小孢子成对融合后，再萌发产生双核侵染丝，侵入幼苗蔓延到生长点，在花序内发病。

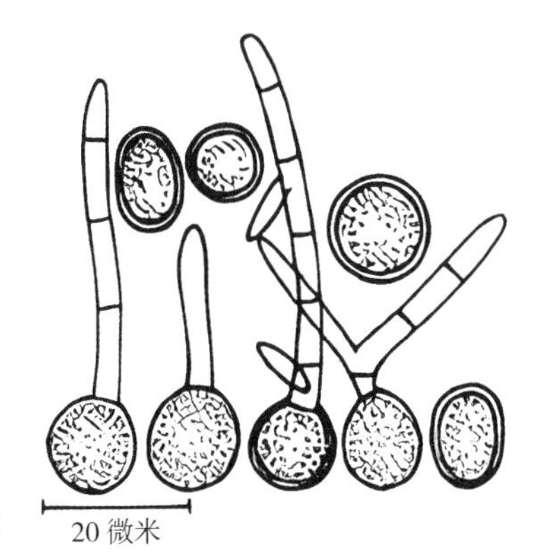

图 7-1　丝黑穗病菌［*Sphacelotheca reiliana*（Kühn）Clinton］的厚垣孢子及其发芽（戚佩坤等绘）

厚垣孢子成熟后，必须经过一段后熟才能发芽。在自然条件下，厚垣孢子经秋、冬、春季长时间缓慢的感湿过程，内部发生生理变化，完成生理后熟。在人工控制的 32~35℃的湿润环境下，处理 30 天就能完成生理成熟。可见，温湿度对厚垣孢子完成生理后熟具有决定性作用。厚垣孢子萌发的最适温度是 28℃。土壤干燥（含水量 18%~20%），5 厘米土层 15℃以下时对病菌侵染最有利。阳光对厚垣孢子发芽无作用。厚垣孢子生活力较强，李继春（1957）研究表明，且有 2~3 年的致病力。如果夏秋两季多雨，则能缩短其寿命。

丝黑穗病菌除侵染高粱外，还侵染苏丹草和玉米的一些种。但有人认为侵染高粱和玉米的丝黑穗病菌属两种不同的生理型，有生理分化现象，如玉米丝黑穗病菌不能侵染高粱，高粱丝黑穗病菌虽能侵染玉米，但发病率很低。但也有人认为这两者可以互相侵染。

吴新兰等（1982）研究表明，侵染高粱的丝黑穗病菌，在吉林、辽宁、山西等省存在两个不同的生理小种，对中国高粱和甜玉米致病力强，对甜高粱苏马克致病力强，对白卡佛尔和 Tx3197A 几乎不侵染的为 1 号生理小种；对 Tx3197A、白卡佛尔、甜高粱苏马克致病力强，而对中国高粱和甜玉米致病力弱的为 2 号小种。

徐秀穗等（1991，1994）研究高粱丝黑穗病菌的生理分化，以及中国高粱丝黑穗病菌小种对美国小种鉴别寄主致病力的测定。结果表明，在应用高粱 Tx622A、Tx622B 及其杂交种的地区，发现了高粱丝黑穗病菌新的生理小种，称为3号小种。3号小种的致病力与1号、2号小种明显不同，3号小种能够侵染1、2号小种不能侵染的Tx622A、Tx622B，并具有很强的致病力。其鉴别寄主为Tx622A和Tx622B。

用中国高粱丝黑穗病菌3个小种对美国高粱丝黑穗病鉴别寄主的致病力测定的结果显示，中国高粱丝黑穗病菌的3个生理小种与美国的4个生理小种对寄主的致病力完全不同。中国与美国的生理小种属不同种群。

（2）散黑穗病

该病主要发生在中国的黑龙江、吉林、辽宁、内蒙古、河北、河南、山东、山西、湖北、湖南、广西、四川、云南、贵州、江苏、安徽、浙江、陕西、宁夏、甘肃、新疆、台湾等省（区）；还发生在日本、越南、印度、伊朗、巴基斯坦、坦桑尼亚、乌干达、肯尼亚、苏丹、扎伊尔、南非、毛里求斯、牙买加、古巴、海地、美国、苏联、意大利等国。

①病症。受害植株较正常的抽穗早，通常植株较矮、较细，节间数减少，矮于健株30~60厘米。在有的品种上可引起枝杈增加。受害穗的穗轴和分枝均保持完整，但花器全部被害。少数感病植株有部分小穗仍能结实。受害籽粒的内外颖稃张开，变成黑红色焦枯状，颖壳也比正常的长。部分小穗中有显著膨大的子房，不过是呈圆锥的白色薄膜，并很快破裂散出大量的黑色粉末状孢子团。孢子脱落飞散完之后，中央部分呈现出一枚长而弯曲的中柱和颖壳，中柱永久存留。病穗上多数籽粒或全部籽粒感病。病穗一般不产生畸形，或稍狭长，或稍短小，品种间有差异。

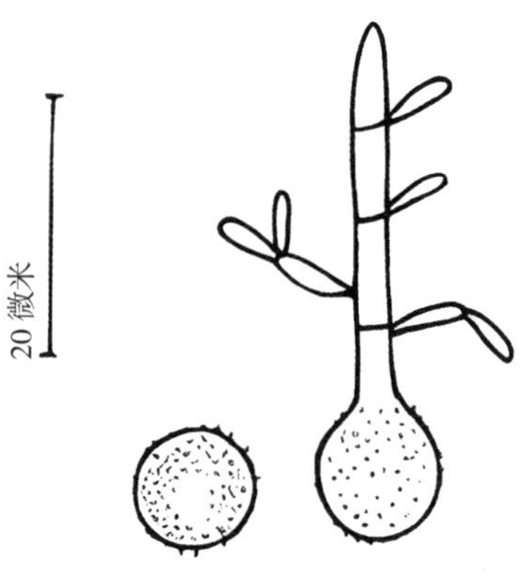

图7-2　散黑穗病菌
［*Sphacelotheca cruenta*（Kühn）Potter］的厚垣孢子及其发芽
（戚佩坤等绘）

②病原菌。散黑穗病菌［*Sphacelotheca cruenta*（Kühn）Potter］属担子菌纲黑粉菌目黑粉菌科。孢子堆生在子房里，有时也侵染花苞，卵圆形，（5~7）毫米 ×（2~4）毫米，有时长达10毫米。外面包围一层疏松的灰色细胞组成的薄膜，膜易破碎。这种细胞的直径相当于厚垣孢子的2倍。膜内厚垣孢子最初集聚成不规则的长团块，成熟后迅速分散，厚垣孢子球形或卵圆至椭色，表面有细刺（图7-2）。厚垣孢子团有不育性细胞，球形至椭圆形，直径8~17微米，透明无色。厚垣孢子在8~38℃均能萌

发，最适温度28~32℃，温度较高时，孢子萌发后仅生菌丝；温度较低时，才生长先菌丝和担孢子。

厚垣孢子的存活力较强。在东北，土壤里的厚垣孢子可存活一冬，越冬一年后的厚垣孢子全部失去萌发能力；在室内一年后的萌发率和致病力均最高最旺盛，2年后才显著下降。种子表面的孢子经过4年后发芽率为2.1%，致病力约为0.3%，仍可保持一定程度的生活力。

散黑穗病菌在适宜的条件下，厚垣孢子可借气流侵染花器，但病菌仅限于穗部，不形成系统侵染。如割掉病穗，继续生长的分蘖穗则是完好的健穗。花器受侵染时，常常仅个别或部分籽粒、小穗变成黑粉。

（3）坚黑穗病

该病广泛分布于世界高粱产区。中国主要发生在黑龙江、吉林、辽宁、内蒙古、河北、河南、山东、山西、甘肃、新疆、湖北、江苏、云南、四川等省（区）；还发生在日本、巴基斯坦、缅甸、印度、斯里兰卡、越南、菲律宾、阿富汗等国，还有大洋洲、非洲、欧洲和美洲等区域。

① 病症。坚黑穗病的病株不明显比健株矮，通常全穗籽粒都变成卵形的灰色，外膜坚硬，不破裂或仅顶端稍破裂，内充满黑粉。老熟后外膜呈暗褐色。除子房被孢子堆占据外，稃很少受害。由于孢子堆外表的菌丝体膜坚固，不易破碎，因此孢子堆内的黑粉不易散出，故称坚黑穗病。

将高粱散黑穗病和坚黑穗病的病症比较和区别如表7-1所示。

表7-1　高粱散黑穗病和坚黑穗病病症的区别

症状	散黑穗病	坚黑穗病
矮化	一般明显矮化	稍矮化或不引起矮化
分蘖	一般明显分蘖	稍分蘖或不引起分蘖
抽穗	提早抽穗	正常
颖壳	张大	正常
穗	暗绿色，松散，成丛	正常绿色，不松散，不成丛
黑粉孢子堆	生于花器，有时可于花轴，偶尔可发生于颖壳	只发生于花器
孢子堆膜	在穗抽出以前便早期破裂	完全不破裂
堆轴	比坚黑穗病菌的堆轴细长，而且弯曲	

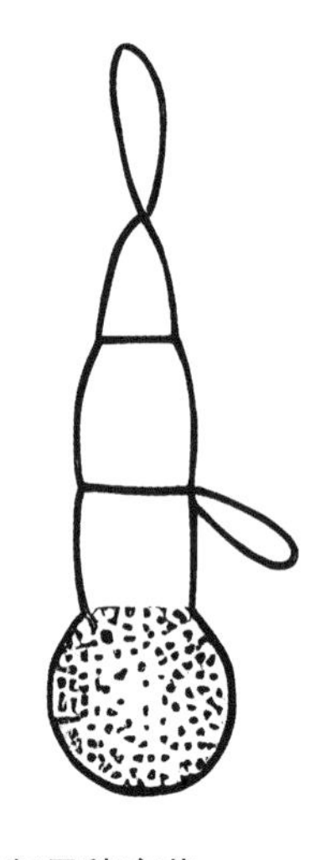

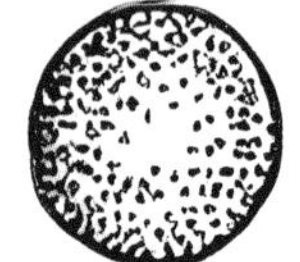

图 7-3　坚黑穗病菌
[*Sphacelotheca sorghi* (link) Clinton] 的厚垣孢子及其发芽
(据原摄祜图绘)

② 病原菌。高粱坚黑穗病菌 [*Sphacelotheca sorghi* (link) Clinton] 属担子菌纲黑粉菌目黑粉菌科。孢子堆侵染全部或部分子房，外面包有一层坚固的灰色菌丝组织薄膜。椭圆柱形至圆锥形，长 3~7 毫米，膜不易破碎；后期孢子成熟后，膜从顶端破裂，露出里面的黑褐色孢子团和一个较短的堆轴。菌丝组织膜是由球圆至长形、直径与厚垣孢子大小相等的细胞所组成。中柱短而直伸，一般不突出于稃外。厚垣孢子呈球形至亚圆球形，有时呈多角形，直径 4.5~9.0 微米，一般 5~7 微米，表面有细刺或黑状突起 (图 7-3)。孢子堆中杂有成组的不育细胞，呈长圆至亚圆球形，无色透明，直径 7~18 微米。厚垣孢子一般在 24℃以下就能萌发。低温有利于发病，致死温度为 55℃，时间为 10 分钟。

(4) 侵染循环

3 种黑穗病菌的侵染方式各不一样。丝黑穗病菌主要是土壤侵染，坚黑穗病主要是种子侵染，而散黑穗病是两种途径兼而有之。3 种黑穗病菌的侵染时期均是幼苗。幼苗的芽鞘部位最易受侵染；有时病菌也能侵入根毛，甚至生长到整个根部。

有研究高粱丝黑穗病的侵染部位。3 年的试验结果表明，出土前的幼芽是感染丝黑穗病的主要时期，部位以胚芽为主，其次是稍后的根系侵染。在胚芽上，中胚轴的侵染高于胚芽鞘；在根系中，各种根均能被侵染，其中以胚根的侵染较高。

菌丝侵入后抵达芽鞘细胞壁时，形成一个球状的顶端，聚压在胞壁上。菌丝可通过被它胶化的胞壁形成的小孔洞进入细胞。菌丝侵入细胞壁后，即迅速生长并形成分枝。在菌丝侵入 3~4 天的幼苗内，其蔓延不超过芽鞘的第三层细胞。芽鞘的中上部也有菌丝生长，不过以基部为多。菌丝在芽鞘内朝上、下两个方向生长，通过芽鞘与第一片叶子中间的空隙进入分生组织区和维管束组织，到达生长点细胞里或细胞间隙，以后继续在茎内向上生长，直到孕穗和抽穗时长到穗部。当菌丝到达子房细胞时，便迅速分枝，相互缠绕，交织成末状团。菌丝细胞壁胶化过程结束后，细胞失掉胶化膜并逐渐改变形状和体积，最后胀大变圆形成胞壁，并发育成成熟的厚垣孢子，外表呈现出典型症状。

（5）防治方法

① 药剂处理种子。高粱种子风选、去掉杂质后，可选用 50% 禾穗安，按种子重量的 0.5% 拌种；用 20% 粉锈宁乳油 100 毫升，加少量水，拌种子 100 千克，力求均匀，摊开晾干后播种；用 50% 萎锈灵，按种子重量的 0.7% 拌种，或用 90% 萎锈灵原粉，按种子重量 0.5% 拌种；用 20% 萎锈灵乳油或可湿性粉剂 0.5 千克，加水 3 千克，拌种子 40 千克，闷种 4 小时，晾干后播种。

② 轮作倒茬。轮作倒茬不仅有利于高粱的生长，也是防治黑穗病的有效措施。但必须进行 3 年以上的轮作才能有效。注意高粱应与玉米、谷子以外的作物轮作。

③ 适当晚播。播种早黑穗病发病率高，可根据品种生育期及土壤的温、湿度情况，适当延后播种，指标是 5 厘米处地温稳定通过 15℃时播种，可有效防控黑穗病的发生。做好翻耙压力，整好地，提高播种质量，浅覆土，早出苗，也能减少病菌侵染的机会。

④ 及时拔除病株。拔除黑穗病病株是防除该病的基本方法之一。拔除病株要掌握病穗或病粒的外膜没有破裂之前，越早越好，随时发现随时拔除。如果能够做到连续大面积彻底拔除病株 2~3 年，即可基本上控制黑穗病的发生。拔除病株立即深埋，绝不可以到处乱扔。

⑤ 选用抗病品种和杂交种。选育和种植抗病品种和杂交种是防治黑穗病最经济有效的方法。近年来，我国引进并鉴定筛选出一批抗高粱黑穗病的抗源材料，应用抗源材料选育出一批抗病杂交种应用于生产。例如，辽杂 18、辽杂 24、辽杂 35、锦杂 106、铁杂 18、本粱 15、吉杂 87、龙 609、晋杂 18、四杂 40 等。

2. 高粱粒霉病

高粱粒霉病是热带半干旱地区高粱的主要病害之一，特别是在印度、东南亚、南美洲各国为害严重，在中国偶有发生。

（1）病症与病原菌

① 病症。高粱粒霉病是穗部的一种病害，主要危害籽粒。初期病症表现于开花期。在穗轴、颖壳和花药上可见白色和灰色的菌丝体。小花开花时侵染发育中的籽粒。受害籽粒表面布有绒毛。由于侵染的病原菌不同，受害籽粒的颜色分别呈现乌黑、粉红、雪白和灰白色。病菌侵染到籽粒内部，其严重发霉变质的籽

粒胚乳变粉，而胚的生活力也大为降低，用手指轻轻捻压便能碾碎。受害的籽粒体积明显缩小，粒重减轻。高粱开花时如遇多湿天气极易发病，籽粒生理成熟期间若空气湿度大，则病害加重；常常在几天之间，高粱籽粒全都遭受粒霉病，光泽的籽粒变成霉污。

② 病原菌。高粱粒霉病是由一种或多种真菌寄生或腐生引起的。目前已发现的高粱粒霉病菌来自 32 个属（表 7–2），其中最常见的有 5 个属，镰刀菌属（*Fusarium*）、弯孢霉属（*Curvularia*）交链孢霉属（*Alternaria*）、曲霉属（*Aspergillus*）和茎点霉属（*Phoma*）。

表 7–2　高粱粒霉病病原菌属名

学名	中文译名	学名	中文译名
Fusarinm	镰刀菌属	*Gonatobotrytis*	
Curvularia	弯孢霉属	*Helicosporae*	卷孢霉属
Alternaria	交链孢霉属	*Helminthosporium*	长蠕孢霉属
Aspergillus	曲霉属	*Mucor*	毛属属
Phoma	茎点霉属	*Nigrospora*	黑孢属
Acrothecium	顶套霉属	*Olpitrichum*	
Bipolaris	离蠕孢属	*pellicularia*	网膜苹菌属
Chaetomium	毛壳菌属	*penicillium*	青霉属
Chaetopsis	节歧筒孢霉属	*Pestalotia*	盘多毛孢属
Cladotrichum	大节霉属	*Pycnidium*	
Cochliobolus	旋孢腔菌属	*Ramularia*	长隔孢霉属
Colletotrichum	刺盘孢属	*Rhizopus*	根霉属
Cunninghamella	小克银汉霉属	*Cladosporium*	芽枝霉属
Cylindrocarpon	柱果霉属	*Sordaria*	粪壳属
Drechslera	德氏霉属	*Thielavia*	草根霉属
Gloeocercospora	胶尾孢属	*Trichothecium*	聚端孢霉属

由于不同粒霉病菌的侵染，高粱受害情况也不一样。有研究报道，当高粱严重感染由镰刀菌和弯孢霉菌引起的粒霉病时，结果是种子全部丧失发芽力。有研究指出，由串珠镰孢菌（F. *moniliforrne*）侵染时，种子内的酶受刺激而活化，可引起大量穗发芽。粒霉病还能使籽粒黑层过早形成，提早中止灌浆。粒霉病菌在新陈代谢过程中向种子内分泌多种酶，其中一些酶分解和破了胚及胚乳的有机

组分，使籽粒的食用和饲用品质变劣。粒霉病菌在生命活动中还排泄许多有毒物质。它们残留在籽粒中，对人体和畜禽非常有害。

（2）防控方法

① 药剂防治。使用多马霉素 200 毫克 / 千克和克菌丹 0.2% 混合液于高粱开花期对穗部喷雾。

② 农艺方法。高粱粒霉病发病的重要条件之一是湿度大。如果使高粱开花期避开降雨多湿度大的季节，则能大大减轻病害发生。因此，因地制宜适时提早或延后播种，可使高粱开花期躲开发病高峰期。

③ 选育和应用抗病品种。利用寄生抗性是从根本上解决粒霉病害的重要有效方法。ICRISAT 已鉴定出一批抗粒霉病的材料，例如，IS79、IS307、IS529、IS625、IS2333、IS2821、IS8545、IS8614、IS8763、IS9352、IS10301、IS18759、IS19430、IS20725 等。利用这些抗源材料有可能选育出真正抗粒霉病的品种或杂交种。

第三节　开花—灌浆期虫害预防

一、棉铃虫

1. 分布

棉铃虫（*Helicoverpa armigera* Hübner），又俗称棉铃实夜蛾、玉米果穗螟蛉或番茄螟蛉，属鳞翅目夜蛾科。棉铃虫主要分布在中国的西北、华北、华东及辽宁等地区。欧洲、美洲、大洋洲、非洲和亚洲也有广泛分布。

图 7–4　棉铃虫高粱受害症状

2. 危害症状

棉铃虫食性杂。除棉花外，玉米、高粱、小麦等均能取食。由于耕作制度的改革，高粱、玉米受棉铃虫危害日趋严重（图 7–4）。例如，1972 年，辽宁省锦州市就有数万公顷棉花和 2 万公顷高粱受害。

同年，辽宁南部受害的高粱也达 2 万公顷。1994 年，辽宁省锦州、葫芦岛、朝阳地区发生棉铃虫为害高粱，严重地块一穗高粱有虫 21 头，平均达 5~7 头。棉铃虫为害高粱时，幼虫咬食高粱穗的籽粒，造成减产。

3. 形态特征

成虫体长 17.4 毫米，翅展 34.5 毫米左右。雌蛾红褐色，雄蛾灰绿色。前翅外缘线及亚外缘线比较明显，两线形成一较宽的暗褐色带，肾纹及环纹暗褐色，较小，亚外缘线较平直，翅的外缘线由 7 个不太明显的小黑点组成。后翅中室端部有一浅黑褐色短纹，外缘有一黑色宽带，在宽带间有 2 个紧连的灰白色半圆形斑纹。

卵半球形，初产时乳白色，有光泽，2~3 天后变成淡褐色，中部出现紫红色环带，再后变成灰褐色或黑褐色。直径 0.5~0.8 毫米，表面具有纵横脊，纵脊伸达卵的基部，有些分成 2~3 叉，分叉的和不分叉的相互间隔，在卵的中部共有 26~29 条纵脊。

幼虫体长 35~40 毫米。初孵化时体灰褐色，5 龄以后体色变化很大，有红褐、黄褐、黄绿、绿色等。头部有不明显的黄褐色斑纹。气门绒白色，腹部背面有十几条扭曲形的细纵线。各腹节上有刚毛瘤 12 个，刚毛较长，毛瘤突起呈圆锥形。前胸气门前有 2 根刚毛连成的直线，穿过气门或在气门的切线上。

蛹体长 17~21 毫米，纺锤形，黄褐色。腹部第 5~7 节的背面和腹面有 7~8 排半圆形刻点。腹部末端有臀棘 2 个，棘基部稍离开。滞育蛹在复眼的外侧区有 4 个斜排的小黑点。

4. 生物学

（1）世代交替

棉铃虫在我国发生代数因年份和地区而异，在辽宁、新疆北部 1 年发生 2~3 代，山东、黄淮地区 4 代，长江流域及华南部分地区一年 5 代，华南大部 6 代，西南地区 7 代。以滞育蛹在 2~6 厘米土中越冬。

以辽宁省为例，越冬蛹于 5 月中旬开始羽化，5 月下旬为盛蛾期。第一代卵最早于 5 月中旬就能发现，卵产在番茄、冬春小麦和豌豆等作物上。5 月下旬为产卵盛期。第一代卵期平均 3.5 天。5 月下旬至 6 月下旬是第一代幼虫危害期。6 月上中旬到 7 月上旬幼虫化蛹，蛹期 10~12 天。第一代成虫在 6 月中旬出现，6 月下旬至 7 月上旬为第一代成蛾盛期。第二代卵最早于 6 月中旬就能发现，6 月下旬至 7 月上旬为第二代产卵盛期。此时正值棉花现蕾、开花盛期，所以雌蛾产卵于棉株上。第二代卵期 3~4 天，第二代幼虫孵化后，对棉花造成严重危害。7 月中下旬开始化蛹，蛹期 9~10 天。7 月下旬第二代成虫开始羽化，8 月上中旬为羽化盛期。此时，棉花盛花期刚过，正值高粱开花和灌浆初期，所以第 3 代卵比较集中产在高粱上，卵期 2~3 天后孵化为第 3 代幼虫，从 8 月上旬至 9 月上旬第 3 代幼虫危害高粱严重。8 月下旬幼虫老熟后入土化蛹越冬。

（2）生活习性

成虫夜间活动，取食花蜜和交尾、产卵，白天潜伏在植物丛间不活动，飞翔力较强。对黑光灯和半干的杨树枝叶有很强的趋性，这与杨树内含有的杨素（$C_{22}H_{22}O_8$）和柳素（$C_{18}H_{18}O_7$）有关。雌蛾产卵最适温度为 25~30℃，每只雌蛾通常产卵 1 000 粒左右，卵散产，二代多产在上部嫩叶正面。

初孵幼虫先吃掉卵壳，再取食嫩叶和顶心。在温度 25~28℃、相对湿度 70%~90% 的条件下，对棉铃虫的生长发育有利。

5. 防治方法

防治要做好预测预报。南方在 5 月上中旬，北方在 5 月中下旬，用扫网法或随机选点调查当地一代棉铃虫的幼虫龄期和数量，或根据黑光灯和杨树枝条把诱到的蛾量，结合田间的卵、幼虫数量，以确定防治的适期。

（1）药剂防治

在 3 龄幼虫前，用 75% 拉维因可湿性粉剂或 50% 辛硫磷乳油 1 000~2 000 倍液，或用 50% 甲基对硫磷乳油 1 000~1 500 倍液，20% 硫丹乳油 300~500 倍液，以及高效混合的药剂，如灭铃灵、广杀零、新光 1 号、SN909 1 000~1 500 倍液喷雾，有较好的防治效果。

（2）生物防治

生物防治可利用天敌进行，在棉铃虫产卵盛期，释放人工繁殖的赤眼蜂，齿唇姬蜂、绒茧蜂等寄生幼虫，草蛉、瓢虫、小花蝽、蜘蛛等捕食卵和幼虫。赤眼蜂防治棉铃虫可于产卵始期、盛期和末期，连续放蜂 3~6 次，每次每公顷放蜂 22.5 万 ~30 万头，总放蜂量 90 万头，每 3~5 天放一次，一般卵粒寄生率可达 80% 左右。此外，使用生物农药，如 Bt 乳剂、棉铃虫病毒也有较好的防效。

（3）诱杀防治

在棉区，可在其边缘种植几行春玉米，能够诱集棉铃虫成虫产卵，集中灭杀。在高粱田周边种植洋葱、胡萝卜，能够诱集大量棉铃虫成虫，集中施药杀灭。利用高压汞灯及频振式杀虫灯、性诱剂技术诱杀成虫。利用棉铃虫成虫对杨树枝叶具有趋性和白天在杨树枝条内隐藏的习性，在成虫产卵期，在高粱地摆放杨树枝条把幼蛾集中杀灭。

（4）农业防治

秋后进行土壤深耕和冬灌，可有效杀灭土壤中的越冬蛹。选育和种植抗虫品种和散穗品种。

二、高粱蚜

1. 分布

高粱蚜（*Melanaphis sacchari* Zehntner）又名蔗蚜，属同翅目蚜虫科。高粱蚜在亚洲、非洲和美洲的许多地区都有分布。在中国，辽宁、吉林、黑龙江、内蒙古、山东、山西、河北、河南、安徽、江苏、湖北、浙江、台湾等省（区）均有分布。其中，辽宁、吉林、内蒙古、山东、河北为害严重。高粱蚜是北方高粱产区唯一有威胁的害虫。

2. 危害症状

图 7–5　高粱蚜危害症状

高粱蚜的寄主有栽培植物高粱和甘蔗，野生植物有荻草。与其他蚜虫种比较，高粱蚜更喜吮食老一点叶片（图 7–5），通常只为害下部叶片，以后逐渐蔓延到茎和上部叶片。成虫和若虫用针状口管刺入叶片组织内吸吮汁液，并排泄含糖量较高的蜜露。这些蜜露布满叶背和茎秆周围，在阳光下现出油亮的光泽。这时，常有成群结队的蚂蚁往返于植株的茎叶间取食蜜露。蜜露沾污叶片造成霉菌腐生，影响光合作用的正常进行，使植株矮化。蚜虫危害还能造成高粱茎叶变红甚至枯萎，严重时茎秆弯曲弯脆，不能抽穗，或勉强抽穗而不能开花结实，最后导致植株死亡。

3. 形态特征

高粱蚜的形态可分为干母、无翅胎生雌蚜、有翅胎生雌蚜、性雄蚜、性雌蚜和卵 6 种。

（1）干母

干母是初春4—5月由越冬卵孵化成虫的蚜虫。一生都寄生在荻草上。体呈卵圆形，紫红色或黄白色。头部色较深，额瘤不显著。触角5节，短于体长，各节长度不等。胸部色稍深，有明显胸瘤，肢较体色暗，胫节着生短毛数列。腹部背面中央有黑褐色横形斑纹，尾片近似圆锥形，中部缢缩，着生5~6对细毛。腹部各节侧面具有显著乳头状突起。

（2）无翅胎生雌蚜

无翅胎生雌蚜是由干母孤雌生殖产生的。体卵圆形，淡黄白色或淡紫红色，胸部的颜色略深，腹部各节有黑褐色横纹。头小，黑色，额瘤不显著。触角6节。复眼暗红色，并具同色眼瘤。腹侧有乳头状突起。腹管黑褐色，短小，略呈圆筒状，渐向末端略细。尾片近圆锥形，中间略细，长度与腹腔相似。

（3）有翅胎生雌蚜

有翅胎生雌蚜也是由干母孤雌生殖产生的。体长卵形，体宽不到体长的一半。淡蜜黄色至大豆黄色，少数群体石竹紫色。头胸部黑色，腹部有显著的黑色斑纹。额瘤不明显。触角6节，喙粗短，足中等长，腹管圆筒形有瓦状纹。尾片圆锥形，中部收缩，有8~9根毛。尾板末端圆形，有14~16根长毛。复眼发达浓赤色，具同色眼瘤。翅半透明，翅脉粗而明显（是与发生在高粱上的其他蚜虫的明显区别点），褐色，前翅中脉分3支，中脉的第三分支由第一分支的2/3处分出。

（4）性雄蚜

性雄蚜是晚秋9月有翅蚜迁飞到荻草上产生的能交尾的性蚜。性雄蚜有翅，体呈椭圆形，灰褐色，体侧具有显著的突出体，每一突出体生一毛。头较宽较长，前额着生若干小毛。额瘤显著。复眼发达，深红色，有同色眼瘤。触角6节，超过体长，黑色。胸部黑色具显著胸瘤。翅半透明。腹部侧面具有显著乳头状突起，腹管短小，由基部向末端渐膨大，呈喇叭状，尾片黑色略呈圆锥形，中央缢缩，着生4~5对毛，边缘生一列长毛。

（5）性雌蚜

性雌蚜也是晚秋有翅蚜迁回荻草产生的能交尾的性蚜。性雌蚜无翅，体卵圆形，紫褐色。额瘤较显著。复眼浓红色，有同色眼瘤。触角6节，比体短。胸部有不明显的胸瘤。腹部背面有明显的卵印。腹侧具有乳头状突起。肢密生短粗毛，后胫特别粗大，有数十个大小不等的感觉器。腹管小，圆筒形，基部稍宽。

尾片圆锥形，有 5~6 对毛。尾板椭圆形，有一列毛。

（6）卵

长椭圆形，长 0.54 毫米，宽 0.3 毫米。初产时为黄色，渐变绿色，后变黑色，有光泽。

4. 生物学

（1）高粱蚜生命史

每年 9 月有翅蚜迁回荻草产生雄、雌两性蚜，在高粱或荻草上交尾产卵。高粱上越冬的卵，翌年春天孵化后死亡。荻草上越冬的卵，翌年 4 月下旬天气转暖后孵化为干母，是第一代蚜虫。干母沿根际土缝爬入地下，在芽部或嫩茎上吸食汁液不断生长。它们进行孤雌生殖，约 2 代至高粱出苗时产生有翅胎生雌蚜（迁移蚜），向高粱地里迁移。第二代以后，没有外迁的无翅胎生雌蚜仍在荻草的芽和嫩茎上生长繁殖。随气温逐渐升高，移至叶背面继续繁殖。到 6 月中下旬，蚜群开始爬到高粱第 1~2 片叶背面危害。这期间，不论有翅或无翅蚜孤雌繁殖的数量均显著增加，成群向外飞迁和转移，不断扩散和蔓延。

7 月上旬开始从植株下部遍布中上部，由点片发生传播到全田。7 月中旬至 8 月中旬是危害高粱期。与此同时，仍还有一部分无翅蚜留在荻草上逐代繁殖下

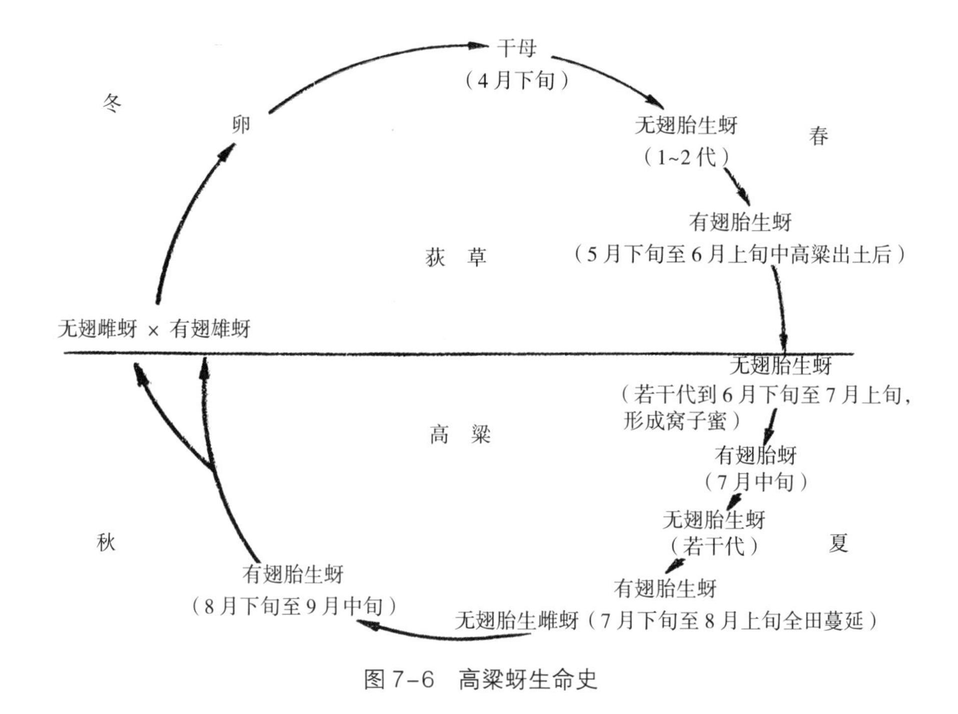

图 7–6 高粱蚜生命史

去，所以在荻草上终年都能找到蚜虫。高粱上的有翅蚜和无翅蚜均以孤雌胎生方式繁殖，达 10~20 代。9 月一部分有翅蚜迁回荻草，产生有翅雄蚜和无翅雌蚜，交尾产卵。其余一部分仍寄生在高粱上，它们能产生雌、雄两性个体。寒冬地区留在田间的蚜虫一般不能越冬，唯依靠卵态通过荻草才能延续后代（图 7-6）。

高粱蚜繁殖力之大是惊人的。在 15.5℃时 13 天或 24℃时 6 天即可繁殖一代。高粱蚜在吉林省公主岭 4—10 月共可繁殖 16 代。胎生雌蚜一生平均产仔 50 头，最多可产 185 头。假定全部都能成活，则一只雌蚜代代繁殖总数相当可观。因此，蚜虫在较短时间内可迅速发展蔓延造成严重危害。

（2）高粱蚜迁移习性

一种是无翅蚜的爬迁，一种是有翅蚜的飞迁。有翅蚜的飞迁可分为 3 个时期。第一个飞迁期为 6 月上旬到 7 月中旬。第二代蚜虫中，部分有翅蚜离开越冬寄主迁至田间为害高粱。第二个迁飞期，也称扩散期，历时较长，从 7 月中旬延续到 9 月达 2 个多月。与第一个迁飞期不同的是，蚜虫只从下部叶片向中、上部叶片或在高粱株间、田间迁飞，均不离开高粱。第三个迁飞期是高粱蚜的越冬准备期。晚秋 9 月间，高粱成熟后，田间有翅蚜多飞回荻草上产生性蚜。

5. 防治方法

（1）药剂防治

药剂防治是防治高粱蚜的主要方法。蚜虫点片发生时应及时防治。如果有大发生趋势，可于 7 月中旬第二次迁飞期之前开展全面防治。当有蚜株率达 30%~40%，出现“起油株”，或百株虫量达 2 万头时即需防治。用 50% 杀螟松乳油 1 000~2 000 倍液或 40% 乐果乳油 2 000 倍液，或用 2.5% 溴氰菊酯或 20% 杀灭菊酯 5 000~8 000 倍液喷雾；也可用 40% 乐果乳油 5~10 倍液超低容量喷雾。用 0.5% 乐果粉剂每公顷喷粉 37.5~45 千克，或用 1% 乐果粉每公顷喷 15~22.5 千克，或用 2% 乐果粉每公顷喷 9~11.25 千克，有效期均为 4~5 天，抑制蚜群发展可有效 8~9 天；也可用 1.5% 甲基对硫磷粉剂每公顷喷 22.5~30 千克。用 40% 乐果乳油稀释成 100 倍液涂茎（1~2 节），逐株涂抹。

（2）种植抗虫高粱杂交种

辽杂 6 号、辽杂 7 号、辽杂 10 号、锦杂 93 等对高粱蚜具有抗性，可广泛种植。还可利用鉴定出的抗源材料选育抗蚜虫品种，如 TAM428、1407A、1407B 等。

（3）农艺防治

在秋季有翅蚜迁回荻草前后，性蚜尚未成熟产卵之前，靠近地表收割荻草沤肥或作燃料，致使蚜虫失去产卵越冬场所。此外，高粱蚜的天敌种类较多，如瓢虫类、草蜻蛉类、寄生蜂类、食蚜蝇类和蜘蛛等都能大量捕食高粱蚜。因此，采取高粱与大豆间作，通风透光好，有利于天敌繁殖，能有效抑制高粱蚜的繁殖速度。

三、高粱叶螨

高粱叶螨又名高粱红蜘蛛，俗称火蜘蛛、红砂火龙等。在我国的叶螨有多种，主要有截形叶螨（*Tetranychus truncates* Ehara）、朱砂叶螨［*Tetranychus cinnabarinus*（Boisduval）］和二斑叶螨（*Tetranychus urticae* Koch）。属真螨目 Acariforms，叶螨科 Tetranychidae。世界温暖地区均有发生报道，我国各高粱产区都有不同程度的发生，以干旱年份发生较重。

以成螨、若螨先在作物下部叶片为害，群集于高粱叶背刺吸组织汁液，受害叶片出现红色斑点（图 7-7），不能进行正常的光合作用，并逐渐向上部叶片转移。在适宜的气候环境下扩展到整株叶背至叶面、茎秆，受害叶片呈红色，枯死。严重发生时虫口密度大，布满整个植株，呈火烧状。严重影响产量，甚至绝收。

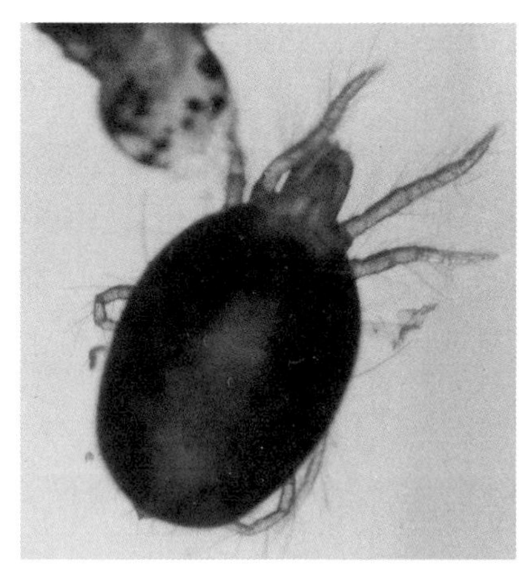

图 7-7　高粱叶螨及其为害状

1. 形态特征

雌螨椭圆形，截形叶螨和朱砂叶螨为深红色或锈红色，二斑叶螨淡黄或黄绿色。二斑叶螨体背侧有黑色斑纹；背毛 12 对，肛毛和肛侧毛各 2 对，无臀毛。初孵幼螨近圆形，体色透明或淡黄，取食后变淡绿色。雄螨红色或淡红色，形态特征与雌螨相同。卵圆球形，直径约 0.13 毫米，新产的卵无色透明，后变橙色，孵化前可出现红色眼点。

2. 生活史

繁殖一代需 10~27 天，1 年发生 10~20 代。整个生长季世代重叠。以受精雌成螨聚集在高粱、玉米、茄子、豆类等作物的枯枝落叶内、杂草根际和土壤裂缝中越冬。翌年春天先在杂草、小麦上取食活动。

3. 防治方法

（1）农业防治

清除田埂、路边和田间的杂草及枯枝落叶，耕整土地以消灭越冬虫源和早春寄主。严重高发地区，应避免与大豆、蔬菜作物间作套种。推广种植高抗和抗螨品种，淘汰高感品种。高温期适时灌溉，增加高粱田相对湿度，抑制红蜘蛛的繁殖。

（2）物理防治

利用叶螨对黄色、蓝色的趋性，在叶螨迁入农田初期到盛发期，于高粱田边、行间插置诱虫板诱杀玉米叶螨。

（3）生物防治

利用有效天敌如长毛钝绥螨、德氏钝绥螨、异绒螨、塔六点蓟马和深点食螨瓢虫等，有条件的地方可保护或引进释放。

（4）化学防治

加强田间害螨监测，在点片发生阶段注意防治。轮换施用化学农药，尽量使用复配增效药剂或一些新型的特效药剂，以降低叶螨的抗药性。

第八章　成熟期管理

高粱雌蕊受精之后即迅速发育形成籽粒。一般从籽粒形成开始，通过灌浆过程，至生理成熟，因品种不同，生育期在30~50天，早熟品种所需天数少些，晚熟品种则需多些。籽粒的成熟过程通常划分为乳熟、蜡熟和完熟3个时期。双受精后，子房即膨大，不久便进入乳熟期。乳熟期的外形大小已确定，为绿色或浅绿色，丰满，籽粒内充满白色乳状汁液。此时，胚已发育成熟，具有发芽能力。蜡熟期的籽粒略带黄色，内含物基本凝固呈黏性蜡状，挤压时籽粒虽破裂，但无汁液流出，通常称之为“定浆”。当籽粒内含物呈固体状态时，用手挤压籽粒不破碎即进入完熟期。完熟期的高粱籽粒呈现出本品种固有形状和颜色，籽粒的含水量在20%上下。

第一节　收获方式与收获技术

收获是高粱栽培的最后一项田间作业。适时收获、晾晒、脱粒、干燥，减少操作过程中的各种损失，可保证丰产丰收。高粱适时收获时间对产量的影响很大。过早，籽粒发育不充实；过晚，容易落粒，也会造成减产。因此应根据籽粒成熟的生物学特征、籽粒的用途和天气状况来确定适宜的收获期。

一、收获方式

高粱的收获方法有人工收获和机械收获两种。国内传统上以人工收获为主；国外发展中国家也以人工收获为主，发达国家基本上都是机械收获。

1. 人工收获

人工收获是用镰刀手工割收，由于中国各高粱产区的栽培习惯不同，人工收获的方法也稍有不同，主要有 3 种方式。

（1）带穗收割

即连秆带穗一起收割。具体操作是，用镰刀在茎秆基部 2~3 个节间割断，穗朝一个方向，20~30 株捆成一捆置于地上。当全部地块收完后，将 20~30 捆高粱立起来，撮成一椽（又称撮椽子），椽子要顺垄撮成直行，进行田间晾晒。田间晾晒的方法因地而异。在秋雨多地面潮湿的地区，要撮立椽晾晒；在秋雨较少较干燥的地区，通常先把几捆高粱横放在垄台上，再把高粱捆的穗放在先垫起的高粱捆上，交叉摆放晾晒，称为码卧椽或卧码子。

一般条件下经过 10~15 天的田间晾晒后，开始拆椽子扦穗。把扦下的穗子捆成捆（俗称高粱头）运到场院，以备脱粒。这种收获方法便于提早腾茬，播种冬作物，或提早进行秋耕翻。传统生产普遍采用。

（2）扦穗收割

先将高粱穗用刀扦下，捆好，运到场园，晾晒，以备脱粒。当全田高粱穗收完后，再收割茎秆。这种方法多用于南方高粱种植区，或沿江沿海地区，或低洼水淹地块；以及矮秆高粱、杂交高粱制种田、亲本繁育田等。非洲的很多国家都采用此法。

（3）连根刨收

在山西、山东、河南等省的一些地区，为了多收秸秆，用小镐刨其根部，连秆收割。然后再扦穗与茎秆分开。

2. 机械收获

我国机械收获是采用东风联合收割机进行收割。与人工收获相比，机械收割的优点是效率高，损失少。使用东风联合收割机时，适宜植株高度不超过 100 厘米，生长整齐，茎秆坚韧，成熟一致且不易脱粒的品种。东风联合收割机每班次可收割 6~7 公顷，当东风联合收割机右侧行走轮沿垄沟行走时，收割台高度降低，切割部位吃全刀收割，可达到既降低割茬高度，提高工作效率的目的。这时的留茬高度在 12~15 厘米。

在美国、澳大利亚等国均采用联合收割机收获高粱，切穗、脱粒、扬净、运输一条龙一次完成。机械收获时，要严格掌握收获适期才能减少田间损失。一般籽粒含水量达到 20% 时为适宜收获期。

二、收获技术

确定最适宜收获期的原则是，籽粒产量最高，品质最佳，损失最少。从上述籽粒灌浆过程中干物质积累和水分散失速度看，高粱籽粒的干物质积累量在蜡熟末期或完熟初期达最大值。此时，高粱籽粒含水量约20%。蜡熟末期之前籽粒的干物质仍在积累之中；蜡熟末期之后，干物质积累已基本停止，主要进行水分散失。因此，蜡熟末期是最适宜的收获时期。

高粱穗经过充分晾晒后，即可脱粒。脱粒方法有人工脱粒、畜力脱粒和机械脱粒3种。传统的方法以人工和畜力脱粒为主。随着农村电力和机械增加，逐渐实现机械脱粒。不论哪种脱粒方法，都必须在脱粒之前充分降低籽粒的含水量，否则不易脱净。不充分干燥就进行脱粒，不仅作业效率低，破碎率高，增加损失，而且还会降低籽粒的品质。

1. 人工脱粒

传统的人工脱粒是先将高粱穗铺放在脱谷场上，称为放铺子。在阳光下，经过半天左右的时间晾晒干燥后，人工手握连枷拍打高粱穗，在达到大多数籽粒震动脱掉后，用杈子翻转铺子，挑起高粱莛子，再用连枷敲打，如此反复几次直到脱净为止。然后，将高粱莛子起走，把籽粒堆成堆，用木锨扬籽粒，借助风力扬净。人工脱粒劳动强度大、效率低，一人每天只能脱粒250千克左右。

2. 畜力脱粒

先把高粱穗铺成厚25~35厘米、圆形的铺子。之后，用畜力拉石磙子在铺好的高粱穗上滚动、碾压，直至大多数籽粒被脱掉时，用木杈子将高粱穗子上下翻动，再继续滚动碾压，达到脱净为止。在同一脱谷场上可以使用几盘石磙子同时进行脱粒。一般一盘石磙子每天可脱粒1 000千克左右。有的农村用小型拖拉机作动力，牵引石磙子脱粒。

3. 机械脱粒

目前，高粱产区一般都使用动力脱粒机脱粒。这种脱粒机大多是滚筒式脱粒机。滚筒的转速为500~600转/分钟，用4.5千瓦电机作动力。这种脱粒机结构简单，脱粒效果好，通常每小时脱粒500千克，而且着壳率较低。

此外，目前还有使用脱麦类作物的大型谷物脱粒机脱高粱籽粒。这种机器效率高、脱粒干净，着壳率低。脱粒过程中，要经常检查高粱穗莛是否脱净，有无破碎粒，脱出的籽粒是否有杂物等。如果有问题，可根据高粱的干湿程度和籽粒大小，适当调节滚筒的转数和筛孔的大小，以满足要求。

第二节 收获期自然灾害及籽粒降水贮藏

一、收获期自然灾害

霜冻：高粱春播晚熟区，有效积温 2 500~4 500℃，一般随海拔增高，积温降低，是一年一熟区。黄土高原沟壑区又决定了土地类型以山台地为主，约占 70%，塬地占 20%，川地占 10%，高粱种植多以山台地为主。本区域最早出现早霜是在 9 月中旬，一般是在 9 月底 10 月初，最晚出现在 10 月中旬。

二、品种和种植技术的选择

1. 根据无霜期选择品种

无霜期 130 天以上的地区选择晚熟品种，如平杂 8 号、川糯粱 1 号、辽杂 10 等。无霜期 130 天以下的地区选择中、早熟品种，如辽黏 3 号、辽糯 11、平试 140、吉杂 127、龙杂 18、吉杂 160 等。

2. 根据海拔高度选择种植技术

高海拔地区除选择早熟品种外，可以选择地膜覆盖栽培技术，充分利用地膜覆盖保温、保水、保肥、除草的作用，促进生长，增加高粱抗御霜冻能力，是增产增收的有效措施。

三、烟雾剂或施放烟雾进行预防

要注意收听当地气象台、站的天气预报，及时掌握霜期，并作好相应防霜冻的准备工作。

在容易发生霜冻的早春和晚秋，及时进行烟雾剂或施放烟雾进行预防霜冻。烟雾剂可提高田间和周围空间的空气温度，防止或减轻霜冻的发生和危害。具体方法是在下霜前，一般在凌晨 4：00—6：00 点，观测风向和空气流动情况，在高粱地块的上风处，有烟雾剂的每亩放置 4~6 个烟雾剂点，没有烟雾剂可用柴草或秸秆堆垛好，外层覆盖湿草或半干半湿的柴草，以断绝空气对流，减少明火燃烧，每亩布置 3~6 个柴草堆，当田间温度降到 3℃时，立即点燃所有烟雾剂或柴草堆，产生大量烟雾，达到增温抗霜效果。

四、外源施用生长调节剂或叶面肥

已经受到晚霜冻危害的高粱，应该积极采用叶面喷施磷酸二氢钾或矮健素，促进生长，减少损失。具体做法是：高粱拔节后，用磷酸二氢钾（叶面肥）每亩600~800克，浓度为0.3%~0.6%，进行叶面喷施。亦可对高粱喷洒0.1%~0.15%的矮健素，促进早熟，增加产量。

五、籽粒降水贮藏

高粱籽粒含水量大小直接影响储藏的稳定性。籽粒含水量越高，越容易发热霉变，害虫危害也越严重，所以籽粒在储藏前要尽量降低其水分含量。高粱籽粒入库储藏的安全水分是14%，水分含量高于安全储藏水分的粮食不能保证安全储藏。高粱籽粒能否具备完好的食用、工业用、饲用和种用质量，除正常的生长发育外，还取决于收获、干燥、贮藏、加工，特别是整个贮藏过程中的物理、生理、生化等方面的变化。这些理化性质的变化受许多因素，诸如大气温度、湿度、贮粮微生物、贮粮害虫以及籽粒含水量等的制约。

1. 温度、水分与贮粮的关系

引起贮粮霉变的直接因子，是贮粮微生物的繁殖危害。微生物的繁殖以水分和温度为主要条件。故贮藏中准确地控制粮堆和粮粒的含水量及粮温，并掌握它们的相互关系是极为重要的。高粱安全贮粮必须具备的条件是：水分含量在13%时，粮温不宜超过30℃；水分含量达14%时，粮温应在25℃以下；水分含量达15%时，粮温应在20℃以下；水分含量达16%时，粮温应在15℃以下；水分含量达17%时，粮温应在10℃以下。

相对湿度与通气情况：必须把粮粒水分控制在与70%相对湿度平衡的水分含量以下，并且粮堆空隙中空气的相对湿度也要保持在70%以下。粮堆的空气流通良好，有利于安全贮藏。

2. 贮粮微生物与霉变

贮粮微生物的活动是贮粮发热和霉变的主要原因。含水量14%~18%的带霉菌粮粒贮藏4~5天，粮温可上升10℃。不带霉菌的，粮温仍保持在35℃不变。

为实现高粱的安全贮藏，应依品质、用途含水量、气候以及贮藏设施和条件等，采用不同的贮藏方法。

常用的高粱贮藏方法有 5 种：即干燥贮藏、低温贮藏、密封缺氧贮藏、通风贮藏和化学贮藏，贮粮户可根据具体情况选择合适的方法。

高粱贮藏必须贯彻干燥、低温、密闭以及干粮和湿粮分开，有虫粮和无虫粮分开，新粮和陈粮分开，种子粮和商品粮分开，好粮和差粮分开，推陈储新，合理轮换等原则。以达到无虫、无霉、无鼠雀、无事故的“四无”粮仓标准。

3. 防治贮粮害虫

先要做到入仓前清除虫源，提高粮粒净度，严格掌握贮粮入仓水分。入仓后，一旦发现贮粮、包装器材、用具等出现害虫，应立即进行物理处理或化学药剂除治。当前，国内外多应用熏蒸剂（磷化铝）和防护剂两类药物防治贮粮害虫。

通过调研发现，高粱在苗期时主要发生苗枯病、顶腐病，蚜虫、地下害虫等；成株期前期（营养生长期）主要发生茎腐病、黑束病、蚜虫、螟虫和黏虫等；成株期后期（繁殖生长期）主要发生黑穗病、茎腐病、粒霉病、玉米螟、棉铃虫、蚜虫等。

黑穗病和顶腐病是目前高粱发生的主要病害。特别是顶腐病，最近几年多发高发，主要表现为 10 叶以前对新生叶片损害较大，造成叶片缺刻、边缘变黄甚至死心，穗发育不完全，造成穗分蘖出现多个小穗，防治措施为早发现、早防治，通过喷施营养药剂，可有效缓解病害症状。防治黑穗病的措施可通过选择抗病品种、种子包衣、适时延后播种的方法，有效降低发生概率，除沈杂 5 等个别老品种外，一般发生率不超过 1%。

高粱虫害主要以玉米螟、蚜虫、棉铃虫为害较重，其中玉米螟为常发虫害，一般发生率 10%~15%，应对措施以防重于治，在拔节后喷施康宽预防，发生概率可降至 3%~5%；近几年，二代玉米螟发生危害逐渐增多，如有条件，在抽穗前防治一次，可有效降低危害。蚜虫在 8 月高发频发，部分地块要多次防治，可采取药剂拌种（高巧），早发现早防治，喷施蚍虫林可有效防治。棉铃虫最近几年多发、高发、早发，一般棉铃虫在高粱灌浆前期发生。今年棉铃虫在高粱花期发生，啃食柱头花药，对产量造成严重影响，防治方法喷施康宽、甲维盐混合药剂，内吸触杀相结合，防治效果明显。建议所有病虫害发生防治，都要以预防为主，防治结合。

具体防治措施见附表。

附图　辽宁省高粱病虫害症状

附图 1　高粱丝黑穗病症状

附图 2　高粱散黑穗病症状

附图 3　高粱散黑穗病（左：健株，右：病株）

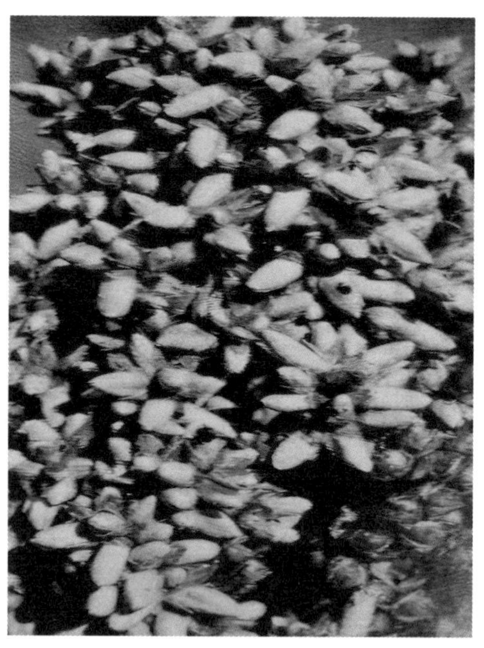

附图 4　高粱坚黑穗病

附图 5　高粱黑束病症状（左：植株、叶片状；右：茎秆维管束变红色）

附图 6　高粱顶腐病症状（左：前期；右：后期）

附图 7　高粱大斑病症状（左：田间植株被害状；右：叶片病斑）

附图 8 高粱煤纹病症状（左：田间植株被害状；右：叶片病斑）

附图 9 高粱靶斑病症状（左：田间植株被害状；右：叶片病斑）

附图 10 高粱紫斑病症状（左：田间植株被害状；右：叶片病斑）

附图 11　高粱纹枯病症状（左：茎秆被害状；右：叶片病斑）

附图 12　高粱茎腐病症状（左：根、茎组织被害状；右：茎表组织腐烂）

附图 13　高粱炭疽病症状（左：田间植株被害状；右：叶片病斑）

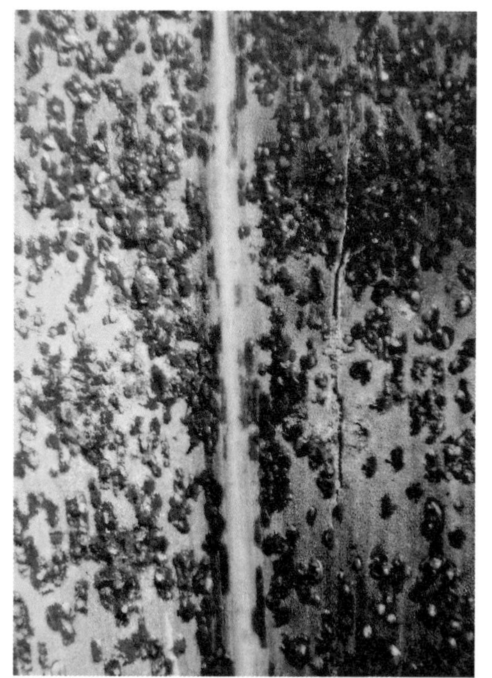

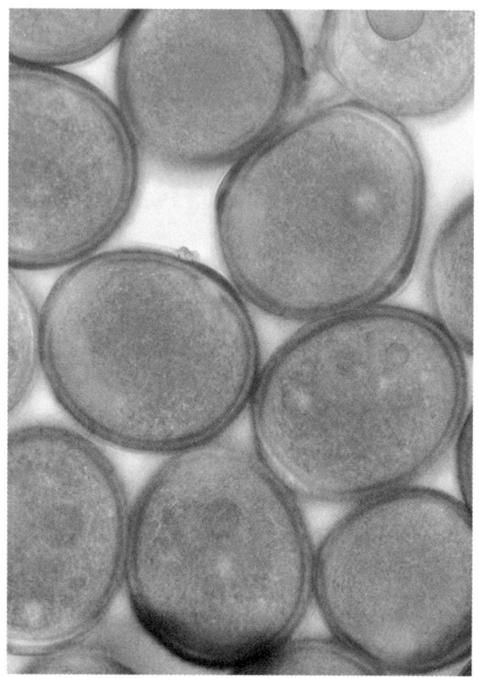

附图 14　高粱锈病症状（左：叶片被害状；右：病菌夏孢子）

附图 15　高粱粗斑病症状（左：叶片被害状；右：病斑上密生菌核）

附图 16　高粱霜霉病症状（左：叶片上条斑；右：病斑上密生霉层）

附图 17　高粱粒霉病症状（左：穗部被害状；右：籽粒霉变）

附图 18　高粱细菌斑点病症状（左：病斑；右：菌痂）

附图 19　高粱红条病毒病症状（左：叶片被害状；右：茎秆被害状）

附图 20　蝼蛄为害幼苗根部

附图 21　东方蝼蛄成虫

附图 22　金针虫为害致幼苗萎蔫

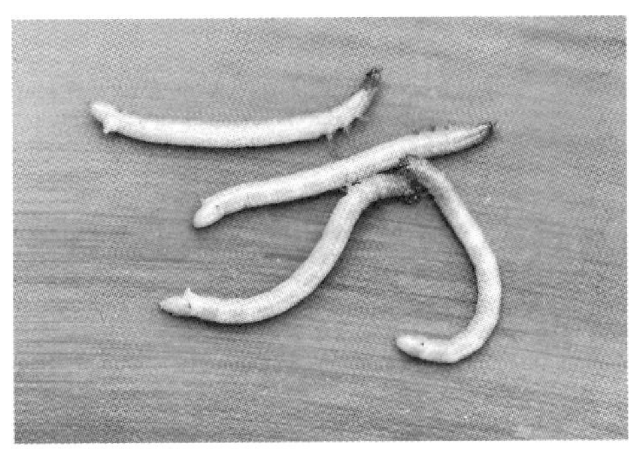

附图 23　金针虫幼虫

附图 24　金龟子幼虫（蛴螬）及为害状

附图 25　金龟子成虫

附图 26　蒙古土象啃食叶片形成缺刻和穿孔

附图 27　蒙古土象成虫

附图 28　玉米螟幼虫及为害状

附图 29　玉米螟成虫

附图 30　黏虫田间为害状

附图 31　黏虫幼虫

附图 32　蚜虫为害状

附图 33　蚜虫若虫、成虫

附图 34　叶螨为害叶片状

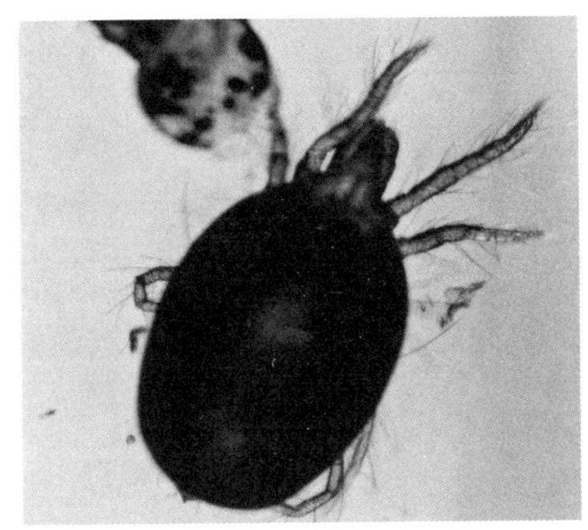

附图 35　叶螨成虫

附图 36　棉铃虫田间为害状

附图 37　棉铃虫幼虫啃食小穗和籽粒

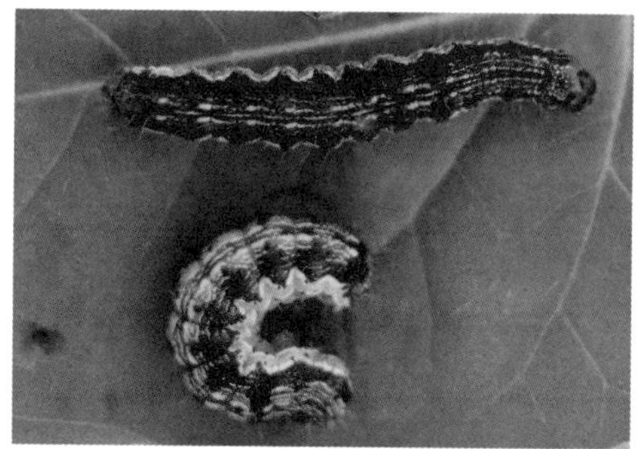

附图 38　棉铃虫幼虫

附图 39　棉铃虫成虫

附图 40　桃蛀螟为害穗部

附图 41　桃蛀螟幼虫啃食小穗和籽粒

附图 42　桃蛀螟幼虫

附图 43　桃蛀螟成虫

附表 1　高粱主要病害常用的农药及其使用方法

病害名称	药剂名称	用药方法
丝黑穗病、苗枯病、顶腐病、黑束病（播种期或苗期防治）	75% 百菌清可湿性粉剂	种子重量 0.4% 拌种
	25% 三唑酮可湿性粉剂	种子重量 0.2% 拌种
	12.5% 烯唑醇可湿性粉剂	种子重量 0.3% 拌种
	30%噁霉灵水剂	500 倍液灌根、浇根，每株 10 毫升
	60 克 / 升戊唑醇种子处理悬浮剂	100~200 毫升 /100 千克种子包衣
	1 亿孢子 / 克木霉菌水分散粒剂	2.5~5 千克制剂 /100 千克种子拌种
	0.3% 四霉素水剂	600~800 毫升 /100 千克种子拌种
茎腐病、纹枯病（播种期、苗期或拔节期防治）	25% 三唑酮可湿性粉剂	种子重量 0.2% 拌种
	96%噁霉灵水剂	3 000 倍液喷施高粱根茎基部
	25% 甲霜灵可湿性粉剂	400 倍液喷根茎基部
	50% 甲基硫菌灵可湿性粉剂	140~200 克 / 亩喷雾
	5 亿 CFU/ 克荧光假单胞杆菌颗粒剂	稀释 300~600 倍液灌根
	10% 井冈霉素	50~75 毫升 / 亩喷雾、泼浇
靶斑病、炭疽病、粗斑病、煤纹病（喇叭口期防治）	32.5% 苯甲・嘧菌酯悬浮剂	20 克 / 亩叶面喷雾
	240 克 / 升氯氟醚・吡唑酯乳油	48~55 毫升 / 亩叶面喷雾
	60% 唑醚・代森联水分散粒剂	80~100 克 / 亩叶面喷雾
	25% 吡唑醚菌酯水分散粒剂	1 000~1 500 倍液叶面喷雾
	4% 嘧啶核苷类抗生素水剂	250~300 毫升 / 亩叶面喷雾
	200 亿芽孢 / 毫升枯草芽孢杆菌可分散油悬浮剂	70~80 毫升 / 亩叶面喷雾
穗腐病（抽穗期防治）	32.5% 苯甲・嘧菌酯悬浮剂	20 克 / 亩喷雾
	45% 代森铵水剂	78~100 毫升 / 亩喷雾
	200 亿芽孢 / 毫升枯草芽孢杆菌可分散油悬浮剂	70~80 毫升 / 亩喷雾
	25% 吡唑醚菌酯悬浮剂	40~50 毫升 / 亩喷雾
细菌性条斑病（苗期或喇叭口期防治）	50% 氯溴异氰尿酸可湿性粉剂	50~60 克 / 亩叶面喷雾
	32.5% 辛菌胺乙酸盐可湿性粉剂	213~267 克 / 亩叶面喷雾
	3% 中生菌素可溶液剂	80~110 毫升 / 亩叶面喷雾
	80 亿芽孢 / 克甲基营养型芽孢杆菌 LW-6 可湿性粉剂	80~120 克 / 亩叶面喷雾
红条病毒病（苗期或喇叭口期防治）	5% 氨基寡糖素水剂	40~50 毫升 / 亩叶面喷雾
	2% 香菇多糖水剂	34~43 毫升 / 亩叶面喷雾
	4% 低聚糖素可溶粉剂	85~165 克 / 亩叶面喷雾

附表 2　高粱主要虫害常用的农药及其使用方法

虫害名称	药剂名称	用药方法
蝼蛄、金针虫、蛴螬、地老虎	25% 辛硫磷微胶囊剂	150~200 毫升拌饵料（饵料为麦麸、豆饼、高粱碎粒或秕谷等）5 千克，播种时撒施于播种沟内
	10% 吡虫啉粉剂	1 500 倍液拌炒香的麦麸撒施沟内
	2.5% 溴氰菊酯悬浮剂	稀释 1 000 倍液喷浇地面
	2.5% 高效氟氯氰菊酯	稀释 1 500 倍液喷浇地面
象甲	40% 乙酰甲胺磷乳油	1 000 倍液喷雾防治
	35% 甲基硫环磷乳油	加水 30 倍和沙土 300 倍制成毒土，撒于幼苗周围地面
叶甲	3% 毒死蜱颗粒	与适量的土壤混合在一起，在播种或定植前撒施或穴施
	20% 马・氰乳油	2 000 倍液叶面喷雾
螟虫、黏虫	0.1% 高效氯氟氰菊酯颗粒剂	使用时拌 10 倍煤渣或细沙颗粒，每株 1.5 克。心叶期投施
	5% 氯虫苯甲酰胺悬浮剂	16~20 毫升 / 亩叶面喷雾
	20% 氟苯虫酰胺悬浮剂	8~12 毫升 / 亩叶面喷雾
	3% 甲氨基阿维菌素苯甲酸盐水分散粒剂	10~16 克 / 亩叶面喷雾
	0.3% 印楝素乳油	80~100 毫升 / 亩叶面喷雾
	16 000IU/ 毫克苏云金杆菌可湿性粉剂	250~300 克 / 亩叶面喷雾、毒土
蚜虫	600 克 / 升吡虫啉悬浮种衣剂	10~20 毫升 / 亩种子包衣
	0.2% 杀单・噻虫嗪颗粒剂	出现“起油株”，40~60 千克 / 亩撒施
	3% 甲拌磷颗粒剂	500~650 克 / 亩撒施
	25 克 / 升溴氰菊酯乳油	15~25 毫升 / 亩叶面喷雾
	70% 吡虫啉可湿性粉剂	3~7 克 / 亩叶面喷雾
	2% 苦参碱水剂	20~30 毫升 / 亩喷雾
螨（红蜘蛛）	20% 唑螨酯悬浮剂	在点片发生时 7~10 毫升 / 亩叶面喷雾
	29% 石硫合剂水剂	35 倍液叶面喷雾
	10% 阿维菌素悬浮剂	7 000~10 000 倍液叶面喷雾
	25 克 / 升高效氯氟氰菊酯乳油	12~20 毫升 / 亩叶面喷雾

附表 3　高粱田常用除草剂及其使用方法

使用方法	药剂名称	防治对象	用药量（制剂量 / 亩）
播后苗前土壤喷雾	38% 莠去津悬浮剂	一年生杂草，反枝苋、藜、马齿苋、苘麻、蓼、牛筋草、狗尾草	316~395 克 / 亩
	960 克 / 升异丙甲草胺乳油	一年生禾本科及部分阔叶杂草，牛筋草、马唐、千金子、狗尾草、稗草、碎米莎草、鸭跖草、马齿苋、藜、蓼、荠菜等	90~110 毫升 / 亩
	50% 异甲 · 莠去津悬乳剂	一年生杂草，马唐、牛筋草、稗草、藜、马齿苋、铁苋菜、苍耳、龙葵	100~200 毫升 / 亩
茎叶喷雾（于高粱 4~5 叶期，阔叶杂草 2~4 叶期即杂草高度 10~15 厘米时期施药，对准杂草茎叶顺垄定向喷雾，不重喷、不漏喷）	75% 氯吡嘧磺隆水分散粒剂	一年生阔叶杂草及莎草科杂草	3~4 克 / 亩
	38% 莠去津悬浮剂	一年生杂草，反枝苋、藜、马齿苋、苘麻、蓼、牛筋草、狗尾草	180~200 毫升 / 亩
	56% 二甲四氯钠粉剂	莎草及多种阔叶杂草	107~143 克 / 亩
	25% 氯氟吡氧乙酸异辛酯乳油	阔叶杂草	50~60 毫升 / 亩
	40% 二氯喹啉酸 · 莠去津悬浮剂	一年生杂草，马唐、牛筋草、藜、马齿苋、铁苋菜、苍耳、龙葵等	140~180 毫升 / 亩
	二氯喹 · 莠去津 · 氯吡酯	适用于防除多种一年生和多年生阔叶恶性杂草	60~100 克 / 亩

附表 4　植物生长调节剂及其使用方法

药剂名称	用药量及方法	作用
50% 矮壮素水剂	10 000 倍液喷雾 0.3%~0.5% 药液浸种	防止倒伏，提高产量
1% 吲丁 · 萘乙酸可溶液剂	120~140 毫升 / 亩灌根	促进生根
60% 氯化胆碱水剂	15~20 毫升 / 亩茎叶喷雾	提升叶片的光合效率
0.01%24- 表芸薹素内酯可溶液剂	3 300~5 000 倍液孕穗期、齐穗期喷雾	促进根系发达，增强光合作用
98% 甲哌鎓可溶粉剂	3.1~4.1 克 / 亩喷雾花期喷雾	促进生殖生长，提高根系数量和活力
80% 萘乙酸	25 000~50 000 倍液浸种 8 000~80 000 倍液盛花期喷洒	促进生长、增产
85% 赤霉酸结晶粉	28 333~42 500 倍液喷雾	增加千粒重，促进茎的伸长生长，诱导开花
2% 复硝酚钾水剂	3 000~4 000 倍液喷雾，浸种	助生长，提高抗逆性
6% 低聚糖素水剂	8~16 毫升 / 亩喷雾	提高抗病能力
50% 硅丰环湿拌种剂	250~500 倍液拌种或浸种	增产，增强抗旱、抗寒及抗病能力

春播特早熟区

第九章 东北春播特早熟区高粱分布及其主推品种生产现状

第一节 东北春播特早熟区高粱生产

一、高粱生产概述

东北春播特早熟高粱种植区域指的是黑龙江省齐齐哈尔市北部县市、黑河市、伊春市、鹤岗市及同纬度的内蒙古自治区呼伦贝尔市、兴安盟等区域。这些地区无霜期 100~120 天，有效积温 2 100~2 400℃，年降水量＜ 490 毫米，属于典型的温带大陆性季风气候。

这些区域耕地面积大，土地相对平整，机械化程度高，高粱种植相对集中。随着“入世”后国际贸易形势的不断变化，促使该地区种植业结构进行调整，适宜机械化栽培的矮高粱成为重点关注和选择的对象。因为这一地区是传统的麦、豆产区，机械化程度高，利用现有农机设备，不需要再增加投入，就可大面积种植高粱，在比较效益的前提下，使中低产田创造较高产量和较好的经济效益。另外，在市场经济的推动下，形成了以嫩江、依安、讷河等县为代表的红高粱购销市场，使商品高粱交易十分活跃，粮食积压现象很少出现，许多南方需求红高粱的客商一般都直接到这一地区组织货源，使产销两旺。因此、借助传统优势，在极早熟酿酒专用高粱品种成功选育推广后，带动了这一地区高粱生产的发展，依靠规模化、集约化、机械化等优势降低成本，增加竞争力，逐渐发展成为我国高粱的新兴产区。

二、高粱生产发展趋势

高粱是东北春播特早熟面积最大的杂粮作物，从以前经验来看，无论是丰年还是歉年，商品高粱没有出现积压现象。在新形势下，高粱种植面积稳中有升，主要有以下几方面的原因：① 区域性气候条件决定的：该地区流行一句农谚叫“十年九春旱”，现在已变成“十年十春旱”。由于环境条件遭到破坏，气候条件逐年恶劣，使风沙、干旱逐年增加，土壤肥力逐年下降。这种土壤种植其他作物投入大、成本高、产量低，因此耐旱、耐瘠薄、抗性好的高粱就成为农户的首选作物。② 种植结构调整决定的：该地区生产的粮食主要依靠内销，由于“入世”的影响，玉米、大豆等农产品进口数量很大，使原来就存在的卖粮难的现象更加突出，农民调整种植结构的心情十分迫切。原来一贯种植小麦、大豆，由于效益低、轮作倒茬困难，现在许多种植户纷纷种植高粱。③ 加工业的发展决定的：我国的酿造业发展迅速，许多大中型酿酒加工企业为了提高产品质量，积极选用优质原料，春季就与农民签订合同，保证收购，这在一定程度上促进了高粱生产的发展。④ 经济效益决定的：由于高粱投入少、成本低、产量高、比较效益大、秋季脱水快，收获后即可出卖，资金周转周期短，一定程度上增加了农民种植高粱的积极性。

当前，像茅台、五粮液、泸州老窖、汾酒、沱牌大曲等许多酿酒集团纷纷开始在北方寻求建立自己的原料基地，为该地区发展高粱种植提供了很好的机遇。建设优质高粱原料基地具有专用品种、生态产区、连片种植、机械化作业、合作社经营等五大优势。在全国叫响“黑土地，红高粱”的原料粮品牌，吸引全国知名企业来建立原料基地，高粱种植面积会迅速扩大，为种植业结构调整，大幅度增加农民收入提供新的路径。

三、高粱品种特征特性

1. 株高

通常要求株高在 150 厘米以下，生产上种植的品种一般为 100~120 厘米。

2. 分蘖力

应具有较强的分蘖力。有效分蘖的株高与主穗相当，成熟期与主穗相近。这样的品种在群体结构上可以实现自我调节，在缺苗时可以通过有效分蘖来增加单位面积穗数。

3. 穗型

具有中等偏散的穗型。这种穗型一般秋季脱水较快，便于机械脱粒，减少田间损失。

4. 株型

要求栽培的品种株型必须耐密植。植株要求上部叶片窄小，上冲，下部叶片披散，旗叶不护脖，穗茎节一般稍长的为好。

5. 幼苗拱土能力

品种应具有较强的幼苗拱土能力。由于机械化栽培高粱要求精量播种，而且播种后土壤镇压较实以确保播深一致、种子发芽时不透风，因此，幼苗拱土能力弱的品种通常不适合机械化栽培。尤其在东北春播特早熟区，播种季节的气候多变，温度、土壤湿度、耕地质量很难控制，更应注重幼苗拱土能力。

6. 耐药性

品种应对高粱田专用除草剂不敏感。化学除草是机械化栽培高粱必不可少的环节，因此要选择对高粱田除草剂不敏感的品种，降低因药物毒害引起的减产风险。

7. 抗倒伏性

应具有较强的抗倒伏性。机械化栽培高粱的密度一般都较大，通常种植密度为 30 万株 / 公顷左右。因此，必须选择秆强、抗倒伏的品种，防止植株倒伏导致无法进行机械收获。

8. 抗病虫害

具有较强的抗病虫特性。机械化栽培的高粱密度大，通透性较差，因此发生病虫害的概率较高。特别是高粱生长后期，施药机械有时无法进入地块中间，如果发生病虫害，矮秆品种还可利用人工施药，株高较高的品种即使利用人工也无法施药，因此必须选择抗病虫的品种。

9. 经济系数高

具有较高的经济系数。经济系数是作物经济产量与生物产量的比值。经济系数越高的品种，收获时籽粒的产量相对较高，茎秆的产量相对较低，机械收获时的能耗就会较低，田间损失率也会随之降低。因此，机械化栽培高粱品种应选择经济系数相对较高的品种。

10. 籽粒灌浆与脱水速率

籽粒的灌浆与脱水速率要快。籽粒的灌浆和脱水速率直接影响到高粱的收获期。收获时要求籽粒的含水量降到越低越好。机械化栽培高粱品种要求籽粒灌浆速度快、脱水快、脱水一致，脱水后不早衰。灌浆速度快是脱水快的基础。脱水快要求籽粒脱水速率高且穗部上下籽粒脱水一致。脱水后不早衰是指籽粒脱水后仍然饱满。

11. 落粒性

成熟后落粒率要低。不同品种的落粒性有差异机械化栽培高粱一般收获较晚，在通常情况下最好是在霜后叶片全部枯死、茎秆水分大部分散失、籽粒水分降至安全水或接近安全水时收获，因此选用的高粱品种在成熟期籽粒的落粒率要低。

第二节　东北春播特早熟区高粱主推品种简介

一、龙杂 17

登记编号：GPD 高粱（2018）230053

特征特性：酿造用杂交种。生育期 100 天，≥ 10℃，活动积温 2 080℃左右。幼苗拱土能力较强，分蘖力较强；植株生长健壮、整齐；叶片相对窄小，蜡脉，叶色深绿；株高 108 厘米，穗长 22 厘米，筒形穗，穗形上散下中紧；籽粒中等，红色壳，椭圆形红褐色粒。籽粒含总淀粉 74.19%，支链淀粉 83.65%，粗脂肪 3.87%，单宁 1.48%。丝黑穗病：抗（R），叶部病害：2 级，抗虫性描述：中抗蚜虫（MR）、中抗螟虫（MR）。

产量表现：第 1 生长周期 483.43 千克 / 亩，比对照绥杂 7 号增产 10.3% ；第 2 生长周期 559.79 千克 / 亩，比对照绥杂 7 号增产 10.6%。

栽培技术要点：5 月中上旬播种，65 厘米垄，垄上双行，每公顷保苗 30 万株。播种时施磷酸二铵 10 千克 / 亩，拔节前追施尿素 10 千克 / 亩、钾肥 5 千克/亩。蜡熟末期、完熟初期收获。

适宜地区：黑龙江省第Ⅲ、第Ⅳ积温带≥ 10℃，活动积温 2 080℃以上地区春季种植。

二、龙杂 18

登记编号：GPD 高粱（2018）230033

特征特性：酿造用杂交种。生育期 97 天，≥ 10℃，活动积温 2 060℃以上。幼苗拱土能力较强，分蘖力较强；植株生长健壮、整齐，叶片相对窄小，蜡脉，叶色深绿；株高 87 厘米，穗长 20 厘米，纺锤形中紧穗；深红色壳，椭圆形红褐色粒。籽粒含总淀粉 71.2%，支链淀粉 84.16%，粗脂肪 3.73%，单宁 1.25%。丝黑穗病：抗（R），叶部病害：2 级，抗虫性描述：中抗蚜虫（MR）、中抗螟虫（MR）。

产量表现：第 1 生长周期 549.69 千克 / 亩，比对照绥杂 7 号增产 12.9%；第 2 生长周期 521.45 千克 / 亩，比对照绥杂 7 号增产 10.4%。

栽培技术要点：5 月中上旬播种，65 厘米垄，垄上双行，每公顷保苗 35 万株。播种时施磷酸二铵 10 千克 / 亩，拔节前追施尿素 10 千克 / 亩、钾肥 5 千克 / 亩。蜡熟末期、完熟初期收获。

适宜地区：黑龙江省第Ⅲ、第Ⅳ积温带≥ 10℃，活动积温 2 060℃以上地区春季种植。

三、龙杂 19

登记编号：GPD 高粱（2018）230039

特征特性：酿造用杂交种。生育期 100 天，≥ 10℃，活动积温 2 080℃以上。幼苗拱土能力强，植株生长健壮、整齐；叶片相对窄小，蜡脉，叶片深绿色；株高 100 厘米，穗长 22 厘米，中紧纺锤形穗；椭圆形红褐色粒，颖壳黑色；千粒重 24 克，单穗粒重 29 克，着壳率少。籽粒含粗淀粉 72.81%，支链淀粉 84.75%，粗脂肪 3.31%，单宁 4.41%。丝黑穗病：中抗（MR），叶部病害：2 级，抗虫性描述：中抗蚜虫（MR）、中抗螟虫（MR）。

产量表现：第 1 生长周期 522.96 千克 / 亩，比对照绥杂 7 号增产 11.2%；第 2 生长周期 532.77 千克 / 亩，比对照绥杂 7 号增产 10.3%。

栽培技术要点：5 月中上旬播种。65 厘米垄，垄上双行，每公顷保苗 30 万株。播种时施磷酸二铵 10 千克 / 亩，拔节前追施尿素 10 千克 / 亩、钾肥 5 千克/亩。蜡熟末期收获。

适宜地区：黑龙江省第Ⅲ、第Ⅳ积温带≥ 10℃，活动积温 2 080℃以上地区春季种植。

四、龙杂 20

登记编号：GPD 高粱（2018）230040

特征特性：酿造型杂交种。生育期 100 天，≥ 10℃，活动积温 2 080℃左右。幼苗拱土能力强，植株生长健壮、整齐；叶片相对窄小，蜡脉，叶色深绿；株高 100 厘米，穗长 29 厘米，纺锤形中散穗；中等红色壳，椭圆形红褐色粒，千粒重 26 克，单穗粒重 29 克，着壳率少。籽粒含粗淀粉 72.83%，支链淀粉 86.73%，粗脂肪 2.81%，单宁 1.04%。丝黑穗病：中抗（MR），叶部病害：2 级，抗虫性描述：中抗蚜虫（MR）、中抗螟虫（MR）。

产量表现：第 1 生长周期 510.2 千克 / 亩，比对照绥杂 7 号增产 8.6%；第 2 生长周期 519.7 千克 / 亩，比对照绥杂 7 号增产 7.8%。

栽培技术要点：5 月中上旬播种。65 厘米垄上双行播种，每公顷保苗 30 万株。播种时施磷酸二铵 10 千克 / 亩，拔节前追施尿素 10 千克 / 亩。完熟期收获。

适宜地区：黑龙江省第Ⅲ、第Ⅳ积温带春季种植。

五、糯粱 1 号

登记编号：GPD 高粱（2018）230042

特征特性：酿造型粒用糯高粱品种。在适应区出苗至成熟生育日数 102 天左右，≥ 10℃，活动积温 2 150℃左右。幼苗拱土能力较强，分蘖力较强；株高 110 厘米左右，穗长 23 厘米，中紧纺锤形穗；籽粒中等红色壳，椭圆形红褐色粒。叶部病害轻，抗旱性较强。籽粒含粗脂肪 4.73%，粗淀粉 70.99%（其中支链淀粉占总淀粉 100%），单宁 1.83%。

产量表现：第 1 生长周期 454.42 千克 / 亩，比对照矮黏增产 12.2%；第 2 生长周期 446.65 千克 / 亩，比对照绥杂 7 号增产 10.6%。

栽培技术要点：5 月中上旬播种。65 厘米垄上双行播种，每公顷保苗 25 万株。播种时施磷酸二铵 10 千克 / 亩，拔节前追施尿素 10 千克 / 亩。完熟期收获。

适宜地区：黑龙江省第Ⅲ积温带春季种植。

六、绥杂 7 号

登记编号：GPD 高粱（2017）230020

特征特性：酿造用杂交种，在适应区出苗至成熟生育期约 100 天，≥ 10℃，活动积温 2 230℃左右。幼苗拱土能力强，发苗快，活秆成熟，幼苗叶鞘紫红色，叶色浓绿；株高 109 厘米，穗长 26 厘米，籽粒褐色，千粒重 26 克，单穗粒重 64 克，成熟时不易落粒。粗淀粉 73.0%、粗蛋白 10.7%、粗脂肪 3.1%、单宁含量 0.5%。丝黑穗病：抗（R），叶部病害：2 级，抗虫性描述：抗（R）。

产量表现：第 1 生长周期 449.5 千克 / 亩，比对照龙辐粱 1 号增产 13.1%；第 2 生长周期 520 千克 / 亩，比对照龙辐粱 1 号增产 18.9%。

栽培技术要点：垄作或平播种植，公顷保苗 15 万 ~20 万株。底肥施磷酸二铵或复合肥 10~15 千克 / 亩，拔节期追施尿素 10~15 千克 / 亩。完熟期收获。

适宜地区：黑龙江省第Ⅰ、第Ⅱ、第Ⅲ、第Ⅳ积温带，内蒙古自治区。

七、齐杂 722 号

登记编号：GPD 高粱（2018）230029

特征特性：粮用杂交种。生育期 105 天，≥ 10℃，活动积温 2 150℃以上种植。幼苗拱土能力强，芽鞘紫色，分蘖性强，苗期生长茂盛，健壮，叶片宽厚肥大，叶脉绿色；一般株高 110 厘米，纺锤形穗，穗长 25 厘米；穗粒重 65 克左右，壳深红色，粒红色，籽粒大，千粒重 25 克；活秆成熟，抗旱耐涝。粗淀粉 73%，粗蛋白 10.59%，单宁 1.33%。丝黑穗病：中抗（MR），叶部病害：二级，抗虫性描述：抗（R）。

产量表现：第 1 生长周期 505.2 千克 / 亩，比对照龙辐粱增产 4.5%；第 2 生长周期 510 千克 / 亩，比对照龙辐粱增产 5.2%。

栽培技术要点：五月初播种，保苗量不超过 1.6 万株 / 亩。底肥施磷酸二铵 25 千克 / 亩，尿素 10 千克 / 亩，硫酸钾 10 千克 / 亩，喇叭口时期追施尿素 25 千克 / 亩。10 月初收获。

适宜地区：黑龙江省第Ⅲ、第Ⅳ积温带，内蒙古自治区，山西省，新疆维吾尔自治区伊犁，≥ 10℃，活动积温 2 150℃以上地区。

八、齐杂 107 号

登记编号：GPD 高粱（2018）230196

特征特性：酿造用杂交种。生育期 90 天，≥ 10℃，活动积温 1 900℃以上，芽鞘浅紫色，幼苗拱土能力强，生长速度快，中期株形健壮、旺盛，叶脉黄绿色，株高 100 厘米，纺锤形穗，穗长 25 厘米，籽粒卵形，粒红褐色，不着壳易脱粒，千粒重 26 克，单穗重 78 克。总淀粉 74.7%，支链淀粉 75%，单宁 1.52%。中抗丝黑穗病，叶部病害较轻，抗虫性较强。

产量表现：第 1 生长周期 570 千克 / 亩，比对照绥杂 7 号增产 5.7%；第 2 生长周期 602 千克 / 亩，比对照绥杂 7 号增产 8%。

栽培技术要点：5 月初上旬播种，每亩用种量 0.8 千克。底肥施磷酸二铵 25 千克 / 亩，尿素 10 千克 / 亩，硫酸钾 10 千克 / 亩，喇叭口时期追施尿素 25 千克/亩。10 月中旬收获。

适宜地区：黑龙江省第Ⅳ积温带，内蒙古自治区，≥ 10℃，活动积温 1 900℃以上地区。

九、克杂 15 号

登记编号：GPD 高粱（2017）230024

特征特性：酿造用杂交种。株高 100 厘米，穗长 26.5 厘米；纺锤形中紧穗，壳深红色，粒红褐色、圆形；千粒重 26.25 克，幼苗拱土能力较强，分蘖少，植株繁茂，生长健壮，根系发达，叶色深绿。粗淀粉 75.25%、支链淀粉 78.07%、单宁 1.08%。抗丝黑穗病，叶部病害较轻。

产量表现：第 1 生长周期 519.7 千克 / 亩，比对照绥杂 7 号增产 11.7%；第 2 生长周期 524.4 千克 / 亩，比对照绥杂 7 号增产 10.4%。

栽培技术要点：5 月中上旬播种，0.65 米垄上双行种植或 1.3 米垄上 4 行种植，每公顷保苗 25 万 ~30 万株。播种时施磷酸二铵 10 千克 / 亩，硫酸钾 5 千克/ 亩，拔节前追施尿素 10 千克 / 亩。蜡熟末期收获。

适宜地区：黑龙江省第Ⅲ、第Ⅳ积温带春季种植。

十、克杂 19 号

登记编号：GPD 高粱（2021）230075

特征特性：酿造用杂交种。生育期 102 天。≥ 10℃，活动积温 2 100℃以上。芽鞘紫色，叶脉黄色，苗期长势强，根蘖 2 个，株高 90.0 厘米，叶片数 10 片，穗型中紧，穗形纺锤形；穗长 20.5 厘米，壳黑色，粒红色；穗粒重 34.2 克，千粒重 23.6 克，植株整齐。总淀粉 75.73%，支链淀粉 74.50%，粗脂肪 3.63%，单宁 1.33%。抗丝黑穗病，叶部病害 2 级。

产量表现：第 1 生长周期 519.5 千克 / 亩，比对照绥杂 7 号增产 8.7%；第 2 生长周期 524.0 千克 / 亩，比对照绥杂 7 号增产 9.7%。

栽培技术要点：一般以土壤 5 厘米处地温稳定通过 10~12℃以上进行播种。垄距 65 厘米双行种植或 130 厘米垄上 4 行种植，亩保苗 1.5 万 ~2 万株。播种时施磷酸二铵 10 千克 / 亩、硫酸钾 5 千克 / 亩，拔节前追施尿素 10 千克 / 亩。蜡熟末期或 10 月中旬收获。

适宜地区：黑龙江省第Ⅲ、第Ⅳ积温带，≥ 10℃，活动积温 2 100℃以上地区春季种植。

十一、惠杂 1 号

登记编号：GPD 高粱（2022）230012

特征特性：酿造用杂交种。生育期 100 天；≥ 10℃，活动积温 2 150℃以上。芽鞘紫色，叶脉蜡色；苗期长势强，根蘖 2 个，株高 101.2 厘米，叶片数 11 片；穗形中紧，穗形纺锤形，穗长 24.5 厘米，壳黑色，粒红色；穗粒重 74.5 克，千粒重 25.6 克，植株整齐。总淀粉 75.86%，支链淀粉 83.38%，粗脂肪 3.07%，单宁 1.06%。中抗丝黑穗病，叶部病害 1 级，中抗蚜虫、螟虫，抗倒伏。

产量表现：第 1 生长周期 577.44 千克 / 亩，比对照绥杂 7 号增产 11.15%；第 2 生长周期 572.25 千克 / 亩，比对照绥杂 7 号增产 10.97%。

栽培技术要点：5 月中下旬播种。垄作或平播，亩保苗 2.0 万 ~2.5 万株。一般施农家肥 3 000 千克 / 亩，底肥施磷酸二铵或复合肥 15~20 千克 / 亩，拔节期追施尿素 15~20 千克 / 亩。蜡熟期收获。

适宜地区：内蒙古自治区，黑龙江省第Ⅲ、第Ⅳ积温带，吉林省，河北省，山西省，≥ 10℃，活动积温 2 150℃以上地区。

十二、惠杂 5 号

登记编号：GPD 高粱（2020）230068

特征特性：酿造用杂交种。生育期 91 天，≥ 10℃，活动积温 1 920℃以上。幼苗绿色，根系发达；株高 87.1 厘米，穗长 22.5 厘米，穗粒重 67.1 克，中紧穗，纺锤形；千粒重 25.1 克，角质率 23.8%，着壳率 1.2%，籽粒椭圆形，壳黑色，粒深褐色。总淀粉 75.71%，支链淀粉 83.6%，粗脂肪 3.26%，单宁

1.32%。中抗丝黑穗病，叶部病害1级。

产量表现：第1生长周期560.91千克/亩，比对照龙杂18增产6.55%；第2生长周期549.65千克/亩，比对照龙杂18增产7.01%。

栽培技术要点：5月中旬播种，亩保苗2.7万株。施足农家肥，种肥施复混肥14千克/亩，拔节期追施尿素10千克/亩。蜡熟末期收获。

适宜地区：黑龙江省第Ⅳ、第Ⅴ积温带，吉林省，河北省，内蒙古自治区，≥10℃，活动积温1 920℃以上地区。

十三、齐杂5号

登记编号：GPD高粱（2018）230048

特征特性：粮用杂交种。生育期95天，≥10℃，活动积温2 100℃以上种植。该品种幼苗拱土能力强，芽鞘紫色，中期生长旺盛、健壮，叶片肥大，叶脉绿色，株高91厘米，穗纺锤形、中紧，穗长22.9厘米，穗粒重约120克，黑壳红粒，千粒重26.0克，由于该品种株高矮，生长旺盛、抗逆力强、适应性广、粒大饱满、高产、稳产、分蘖力强、分蘖成穗，故适合密植。粗淀粉75.58%，粗蛋白9.8%，单宁0.7%。丝黑穗病：中抗（MR），叶部病害：二级，抗虫性描述：抗（R）。

产量表现：第1生长周期404.6千克/亩，比对照内杂3增产5.6%；第2生长周期421.2千克/亩，比对照内杂3增产7%。

栽培技术要点：5月初旬播种，亩用种量0.8千克，保苗量不超过1.7万株/亩。底肥施磷酸二铵25千克/亩，尿素10千克/亩，硫酸钾10千克/亩，喇叭口时期追施尿素25千克/亩。10月初收获。

适宜地区：黑龙江省第Ⅲ、第Ⅳ积温带、内蒙古自治区，≥10℃，活动积温2 100℃以上地区。

十四、瑞杂1号

登记编号：GPD高粱（2018）230243

特征特性：酿造用杂交种。生育期100天，株高105厘米，穗长30厘米，≥10℃，活动积温2 150~2 200℃；籽粒褐色，籽粒椭圆，壳黑色；千粒重28克，容重730克/升，单穗粒重68克；穗形中紧，筒形穗，叶鞘紫红色，叶片浓绿。总淀粉73%，粗脂肪3%，单宁1.4%。抗丝黑穗病，叶部病害2级，抗蚜虫，抗倒伏。

产量表现：第 1 生长周期 545.4 千克 / 亩，比对照绥杂 7 号增产 13.6%；第 2 生长周期 656.2 千克 / 亩，比对照绥杂 7 号增产 14.6%。

栽培技术要点：5 月中上旬播种，65 厘米垄上双行播种，每亩保苗 1.7 万株左右。播种时施磷酸二铵 16 千克 / 亩，高含量钾肥 3 千克 / 亩，拔节前追施尿素 10~15 千克 / 亩。10 月上中旬收获。

适宜地区：黑龙江省第Ⅲ、第Ⅳ积温带种植。

十五、通早 2 号

登记编号：GPD 高粱（2022）150032

特征特性：酿造用杂交种。≥ 10℃，活动积温 2 200℃以上，株高 86.0 厘米，植株整齐一致，主叶脉蜡色；纺锤形中紧穗，穗长 23 厘米，壳黑色，粒红褐色，籽粒椭圆，千粒重 22 克，着壳率低；高抗倒伏，抗旱性强，综合抗性好。总淀粉 66.35%，粗脂肪 3.62%，单宁 1.53%。中抗丝黑穗病，叶部病害 2 级，不抗蚜虫、螟虫。

产量表现：第 1 生长周期 421.29 千克 / 亩，比对照内杂 3 增产 5.56%；第 2 生长周期 486.69 千克 / 亩，比对照内杂 3 增产 1.66%。

栽培技术要点：通辽地区 5 月 5—10 日播种，每亩保苗 1.2 万株。底肥施磷酸二铵 15 千克 / 亩，拔节期追施尿素 20 千克 / 亩。

适宜地区：内蒙古自治区，≥ 10℃，活动积温 2 200℃地区。

十六、文杂 1 号

登记编号：GPD 高粱（2020）230069

特征特性：酿造用杂交种。生育期 92 天左右，≥ 10℃，活动积温 2 100℃以上。幼苗绿色，根系发达，株高 87.6 厘米，穗长 24.3 厘米，穗粒重 66.3 克，穗中紧，纺锤形；千粒重 24.7 克，角质率 26%，着壳率 1.0%；籽粒椭圆形，壳黑色，粒红褐色。总淀粉 74.54%，支链淀粉 81.36%，粗脂肪 3.76%，单宁 1.59%。丝黑穗病中抗（11.9MR），叶部病害 2 级。

产量表现：第 1 生长周期 559.35 千克 / 亩，比对照齐杂 722 号增产 9.33%；第 2 生长周期 551.48 千克 / 亩，比对照齐杂 722 号增产 8.29%。

栽培技术要点：5 月中旬播种，每亩保苗 2.0 万株。施足农家肥，种肥施复混肥 30 千克 / 亩，拔节期追施尿素 10 千克 / 亩或叶面喷施叶面肥 1~2 次。蜡熟末期收获。

适宜地区：黑龙江省，内蒙古自治区，≥ 10℃，活动积温 2 100℃以上地区。

第三节　东北春播特早熟区高粱高效生产栽培技术

一、合理轮作

正确安排高粱的前作和后作，合理进行土壤耕作是重要的基础技术。合理轮作不仅直接与高粱的产量有关，而且也涉及轮作中各作物均衡增长和土壤肥力恢复提高的问题。高粱根系发达，吸肥能力强，消耗地力较多。合理安排高粱茬口，实行轮作倒茬，不仅有利于土壤肥力的有效利用和提高前后茬作物的单产，而且是用养地相结合，实现高产高效的有力措施。研究表明高粱不宜重茬，重茬高粱比非重茬高粱减产达 50%~69%。主要由于重茬高粱吸肥能力强，养分消耗多，对土壤结构破坏严重，不利于土壤养分的均衡利用。而且，重茬高粱病虫害严重以及稆生高粱多，不利于产量潜力的发挥。

高粱轮作倒茬的形式多种多样，各具特色，主要由当地的自然条件、气候特点、作物构成和种植习惯所决定。高粱具有很强的适应性和耐瘠薄能力，除不宜连作外，对前作要求不严格。但为了获得高产，前作以能固氮的豆茬为好，其次为马铃薯、小麦、玉米、谷子等作物。从吸收特点来看，大豆吸收磷较多，吸收氮较少，而高粱吸收氮多、吸收磷相对较少，高粱做大豆的后茬可以合理调节和利用养分。除此之外，高粱作为前茬作物对后茬作物也有显著的影响，由于高粱种植密度大，植株长势强，后期群体密闭度高，能有效抑制杂草长势，因此，高粱作为田间杂草较多的玉米、谷子等作物的前作，可收到良好的除草效果。高粱对氮及灰分元素的消耗量大于玉米，以高粱为前茬的小麦生长状况和产量均不如以玉米为前茬的小麦。因此，合理轮作是高粱增产增效的必要措施之一。

二、品种选择

作物种植生产中，良种是保证高产、稳产、优质的重要因素之一。一般在生产中应根据栽培利用目的和自然地理条件确定具体的种植品种。选择高粱品种的原则是选择比当地常年有效积温少100~150℃的品种，能够保证安全成熟，有效发挥品种的产量潜力，其次是要选择高产、优质、抗逆性强的品种。选择品种时首先要考虑品种的生育期。生育期长的品种在无霜期短的地区种植，不能正常成熟，不仅影响产量也影响品质。生育期短的品种在无霜期长的地区种植，由于生育积温的浪费无法获得应有的产量。

三、施肥和整地

1. 肥料施用

高粱施肥须按品种生物学特性、土壤类型，肥料特性、天气条件及其他条件进行。通常应遵循下列原则。

（1）根据品种需肥规律施肥

不同高粱品种及同一品种的不同生育时期对肥料的需求不同。应根据这些特点和植株的长相来选择肥料种类，确定适宜用量和施用时期。幼苗期吸磷能力弱，生育后期吸磷能力渐强，因此可用少量的水溶性磷含量高的磷肥（过磷酸钙等）作种肥，用大量的分解缓慢的磷矿粉作基肥，以满足生育后期对磷的需要。茎叶生长及穗分化形成期间是氮肥的最大效应期，宜在此期之前追施氮肥。此外，当个别地段或个别幼苗呈现缺素症状时，应当单独追施速效化肥。

（2）根据土壤肥力和土壤性质施肥

土壤肥力高低、保肥保水能力、酸碱度等都是确定施用肥料时考虑的因素。例如，种植在保水保肥性能差的砂质土壤上，则宜采取多次少施的办法追施化肥，以减少养分流失。种植在保水保肥能力强、透水性和通气性差的黏重土壤上，追施化肥则应集中在生育前期，以避免后期生长旺盛、贪青晚熟。若在盐碱地上种植高粱，则不宜用氯化铵等作追肥。此外，前茬不同施肥也应不一样。一般接豆茬时可适当减少氮肥施用量，多施些磷、钾肥。

（3）根据天气情况施肥

在气候因素中，温度及降水与施肥关系最密切。低温能降低肥料在土壤中的转化速度及植株对养分的吸收。低温对高粱吸收磷、钾养分影响较大，对氮素吸收的影响相对较小。因此，遇早春低温时宜施用速效性磷、钾肥料作种肥，以促进幼苗早生快发。生育后期遇低温，可对叶面喷施磷钾肥，以促进成熟。

由于不同生育时期高粱对养分的需要不同，所以不是施一次肥料就能满足全生育期间的全部需求，应用一系列施肥环节予以保证。具体施肥方式为：

（1）基肥

基肥也称底肥，是播种前施入土壤的肥料。其作用一方面是改良土壤、培肥地力，为丰产创造良好的土壤环境，另一方面是不断地供给高粱全生育期间所需要的养分。基肥最好采用多种肥料，即将肥效快慢不同的肥料，含有不同营养元素的肥料配合施用。一般情况下，结合起垄施用磷酸二铵 150 千克 / 公顷和硫酸钾 75 千克 / 公顷。

（2）种肥

种肥在播种时施于种子附近或随种子同时施入。它的作用是为幼苗的生长发育创造良好的营养条件。生产中常用作种肥的肥料有硫酸铵、过磷酸钙、磷酸铵、微量元素肥料和细菌肥料等。由于高粱幼苗的根系吸肥力弱，宜用含速效养分多的复合肥料作种肥。通常施 50~75 千克 / 公顷硫酸铵作种肥。施用种肥是一项经济有效的施肥方法，它用肥量少，施法简单，省工方便，增产效果明显。

（3）追肥

追肥是在生育期间根据植株生长发育状况和丰产指标而补充施用的肥料，一般以施用氮肥为主。追肥是解决土壤供肥状况和作物需肥状况间发生矛盾的有效措施。在土壤肥力高，基肥充足时，追肥往往在需肥最多的关键时期作补充实施。一般在拔节期前 7~10 天施肥效果较好。此期追肥对于促进幼穗分化，增加穗粒数，提高产量，具有很重要的作用。施尿素 150~225 千克 / 公顷即可。

2. 整地

高粱种植以秋整地效果最佳。由于东北春播特早熟区经常性年度降水少，春天经常发生干旱，因此播种保苗的难度很大，必须做到春墒秋保。

（1）灭茬

深耕轮翻地区，当高粱接大豆或玉米茬地时，往往直接进行浅耙灭茬处理。在轻质土壤或含有机质较多的土壤上，用轻圆盘耙放大角度并增加负重可耙深 7~10 厘米。若土质黏重则可用缺口重耙耙地，可将残茬切碎并埋至 10~14 厘米深。

（2）深耕

深耕是高粱种植的重要整地步骤，深耕的好处主要有以下 4 点：① 深耕可加厚耕层，改善土壤的物理性状。深耕将深层土壤翻到地表，表土翻到地下，使土层疏松，有利于有机物质的分解和无机盐的风化，增加土壤的肥力。同时，土层中通气性和透水性增强，土温升高，促进土壤微生物的活动，加速有机物质的分解。耕层加深之后可使土壤容重减轻，并使毛管孔隙减少，非毛管孔隙增多。深耕还可使早春耕层水分稍有增加。当深耕使原耕层以下的坚实土体变得疏松时，既有利于水分渗入，又有利于雨季排涝。土壤的结冻，解冻状况和土壤温度都因耕深不同而发生变化。一般加深耕层后，冻土层厚度减少，冻土期限缩短，地温提高。② 深耕可增强土壤的蓄水保墒能力。耕翻后的土壤产生了大量的非毛细管孔隙，降水时水分容易通过这些孔隙渗入耕层，将土壤水分积蓄在耕层底部，避免出现地表径流。土壤中的毛细管因吸附力强，蓄积的水分不易蒸发，从而提高了土壤的蓄水保墒能力。③ 加深耕层改善根系发育、抑制杂草和病虫害的发生。加深耕层后使土壤耕层的理化特性发生明显变化，为根系发育创造了良好条件。耕翻时，使土壤表层中杂草散落的种子翻到深层，减少发芽机会。部分病菌翻到深层后，受深层环境影响不能继续生存，减少第二年侵染作物的机会。同时，深耕将一些害虫翻到表层，特别是许多害虫以蛹、幼虫或成虫越冬，一般都在土层深部，深耕使其翻到表土，大部分在冬季被冻死，减轻了第二年对作物的危害。④ 加深耕层改善土壤生物特性和土壤化学特性。加深耕层后土壤中各种有益微生物的数量明显增加。

深耕整地的关键技术：① 深耕时注意深浅一致。扣垡要整齐严实，不漏耕，尽量少留犁沟。前作的根茬要扣严、埋净，不留残茬和杂草。②要尽早深耕。早深耕有利于土壤的熟化，还能有效地接纳和保蓄秋雨冬雪，做到秋雨春用。③深耕要根据土壤状况掌握深度。一般以耕深约 30 厘米为宜。但确定耕深还要考虑土壤的质地、耕层的深度和施肥量等条件。普通土壤的土层较厚，表土底土性质相近，可适当深耕黏土黏重，不易熟化，应注意深耕适当，以免生土翻得太多，影响高粱生长。砂土保肥力差，一般不宜深耕。④深耕要根据土壤的湿度适时深耕。土壤含水量是影响深耕质量的重要因素之一。土壤过湿或过干都会影响深耕的作用，甚至引起不良后果。土壤过湿深耕容易引起板结，形成坷垃；土壤过干深耕则费力费时，达不到深耕的效果。一般认为土壤含水量在 15%~20% 时深耕效果最佳。秋季深耕应先耕墒情差的地和保水性差的沙性土壤。黏土地、涝洼地和保水性好的壤土地可适当延迟。

（3）耙地

耙地的作用有破碎土块、平整地表、疏松表土、提高土温、减少土壤空隙、处理残茬、割断土壤中的毛细管、减少水分蒸发等。耕翻过的土地必须及时耙耢，否则会失墒严重，造成出苗不良和降低产量。耙地要进行多次，深耕后随犁随耙效果较好。

（4）起垄

深耕耙平的土壤应及时起垄，根据当地种植条件，垄宽可为65厘米或110厘米。秋起垄既可疏松土壤，又可提高土壤的蓄水保墒能力，减少土壤水分的蒸发。东北地区春季干旱多风，秋起垄后，能有效避免第二年春季起垄时造成的土壤跑墒，提高土壤蓄水保墒能力。在秋季起垄的同时可以将底肥一同施入。

（5）镇压

镇压的作用主要是压碎坷垃，密实土层，减少水分蒸发。同时通过镇压后，土壤毛细管上下接通，有利于土壤耕层以下的水分向上层移动，提高表土的含水量。在春旱严重、土壤疏松、春风大的地区是一项保全苗的关键技术。镇压可分为播种前镇压和播种后镇压。播种前镇压通常在土壤化冻到10~15厘米时镇压，要注意的是，需根据土壤实际情况选择是否进行镇压，干土层过厚，镇压不能增加土壤密实度，提墒、保墒作用就不明显，土壤过湿容易造成土壤表层结成硬板，不利于幼苗出土。因此，播种前镇压要以表层能形成一层薄薄的细土为宜。播种后镇压的作用是压实土层，增大种子和土壤的接触面积，促进种子吸水萌动，提高种子发芽率和发芽势。镇压时间一般为播种后立即镇压，或使用联合播种机边播种边镇压。

（6）耢地

播前耢地的作用是使土壤表面形成一个细碎、密实的覆盖层，使土壤表面的干土层减少，土地平整，从而使种子能播在湿土里并使播深一致，达到出苗一致，幼苗长势均匀的目的。通常边耢边播。

四、播种

1. 播前种子准备

进行种子的播前处理是提高种子的生活力和发芽率，保证苗全、苗齐、苗壮的基础。

（1）晒种

晒种能促进种子后熟，打破种子休眠，降低含水量，改善种皮透性，增强酶的活性。还可杀死附着在种皮上的病原菌，提高发芽率和发芽势。晒种时，选择晴朗、温暖的天气，晾晒3~4天。晾晒后的种子可提高发芽率4%~7%，提前出苗1~2天。

（2）药剂包衣

采用适合高粱的种衣剂包衣处理是防治种子带菌及苗期地下害虫为害的重要措施，对防治高粱的黑穗病和其他病害效果很好，可起到保苗、壮苗的作用。

（3）浸种催芽

浸种后的种子萌动快，不易粉种。一般浸种催芽的比未浸种催芽的出苗率可高 15%~40%，提早出苗 3~5 天，扎根早，幼苗整齐一致。通常是在播种前一天的下午，把种子放在 40℃的温水中浸泡 2~3 小时。随后，放在温热处进行催芽。催芽过程中要勤翻动，使种子上下层温度一致。当种子刚萌动（露白）时，即可播种。催芽过程中要轻翻勤翻，使种子上下层温度一致，并防止幼芽长得过长或不均匀。可根据每日播种面积有计划地确定浸种数量，做到随浸种随播种。催芽的长度不应超过种子直径的 1/3。否则，播种时容易损伤幼芽，导致缺苗。催芽后的种子不能拌农药，也不能与化肥直接接触。是否采用浸种催芽措施，关键取决于土壤墒情。墒情好时可考虑采用，墒情差时切忌采用催芽播种。

2. 播种期

高粱播种期受多种因素影响，主导因素是土壤水分和温度。种子萌发需要吸收一定的水分，高粱需吸水达到自身干重的 40%~50% 时才能发芽。高粱种子发芽所需土壤的含水量，不同土壤之间差别很大，壤土为 12%~13%，黏土为 15%，砂壤土为 10%~11%，砂土为 6%~7%。若土壤含水量低于发芽最低含水量时，不能满足发芽需要，必须抗旱播种，才能保证出苗。东北地区春季干旱少雨，墒情不足对保苗影响很大，因此，在抓好整地保墒的基础上，适时抢墒早播，对争取全苗十分重要。高粱种子发芽的最低温度为 8~9℃，发芽的最适温度为 32~33℃，最高温度为 44~50℃，一定范围内，出苗速度随温度升高而加快。播种过早，温度低，种子没有基本的发芽条件，出苗缓慢，易粉种坏种。幼芽在土壤中时间过长，还会增加被黑穗病菌侵染的概率，从而提高黑穗病发病率。播种过晚，土温虽高，但常因土壤失墒而缺苗断垄。因此，播种过早、过晚，对保证全苗都不利。生产上通常将土层 5 厘米的日平均温度稳定通过 10~12℃作为适期播种的温度指标。

高粱的播种期还应根据土质、地势等条件决定。砂土地的地温上升快，保墒难，应早播。低洼地、黏土地含水量高，温度上升慢，播早了容易出现粉种霉烂，可适时晚播。

3. 播种量

在农业生产中，精确农作物的播种量，能有效节约生产成本，还能保证植物群体适宜密度，避免出苗后缺苗断垄或出苗太多造成间苗定苗困难。确定高粱播种量（千克/公顷）的指标主要有：保苗密度（株/公顷）、千粒重（克）、净度（%）、种子发芽率（%）等。播种量计算公式：

播种量 =（保苗密度 × 千粒重）/（净度 × 发芽率 × 10^6）

4. 播种技术

目前，生产上高粱的播种一般采用条播方式，主要有在 65 厘米垄上种植双行和在 110 厘米垄上种植 3 行两种方式。

播种深度是影响播种质量的一个重要因素，播种太深导致幼芽伸不出地表，或者根茎伸长消耗种子中大量的营养，导致幼苗细弱，生长迟缓。播种过浅，容易使种子落干，造成出苗不齐不全。播种深度与土壤质地、墒情、品种、种子大小等均有关联，一般以压后 3~5 厘米最为适宜。不同的土壤类型播种深浅也不同，黏土地紧密，容易板结，不易出苗，应浅播。砂土地保墒差，容易出苗，可适当深播。墒情好的可浅播，墒情差的应深播。土温高的宜深播，土温低的则应浅播。

播后镇压是播种的最后一道工序。播种后，土壤暄虚，孔隙大，容易造成土壤水分大量蒸发，吊干种子。播后镇压，可以碾碎土块，压实土层，使种子与土壤紧密结合，并使土壤形成毛细管将底层水分提到播种层，供种子吸水萌发。丘陵山地、砂土地，土壤水分容易蒸发，播后要早压、多压，对提高出苗率效果十分明显。涝洼地、盐碱地或播种时土壤水分多的地块，播后要适当晾墒，当地表发白干燥时再镇压，以免镇压过早导致土壤板结，影响出苗。但若镇压过晚，也会使土壤失墒过多，土层干硬，土坷垃也不易压碎，失去保墒作用。适期镇压的标准是播后土壤表面干爽，无湿土痕迹时即可镇压。

第四节　苗期管理

一、深松

在 3~4 叶期进行深松，深度 30 厘米。土地深松可以打破坚硬的犁底层，加深耕层，还可以降低土壤容重，提高土壤通透性，从而增强土壤蓄水保墒和抗旱防涝能力，有利于作物生长发育和提高产量。可改善土壤的理化性状，打破犁底层、熟化土壤、加厚活土层，培植一个深厚的耕层，从而促进高粱的根系生长发育。增加土壤的空隙度，提高土壤通透性，增强作物根系的呼吸作用，进而提高根系吸收水肥的功能。

注意事项：应根据土壤墒情、耕层质地情况具体确定，一般耕层深厚，无树根、石头等硬质物质的地块宜深些，反之土层较薄（小于 28 厘米）和土壤内有砖头、树根地块宜浅些。作业季节土壤含水量较高，比较黏重的地块不宜进行全面深松作业，尤其不宜采用全方位深松机作业，以防以后出现坚硬干结而无法进行耕作，但可以间隔深松。砂土地不宜深松作业，避免深松后水分渗透加快。

二、除草技术

苗期除草一般选择化学除草方法。化学除草是人们在与草害作斗争的实践中摸索出的一条经济、有效、安全、低成本的好方法。生产实践证明，使用化学除草具有除草及时、效果好、劳动强度低、工效高、成本低等优点，应用化学除草，可以取得较高的经济效益和社会效益。

1. 除草剂的选择及用法用量

化学除草主要在播种至出苗前和出苗后 4~5 叶两个时期进行，具体使用方法和药剂分述如下。

（1）播后至出苗前化学除草方法

播后至出苗的化学除草是利用时差选择除草的方法，它是在高粱种子播种后，幼苗未出土前，喷洒除草剂，而杂草萌发早的，遇药后会迅速死亡，即利用种子和杂草萌发的时间上的差异，来进行化学除草。高粱对化学药剂很敏感，使用时一定严格掌握用药品种、时间、浓度和方法，否则，容易造成药害，高粱田常用的播后苗前化学除草方法：播种后 3 天内，每亩用异甲・莠去津 50% 悬浮液 150~200 毫升，兑水 50 升，喷洒土表。能有效的防除一年生禾本生杂草和阔叶杂草如：马唐、牛筋草、马齿苋、稗草、铁苋菜、藜、刺蓼、苍耳、反枝苋、狗尾草等杂草。

（2）苗期化学除草方法

苗期化学除草是利用除草剂在作物和杂草体内代谢作用的不同生物化学过程来达到灭草保苗的目的。东北春播特早熟区高粱出苗后 4~5 叶期，抗药力较强，使用除草剂较为安全，而4叶前、5叶后对除草剂很敏感，故苗期化学除草一般在4~5叶期进行，否则，容易产生药害。若苗期确实草害严重，应严格掌握喷药时间、浓度和品种。常用的苗期化学除草方法有：高粱4~5叶期，杂草2~4叶期，每亩用二氯喹啉酸·莠去津28%可分散油悬浮剂180~260毫升，兑水50升，喷洒杂草茎叶。能有效防除狗尾草、牛筋草、马塘、稗草、龙葵、苘麻、铁苋菜、苍耳、反枝苋、马齿苋、藜、蓼等杂草。

2. 除草剂使用注意事项

（1）了解化学除草剂特性和防除对象

仔细阅读化学除草剂说明书，详细了解该除草剂特性、防除对象、适用作物、使用方法、作业时期、需要注意等事项。如果是初次使用的除草剂，由于缺乏经验，必须先做小面积的除草试验，总结经验后再推广，以免造成不可挽回的损失。

（2）选择适宜化学除草剂配方

要根据高粱品种抗药性、施药时间、作业茬口、墒情、温度、有机质、地势、整地质量及喷药机等实际情，选择对应的化学除草剂配方。

（3）检查、调试喷药机

化学除草使用的喷药机，作业以前必须认真做好检查、调试工作，达到喷嘴间距一致，各喷嘴的喷液量一致，误差在不超0.5%，雾化效果好。

（4）清洗药罐

喷药机加水前，必须清洗药罐，杜绝前次残留药物产生药害。

（5）按程序加水加药

清洗干净药罐后，先加半罐水，再把除草剂原药兑水稀释成药液，原药稀释顺序为可湿性粉剂＞悬浮剂＞乳油＞水剂，把稀释的药液搅拌均匀后加入已加半罐水的药罐中，稀释的药液所用器具清洗液全部加到药罐中，然后再向药罐中加水，加到规定的喷液量为止，待药液搅拌均匀后再进行田间施药作业。

（6）施药作业时间

一定要避开大风天气和高温时段，并注意风向和相邻地块所种植的作物，避免因漂移而发生药害。苗期茎叶处理施药作业时间要求更为严格，早上露水未干、中午高温时段、晚上有露水后、雨前4小时、降雨后雨水未干前、大风天等都不能进行施药作业。

3. 苗期病虫害防治

高粱苗期病害症状共性特点，叶缘首先出现黄褐色枯死条斑，继之个别叶片或幼苗萎蔫，3~5 天后叶片变青灰色或黄褐色枯死；病株须根初现淡黄色至黄褐色侵染点，1~2 天后即变为黄褐色水渍状坏死，根毛脱落，组织腐烂；病株根部发病部位可见白色、灰白色或粉红色霉状物，即病菌的分生孢子梗和分生孢子。由于多种病原真菌可引起高粱种子霉腐、幼苗猝倒、黄化、植株萎蔫、根腐和死苗，故各自发病特点不尽相同，各地区苗期病害发生种类也各有差异。高粱苗期病虫害防控要点如下。

（1）种植抗病或耐病品种

不同品种对病害抗性有差异，但目前缺乏品种抗性鉴定与评价研究资料。应加强抗病育种工作，挖掘抗病资源，选育抗病或耐病品种。

（2）农业措施防治

改善田间排灌能力，防止土壤积水，可减轻腐霉菌等根腐病。播前精细整地，采取配方施肥，促进植株根系发育，增强抗病力。合理轮作倒茬，科学品种布局，可有效降低根腐病发病率。高粱收获后及时深翻灭茬，促进病残体分解，抑制病原菌繁殖，减少土壤中病原菌种群数量，减轻苗期病害的发生。

（3）药剂防治

在苗枯、根腐病发生较重的地区，采用种衣剂进行种子包衣处理，或在播种前用杀菌剂拌种。防治镰孢菌和丝核菌引起的根腐病，可以选用 75% 百菌清可湿性粉剂，或用 50% 多菌灵可湿性粉剂，或用 80% 代森锰锌可湿性粉剂，以种子重量的 0.4% 拌种。

第五节　拔节—抽穗期和开花—灌浆期管理

一、拔节—抽穗期管理

拔节—抽穗期是指幼穗开始分化至抽穗前的一段时期，包括拔节、挑旗、孕穗、抽穗等生育时期。拔节以后根、茎、叶营养器官旺盛生长，幼穗也急剧分化形成，进入营养生长与生殖生长同时并进的阶段，是高粱一生中生长最旺盛的时期。这时生长中心逐渐由根、叶转向茎、穗。由于营养器官与生殖器官的旺盛生长，需要肥水较多，对环境条件要求较严，是决定穗大粒多的关键时期。这一期间主要是营养生长与生殖生长的矛盾，矛盾的中心是营养物质的分配。如前期肥水不足，营养生长不良，同化面积小，积累的有机物质少，则穗小码稀；而营养生长过旺，养分过多消耗于营养体的生长，也会影响幼穗良好发育。因此，正确运用促控措施，以促为主，协调营养生长与生殖生长间的矛盾，保证幼穗良好发育，达到穗大粒多是这一阶段管理的主攻方向。

1. 中耕除草

该时期田间杂草较多。解决措施：

（1）中耕

中耕可以直接消灭杂草，在草害较轻的田块，中耕是消灭杂草行之有效的措施。

（2）化学除草

化学除草经济、有效、安全、低成本。

高粱生育期间，气温较高、雨水偏多，杂草滋生，土壤也容易板结。因此需要适时进行深松、中耕培土，可以消灭杂草，破除板结，改善土壤理化性质，为高粱生育创造良好的环境条件。

中耕培土对调节土壤水、热状况，促进植株生育，有重要作用。高粱前期易受杂草为害，中耕培土可以消除草荒，从而减少土壤养分和水分的消耗，改善田间通风透光条件，控制病虫害传播，是培育壮苗的一项有效措施。中耕培土能破除土壤板结，疏松表土，接纳雨水，减少蒸发。中耕培土改善了土壤环境条件，还可使土壤中好气性微生物活动增强，加速有机质分解，提高土壤有效养分的含量。中耕培土可切断垄沟内大量须根，断根恢复需要一定的时间，因而减少了对茎部的养分供应，可控制茎叶徒长，并能刺激次生根大量发生，增强根系吸收能力，使植株生长敦实，生长旺盛、叶色浓绿，并且增加植株抗倒伏能力，同时有利于田间排水除涝。

2. 施肥

8~9 叶期进行第二遍中耕培土，深度 5~7 厘米，同时追施尿素 150 千克 / 公顷。

二、开花—灌浆期管理

开花—灌浆期是高粱结实期的重要阶段，高粱结实期是指抽穗到成熟的阶段，包括抽穗、开花、灌浆、成熟等生育时期，春播高粱一般历时 30~50 天。

高粱抽穗开花以后，茎叶生长渐趋停止，从营养生长与生殖生长并进转入以开花、受精、结实为主的生殖生长时期，生长中心转移至籽粒部分。开花以后，茎叶制造和贮藏的光合产物大量向籽粒输送，是决定粒重的关键时期。植株早衰或贪青，都将影响籽粒灌浆充实，因此，加强后期管理，延长绿叶功能期，增强根系活力，养根保叶，防止早衰，促进有机物质向穗部输送，力争粒大粒饱，早熟，高产是后期管理的主攻方向。

1. 田间管理

灌溉与排水：高粱开花结实期间，体内新陈代谢旺盛，对水分反应也较敏感，如遇秋旱，土壤含水量低于田间持水量 70% 时，应及时灌水，以保持后期较大的绿叶面积和较高的光合同化量，但这时灌水不宜过多，以免降低地温，延迟成熟。高粱生育后期，根系活力减弱，在秋雨过多，田间积水时，土壤通气不良，影响灌浆成熟，应排水防涝。

2. 病虫害防治

蚜虫和黑穗病是高粱生育后期的主要病虫害。防治蚜虫应根据虫情发生情况及时进行打药。黑穗病应在采取综合防治措施的基础上，于抽穗前后拔除未扩散黑粉的病株，带至田外深埋，以消灭病原。

第六节　成熟期管理

一、收获时期

高粱的收获时期，对产量的影响很大。过早，籽粒发育不充实；过晚，容易落粒，也会造成减产。因此，应根据籽粒成熟的生物学特征、籽粒的用途和天气状况来确定适宜的收获时期。籽粒的成熟过程：乳熟期的籽粒外形绿色或浅绿色，丰满，籽粒内充满白色乳状汁液。此时，胚已发育成熟，具有发芽能力。蜡熟期的籽粒略带黄色，内含物基本凝固呈黏性蜡状，挤压时籽粒虽破裂，但无汁液流出，一般称为“定浆”，当籽粒内含物呈固体状时，用手挤压不易破碎时就进入完熟期了。完熟期的高粱籽粒呈现出本品种固有的形态和颜色，籽粒的含水量在 20% 左右。

确定收获期的准则是籽粒产量最高、品质最佳、损失最少。高粱籽粒的干物质积累量在蜡熟末期或完熟初期达到最大值。蜡熟末期之前籽粒的干物质仍在积累中。蜡熟末期之后干物质的积累已基本完成，主要进行水分散失。因此，蜡熟末期是最适宜的收获时期。

二、机械收获

机械收获是采用联合收割机或者其他适合的收割机等机械进行收获。与人工收获机比，机械收获的优点是效率高，使用联合收割机时，要求生长整齐，茎秆坚韧，成熟时不易脱粒的品种。机械收获时，要严格掌握收获时期才能减少田间损失。一般籽粒含水量达到 20% 为适宜收获期。需要注意的是，下霜后茎秆水分含量较低、叶片枯死、籽粒脱水至 20% 以下再收获，可避免由于叶片湿度大、裹粒造成脱粒不完全，但不宜收获过晚，否则会由于茎秆水分丧失造成倒伏。收获时采用谷物联合收割机收获，收割前要调试好收割机。收获后要及时清选，清选后含水量大于 14% 时，要及时晾晒，当含水量等于或小于 14% 时清选保存。

三、籽粒贮藏

1. 自然低温贮粮

自然低温贮粮是利用北方冬季干冷空气使储粮处于低温状态（粮温 0℃或低于 5℃），然后采用隔热保冷措施，尽可能减缓粮温随气温上升的速度，延长贮粮低温期。因此，应最大限度地利用其自然低温条件，因地制宜地进行各种形式的自然低温贮粮。

2. 机械通风

机械通风技术是利用通风机产生的压力，将外界空气送入粮堆，实现外界空气与粮堆内空气的交换，从而改善贮粮条件。但该技术容易引起粮食水分的散失，而且噪声会对周围的居民生活造成影响。

3. 冷却低温贮粮

谷物冷却低温贮粮是通过向粮堆通入冷却后的控湿空气，使粮堆温度降到低温状态，并能有效地控制粮堆水分，从而实现安全储粮的一种技术措施。由于在粮堆降温过程中没有回风再利用，在夏季气温较高的地区，粮库排出的空气温度低于室外气温的情况下，就造成了一部分能量的浪费。

四、籽粒贮藏常见问题及措施

1. 高粱贮藏环节的危险因素

高粱贮藏过程中的危险因素主要体现在入仓、贮藏以及出仓 3 个环节中，如高粱入仓环节的粉尘爆炸和平房坍塌，贮藏环节中的火灾和中毒以及出仓环节中的粮食掩埋窒息。因此，只有根据 3 个环节存在的危险因素采取有效的安全防护措施，才能有效避免安全事故的发生，确保粮食贮藏过程中的安全。

2. 影响高粱籽粒安全贮藏的因素

（1）温度、水分与贮粮的关系

引起贮粮霉变的直接原因是贮粮微生物的繁殖。微生物的繁殖以水分和温度为主要条件。高粱安全储存必须具备的条件是：粮粒水分含量 13% 时，粮温不宜超过 30℃；水分含量 14% 时，粮温应在 25℃以下；水分含量 15% 时，粮温应在 20℃以下；水分含量 16% 时，粮温应在 15℃以下；水分含量达 17% 时，粮温应在 10℃以下。

（2）空气相对湿度与通气情况

必须把籽粒水分含量控制在 17% 以下，粮堆的空气流通良好，有利于安全贮藏。

3. 高粱籽粒入库前处理

在入仓以前要对高粱进行晾晒处理，先用日照辐射的方式对粮食中的害虫予以杀灭、降低籽粒中的水分。在选择晾晒场地时不能在沥青马路上进行，这样会对粮食造成污染，应选择在水泥地面的晒场上进行。在天气晴朗的时候，把高粱以 10 厘米以内的厚度均匀平铺在晒场上，入仓贮藏时的水分标准应在 17% 以下。对于高粱的含水量最好用便携式快速水分检测仪检测，晾晒好的高粱再进行清选，尽可能清除粮食中的杂质，包括砂石、害虫、秸秆、瘪粒及杂草种子等杂质。

4. 预防高粱籽粒霉变

预防高粱籽粒霉变关键在于控制高粱籽粒的水分，只要在籽粒收获到贮藏的各个环节做到避免雨淋、浸水，仓、囤不漏雨，隔潮性能良好，籽粒变质是完全可以避免的。

第七节　高粱主要病虫害

一、主要病害

1. 高粱黑穗病

高粱黑穗病是高粱的多发病害，减产幅度通常在5%~10%，发病较重的可达80%，是高粱生产上重点防治的病害。高粱黑穗病有3种，即散黑穗病、坚黑穗病和丝黑穗病。散黑穗病的病穗及其籽粒和内外颖部变为黑粉，外面包有一层暗灰色的薄膜。后期薄膜易破，破后散出黑粉，剩下长形的中轴。病株比健株稍矮，抽穗早于健株。坚黑穗病的病穗及其籽粒都呈灰色，长条形，其内充满黑粉，外有薄膜，很坚硬，不易破裂。丝黑穗整个病穗变成一个灰包，外面包有白色薄膜，病菌成熟时灰包容易破裂，散出大量的黑粉，留下像头发一样的黑色乱丝。

侵染途径：坚黑穗病及散黑穗病以种子传染为主，丝黑穗病主要是土壤传染。3种病菌都在播种后侵害幼苗，随着植株生长，到抽穗时侵入穗部，形成病穗。一般播种后地温低，出苗慢，容易发病。重茬地或施用带菌肥料的发病严重。

防治方法：① 选用抗病品种。② 农业措施防治。实行3年以上轮作，适时播种，拔除田间病株，深埋烧毁。③ 药剂防治。应用化学药剂处理种子，不仅可杀死种子表面携带的孢子，同时可有效控制在最适感染期病菌的侵染。选择内吸性强、持久期长、防效显著的药剂用于拌种。常用药剂：2%立克秀可湿性粉剂2克加水1 000毫升，拌种10千克，风干后播种；2.5%烯唑醇可湿性粉剂，以种子重量0.2%拌种；12.5%腈菌唑乳油100毫升加水8 000毫升，拌种100千克，风干后即可播种；17%三唑醇拌种或25%三唑醇可湿性粉剂按种子重量的0.3%拌种。

2. 高粱炭疽病

炭疽病是高粱的常见病害，植株感病后，叶片出现病斑，功能降低，影响结实和灌浆。一般减产10%，严重时减产可达25%以上。炭疽病主要发生于叶片，其次是穗轴。叶上病斑多发生于植株生育后期。病斑椭圆形至长条形，中部灰褐色，边缘深紫色或深红褐色，其色泽深浅依品种而异。病灶中央产生黑色粗糙小颗粒，密集一处，为其特征。护颖上出现红色或橙黄色斑点。

侵染途径：此病在夏季高温多雨时易发生。以染病组织中的菌丝体或分生孢子盘在病株残体上越冬。翌年温湿度合适时，能再度产生孢子，由风雨传播，引起发病。

防治方法：① 选用抗病品种。选用适合当地的抗病品种，淘汰感病品种。② 农业措施防治。收获后及时清除病残体，并配合深翻，把病残体翻入土壤深层，以减少初侵染菌源。重病地实行与非寄主作物轮作。加强田间管理，施足基肥，适时追肥，防止后期脱肥。注意通风排水，促进植株健壮生长，提高抗病性。③ 药剂处理种子。用种子重量 0.5% 的 50% 福美双可湿性粉剂，或用 50% 拌种双可湿性粉剂，或用 50% 多菌灵可湿性粉剂拌种，可防治苗期种子传染的炭疽病及北方炭疽病。

3. 高粱纹枯病

纹枯病为害部位多在叶鞘，开始在地面 2~3 个节间，严重时向上部叶鞘发展。感病时叶鞘受害后，叶片很快干枯，造成穗枯，籽粒瘦瘪。病斑呈椭圆形或不规则环形，中间褐色，边缘紫红色。病斑相互连接，包围叶鞘。

侵染途径：生育后期，叶鞘组织内或叶鞘与茎秆之间长出褐色颗粒，即为菌核。菌核脱落散出，通过土壤传播。

防治方法：高粱纹枯病防治应采取减少越冬菌源、选用抗病品种、加强栽培管理、辅以喷药保护的综合措施。

① 选用抗病品种。高粱不同品种间的抗病性或耐病性存在着较明显的差异，但尚未发现免疫和高抗品种，各地应因地制宜地选用适于当地的抗病品种。

② 农业措施防治。减少田间菌源，收获后及时清除田间植株病残体，深翻土壤，减少表层土壤中的菌核数量。高粱生育前期及时摘除病叶，带出田间深埋或烧毁。加强肥水管理，平衡施肥、勿偏施氮肥，避免植株后期脱肥而增加感病性。合理密植或采用间作方式，降低田间湿度，减轻病情。

③ 药剂防治。病害重发区，于高粱生长中期在茎秆下部喷施药剂，具有一定的防治效果。药剂有 5% 井冈霉素水剂、50% 多菌灵可湿性粉剂、70% 甲基硫菌灵可湿性粉剂等。

4. 高粱紫斑病

高粱紫斑病发生在后期叶部。初期出现深紫色病斑，多为椭圆形或长条形，叶片病斑数量不等，严重时互相连接，呈紫红色，略具纹状，叶片变紫后枯死。

侵染途径：病菌主要以菌丝体在残株上越冬，翌春产生分生孢子，借气流传播，萌发后侵染幼苗。植株发病后可产生分生孢子，再次侵染植株。

防治方法：① 种植抗病品种。因地制宜选种抗病或耐病品种是控制病害的有效措施。② 农业措施防治。增施有机肥，合理施肥和浇灌，避免田间积水，降低田间湿度。避免后期脱肥，提高植株抗病性。秋收后及时清除田间的植株病残体，深翻土壤促使病残体腐烂。③ 药剂防治。用 50% 代森锌 0.1 千克，加水 50 升喷雾，或用 65% 代森锌 0.1 千克，兑水 50~70 升喷雾。

二、主要虫害

1. 蝼蛄

又称拉拉蛄，是为害高粱的主要地下害虫。有华北蝼蛄和非洲蝼蛄两种。蝼蛄在一天中的活动是昼伏夜出，两种蝼蛄均有趋光性和趋化性，在黑光灯下能诱到大量非洲蝼蛄，华北蝼蛄因体笨，飞翔差，黑光灯诱集较少。初孵化的华北蝼蛄有群集性，怕风、怕光、怕水，以成虫和若虫越冬。春天 4—5 月开始活动，10 月越冬，喜栖息于温暖湿润、富含腐殖质的壤土或砂壤土中。其成虫和若虫均能在土中咬食种子和幼苗。有时活动于地表，将幼苗咬断，折断处成丝状。会刨土掘洞，在土层表面穿成隧道，破坏根系。

防治方法：

① 农业措施防治。秋收后深翻土地，压低越冬若虫基数。清除田间和周边杂草，破坏蝼蛄活动场所。

② 药剂防治。50% 辛硫磷乳油按种子重量的 0.3% 拌种。25% 辛硫磷微胶囊剂 150~200 毫升拌饵料（饵料为麦麸、豆饼、高粱和玉米碎粒或秕谷等）5 千克，或用 50% 辛硫磷乳油 100 毫升拌饵料 6~8 千克，播种时撒施于播种沟内，亩用量 2~3 千克，于傍晚撒在作物行间，或在田间每隔 3~5 米挖一小坑，放入毒饵，然后覆土。

2. 蛴螬

蛴螬即金龟子的幼虫。种类很多，为害东北高粱的种类主要是东北大黑鳃金龟。东北大黑鳃金龟成虫和幼虫均可为害。幼虫为害种子、幼苗及幼根、嫩茎，咬断根茎，咬口整齐，或钻蛀块茎、块根造成减产；成虫取食作物和其他植物的叶片造成为害。

防治方法：

① 农业措施防治。秋收后深翻土地、改良土壤、合理轮作、铲除杂草、科学施肥、精耕细作等，以破坏地下害虫的生存条件，从而减轻为害。

② 药剂防治。拌种法：40% 甲基异柳磷乳油、50% 辛硫磷乳油按种子重量的 0.3% 用量拌种，需适当增加播种量。毒土法：每亩用 40% 甲基异柳磷乳油 100 毫升，拌潮湿细土 20 千克，高粱播种时随之撒施于穴中或播种沟内，可减轻为害。

3. 金针虫

金针虫又名叩头虫，幼虫俗称夹板虫，黄蚰蜒。种类很多，为害高粱萌发的种子和幼苗的主要有细胸金针虫和沟金针虫。成虫白天潜伏于深约 3 厘米的表土里，夜晚出土活动取食。每年 4 月和 10 月活动最为旺盛。沟金针虫喜高温干燥而疏松的土壤，平均土温 16~17℃，土壤湿度 15%~18% 时活动为害较重。细胸金针虫喜低温高湿的黏质土壤，平均土温 7~11℃，土壤湿度 20%~25% 时发生严重。金针虫为害高粱主要在播种至幼苗阶段，咬食幼根和幼茎。其余时间在深土层中栖息。

防治方法：

① 农业措施防治。秋收后深翻土地，减少越冬虫源。田间发现萎蔫或枯死苗，人工检查幼苗茎基部，捕捉幼虫，降低金针虫种群数量。

② 药剂防治。拌种法：40% 甲基异柳磷乳油、50% 辛硫磷乳油按种子重量的 0.3% 用量拌种，需适当增加播种量。毒土法：每亩用 40% 甲基异柳磷乳油 100 毫升，拌潮湿细土 20 千克，高粱播种时随之撒施于穴中或播种沟内，可减轻为害。

4. 地老虎

地老虎又名地蚕、切根虫，以幼虫为害为主，在我国分布很广。对高粱为害严重，常造成缺苗断垄。成虫有趋化性和趋光性。地老虎因种类和地区气候不同，每年可发生 2~7 代。南方发生代数多，北方发生代数少。以老熟幼虫或蛹越冬。幼虫咬食植株各部。3 龄以前多群集于植株心叶或幼嫩部分为害，被害叶呈小孔眼，并可将生长点咬断。4 龄以后主要为害幼茎，将幼茎切断咬食。土壤湿度大的地方发生严重。耕作粗放，杂草多、蜜源丰富处也发生较多。

防治方法：

① 农业措施防治。早春清除菜田及周围杂草，防止地老虎成虫产卵。在高

梁苗定植前，选择地老虎喜食的灰菜、刺儿菜等杂草，堆放诱集其幼虫，人工捕捉，或拌入药剂毒杀。也可在清晨于被害苗的周围寻找潜伏幼虫，进行人工捕捉。

② 物理防治。春季利用黑光灯、高压汞灯等诱杀越冬代成虫。也可用发酵变酸的食物如甘薯、胡萝卜、烂水果等加入适量药剂，诱杀成虫。

③ 化学防治。毒饵诱杀，豆饼（麦麸）20~25 千克，压碎、炒熟后均匀拌入 40% 辛硫磷乳油 0.5 千克，按 600 千克 / 公顷撒于幼苗周围；也可用 2.5% 溴氰菊酯乳油，或用 20% 氰戊菊酯乳油稀释液喷浇地面；还可用 50% 辛硫磷乳油 1∶200 制药土，按 500 千克 / 公顷撒施。

5. 高粱蚜虫

高粱蚜虫俗称“油汗”，是高粱的主要害虫之一。每年发生几代，以卵在杂草中越冬，翌年随草芽萌发孵化。高粱出苗后，迁飞到高粱上为害，如遇气候适宜，即大量繁殖、扩散、蔓延。一般适宜发生的温度为月均 20~27℃，相对湿度 60%~75%，温度过高或太低都不会大发生。地势低洼，生长茂密的高粱，容易发生。寄主主要有高粱、禾本科杂草等。它以刺吸式口器吸食汁液。发生严重时叶背面可布满蚜虫。排出的粪便含糖较高，撒满叶片时如涂上油，影响高粱的光合作用，使叶片变红，植株干枯。

防治方法：应及早发现、及早防治。当蚜虫发生于点片时，及时消灭，防止蔓延。施撒毒砂，用 40% 乐果乳油 50 毫升，对等量水拌匀后，再加入 10~15 千克细沙，制成毒砂扬撒在高粱株上。喷雾，10% 吡虫啉乳油，或用 50% 抗蚜威乳油，或用 2.5% 溴氰菊酯乳油或 20% 杀灭菊酯乳油，或用 40% 乐果乳油喷雾。

禁用对高粱敏感的有机磷农药，以免造成药害。

6. 玉米螟

俗称钻心虫，在玉米产区为害高粱较重，是禾本科作物的一大害虫。玉米螟发生代数与当地气候条件有很大关系，我国高粱产区每年可发生 1~6 代。以老熟幼虫在高粱、玉米等的茎秆中越冬。初孵幼虫以为害叶片为主，3 龄后钻入茎内，蛀食茎秆、果穗等，致使植株折断，产量损失严重，玉米螟发生的适宜温度为 16~30℃，相对湿度 60% 以上，多雨、潮湿、雨涝年份发生严重。

防治方法：

① 消灭越冬幼虫。及早处理秸秆、穗轴，以消灭越冬幼虫，减少翌年为害。

可高温沤肥，残茬烧毁或压碎。

② 灌心。用青虫菌粉 1 千克，加细土 200 千克，拌匀后撒入心叶，亩用菌土 3~4 千克，或用 Bt 乳剂 150 毫升，加水 1 升稀释后，拌沙土 15 千克，配成颗粒剂，每株 2~4 克撒于喇叭口。

③ 生物防治。饲养赤眼蜂，放蜂防治，效果很好。

7. 黏虫

黏虫又名行军虫、五色虫、夜盗虫等。为杂食性害虫。初孵幼虫仅食植物的叶肉，因而叶片上仅呈白色斑点或叶片表面因叶肉被蛀食而呈剥离的痕迹。3 龄以后将叶片吃成大小不等的缺口，5~6 龄幼虫为暴食期，大发生时可将叶片吃光，故为毁灭性害虫。黏虫在条件适宜时，可连续繁殖，我国由北到南每年可发生 2~8 代，成虫出现时间为 4 月底至 5 月初，6 月上中旬为发生盛期，6 月底、7 月初为幼虫为害盛期，主要为害小麦成株和玉米、高粱、谷子等的幼苗。成虫有很强的迁飞能力，昼伏夜出。幼虫初孵化时多集中于叶片的背光处，3 龄以后啃食叶片，白天潜伏，午后晚间出来活动取食为害，食量随龄期增大而逐渐增加。幼虫孵化期和成虫产卵期，多雨、高湿、温度适宜是大发生的条件。

防治方法：

① 诱杀成虫。在成虫进入盛期时，利用黏虫的趋化性和趋光性诱杀成虫。一是采用糖醋酒液（糖 0.3 千克，醋 0.5 千克，酒 0.15 千克，加水 0.5 升搅匀，加入适量的敌百虫和其他可湿性农药），放于田间高 60~100 厘米处，注意及时补充药液。二是利用成虫潜伏草把的习性，把草捆成直径 10 厘米、长 60 厘米的草把，洒上糖醋酒液，插在田间，诱杀成虫，效果也很好。注意要及时抖落死掉的成虫，每 5~10 天更换 1 次。也可用柳条诱杀成虫。

② 化学防治。在幼虫 3 龄前及时防治，用 20% 灭幼脲 1 号胶悬剂或用 25% 灭幼脲 3 号悬浮剂喷雾；或用 20% 氰戊菊酯乳油、20% 甲氰菊酯乳油、4.5% 高效氯氰菊酯乳油、2.5% 溴氰菊酯乳油和 0.3% 二氯苯醚菊酯（除虫精）粉等喷洒。

② 生物防治。应用苏云金杆菌、黏虫核型多角体病毒等生物杀虫剂，防治效果较好。

春播早熟区

第十章 春播早熟区高粱分布及其主推品种

第一节 春播早熟区高粱栽培变化与分布

我国春播早熟高粱区包括黑龙江、吉林、内蒙古全域，辽宁省西部和东部，山西、陕西省北部，河北省承德地区、张家口坝下地区，宁夏的固原地区，甘肃省中部与河西地区，新疆北部平原和盆地等。本书所述春播早熟高粱优质高效栽培技术适用于吉林省及辽宁、内蒙古和黑龙江与吉林省接壤的部分区域，这部分区域一直是我国高粱的主产区，高粱也是吉林省中西部地区传统优势产业和特色产业。

一、高粱栽培变化趋势

20 世纪 50 年代，吉林省高粱播种面积为 78.17 万公顷，占全省粮食作物播种面积的 18.43%，公顷产量 1 459.35 千克，总产量 110.86 万吨生产上主要以红棒子、歪脖张、护脖矬黑壳棒子等地方品种为主。20 世纪 60 年代，全省高粱栽培面积为 64.22 万公顷，占全省粮食作物播种面积的 14.75%，单产 1 512.45 千克 / 公顷，总产为 96.69 万吨。与 20 世纪 50 年代相比，播种面积减少了 17.85%，单产提高了 3.64%，总产降低了 12.78%。栽培品种主要是吉林省农业科学院作物研究所选育的护 2 号、护 4 号、护 22 号等优良品种，在生产上逐步取代了地方品种对提高单产起了很大作用。

20 世纪 70 年代，由于种植业结构的调整，水稻和玉米等作物的种植面积不断扩大，高粱的栽培面积则逐年缩小，年播种面积为 48.51 万公顷，占全省粮食种植面积的10.72%，单产2 064.6千克/公顷，总产为100万吨。这一时期以高粱杂种优势利用为主通过三系配套获得了高粱杂交种，在生产上的利用大幅度地提高了高粱的产量，与20世纪60年代相比种植面积减少了24.46%，单产增加了36.51%，而总产变化不大。栽培品种以吉杂11号、吉杂26号、吉杂709号、吉杂27号等杂交种为主。

20世纪80年代平均每年种植高粱22.03万公顷，占全省粮食作物面积的6.34%，单产3 022.8千克/公顷，总产65.45万吨。这一阶段由于生产条件的改善吉杂号等一批优良杂交种的推广"早、矮、密"栽培法在高粱生产上的应用都使高粱单产大幅度提高，与70年代相比种植面积减少了54.59%，单产提高了46.41%。主栽品种为吉杂52号、吉杂26号、同杂2号等优良杂交种。

20世纪90年代后高粱的种植面积基本趋于稳定，年均播种面积12.54万公顷左右，占全省粮食作物面积的3.53%，单产4 426.65千克/公顷，总产56万吨。在此期间各科研单位又先后选育成吉杂76号、吉杂80号、四杂25号、吉杂83号等一批耐密型中、矮秆高粱杂交种通过审定并在生产中推广使中、矮秆杂交种早、中、晚熟期配套实现了吉林省高粱由传统的高秆、稀植、低产品种向耐密型、中矮秆、高产品种的历史性转换，使高粱单产大幅度地提高。与50年代相比种植面积减少了83.96%，单产提高了203.33%，是50年代单产的3.03倍，与80年代相比种植面积减少了43.08%，单产提高了46.44%。

进入21世纪，2010年前吉林省高粱生产总的趋势是种植面积逐年减少下降，2012年后高粱面积稳步增加，开始超过内蒙古，位居全国第一，2018年达最高约230万亩。目前种植面积基本趋于稳定保持在170万~180万亩，平均亩产490千克。

二、高粱栽培分布

本书所指区域为吉林省及辽宁、内蒙古和黑龙江与吉林省接壤的部分区域，处于北纬42°~48°，海拔300~700米，属半干旱气候，年平均气温5~5.8℃，活动积温为2 300~3 000℃，无霜期120~150天，全年平均降水量300~500毫米，大部分集中在夏季，基本上可以满足高粱生长发育的要求。土壤多为盐碱土。地势平坦，适于机械作业。一年一熟制，一般在5月上中旬播种，9月上中旬成熟，生育期120~130天。主要轮作方式为大豆—高粱、大豆—高粱—谷子、大豆—玉米—高粱—谷子。

高粱在吉林省分布较广，全省除高寒山区外，各地都有种植，但 80%集中在中部平原地区、西部风沙干旱地区、沿江河涝洼地区。从气温、降水量及土壤肥力等条件，大体划分为 3 个种植区：

（1）晚熟及中晚熟区

包括梨树、公主岭、双辽、长岭等市县，农安、伊通县的部分地区和集安县（今集安市）的岭南等。该地区气温高，降水量较多，耕作栽培水平较高，适合种植晚熟及中晚熟杂交种。目前推广的品种有吉杂 123、吉杂 127 等。

（2）中熟区

包括农安、德惠、九台、双阳、伊通等市县，前郭、扶余、榆树、永吉、辽源等市县的部分地区。该地区气温比晚熟区稍低，东部雨量较多，西部雨量少，部分地区春旱严重，大部分地区土壤肥沃，耕作栽培水平较高，适合种植中熟杂交种。目前推广的品种有吉杂 124、吉杂 305 等。

（3）中早熟及早熟区

包括大安、乾安、通榆、洮南、镇赉、白城等市县，前郭、扶余、长岭等市县的西部地区。该地区降水量少，土地瘠薄、干旱，并带有盐碱，耕作粗放，春风大，秋霜早，是吉林省低产地区，适合种植中、早熟与早熟杂交种。目前主推的品种有吉杂 210、吉杂 124、吉杂 319、凤杂 4、白杂 11、九糯 1 等。

第二节　春播早熟区高粱品种类型及主推品种简介

一、高粱品种类型

1. 粳高粱

粳高粱占吉林省高粱种植面积的 80% 左右，包括吉杂系列、白杂系列、凤杂系列、吉农系列等主要品种，全域均有种植。

2. 糯高粱

糯高粱占吉林省高粱种植面积的 13% 左右，包括九糯 1、湘糯 2、红糯 15 等糯高粱品种，生育期为 126 天以内，集中于主产区种植。

3. 帚用高粱

帚用高粱占吉林省高粱种植面积的 5% 左右，以地方品种为主，部分种植黑龙江省农业科学院选育的杂交种，主要集中在吉林省大安市种植。

4. 食用高粱

食用高粱占吉林省高粱种植面积的 1% 左右，以吉杂 305 为主。

5. 其他高粱

包括菌用高粱（俗称乌米）、饲草高粱、甜高粱等，占吉林省高粱种植面积的 1% 左右。

二、高粱主推品种简介

1. 吉杂 124

杂交种。粮用。幼苗绿色，根系发达，株高 165 厘米左右，18 片叶左右，茎秆较粗壮。穗长 29.2 厘米，中紧穗、纺锤形，穗粒重 91.6 克，着壳率 4.7%。籽粒椭圆形，红壳红粒，千粒重 28.8 克，角质率 40%，生育期 119.5 天，中早熟杂交种。酿造—粗蛋白 10.12%，粗淀粉 74.38%，单宁 0.90%，赖氨酸 0.32%。高抗丝黑穗病，1 级叶部病害。第 1 生长周期亩产 630.4 千克，比对照四杂 25 增产 5.5%；第 2 生长周期亩产 586.4 千克，比对照四杂 25 增产 6.4%。适宜吉林省的中西部、黑龙江省的第 I 积温带上限，内蒙古自治区的赤峰和通辽等地区种植。春季播种。

2. 吉杂 127

杂交种。粮用。幼苗绿色，根系发达，株高 164.1 厘米左右，19 片叶左右，茎秆较粗壮。穗长 26.9 厘米，中紧穗、纺锤形，穗粒重 86.3 克，着壳率 6.4%。籽粒椭圆形，红壳红粒，千粒重 28.9 克，角质率 30%，生育期 125 天，中熟杂交种。酿造—粗蛋白 8.76%，粗淀粉 76.52%，单宁 0.81%，赖氨酸 0.18%。抗丝黑穗病，1 级叶部病害。第 1 生长周期亩产 583.7 千克，比对照四杂 25 增产 6%；第 2 生长周期亩产 614.1 千克，比对照四杂 25 增产 10.7%。适宜吉林省的中西部、黑龙江省的第 I 积温带上限，内蒙古自治区的赤峰和通辽地区春季种植。

3. 吉杂 210

杂交种。酿造。幼苗绿色，芽鞘绿色，株高 168 厘米左右，总叶片数 19 片，穗长 24.7 厘米左右，中紧穗，圆筒形，穗粒重 86.2 克，籽粒椭圆形，红壳、红粒，着壳率低，角质中等，千粒重 28.8 克。总淀粉 73.54%，粗脂肪 73.54%，单宁 1.22%。抗丝黑穗病，2 级叶部病害，抗虫性较强，较抗倒伏。生育期 123

天。第 1 生长周期亩产 610.08 千克，比对照四杂 25 增产 2.1%；第 2 生长周期亩产 552.80 千克，比对照四杂 25 增产 0.3%。适宜在吉林省的松原、白城、长春地区，黑龙江省的第Ⅰ积温带，内蒙古自治区的东部、西部地区，辽宁省，山西省，河北省等，≥ 10℃，活动积温 2 550℃以上的地区春季种植。

4. 吉杂 238

杂交种。酿造。幼苗绿色，芽鞘绿色，株高 160 厘米左右，穗长 28.6 厘米，中紧穗、纺锤形，穗粒重 92 克，千粒重 29.7 克，红壳红粒，着壳率 5.1%，角质率 35.1%，容重 748.9 克 / 升。总淀粉 75.47%，支链淀粉 99.37%，粗脂肪 3.21%，单宁 1.10%。中抗丝黑穗病，2 级叶部病害，抗虫性较强，抗倒伏。生育期 123 天。第 1 生长周期亩产 608.5 千克，比对照吉杂 210 增产 5.9%；第 2 生长周期亩产 642.9 千克，比对照吉杂 210 增产 6.6%。适宜在春播早熟区吉林松原、白城、长春，黑龙江省第Ⅰ积温带，内蒙古自治区东部，≥ 10℃，活动积温 2 650℃以上的地区春季种植。

5. 吉杂 305

杂交种。食酿兼用。幼苗绿色，芽鞘绿色，幼苗和芽鞘绿色，株高 175 厘米，19 片叶。中紧穗、纺锤形，穗长 27.5 厘米，黄白粒，籽粒椭圆形，穗粒重 117.9 克，千粒重 32.8 克，角质率 36.3%，红壳，着壳率 12.1%，恢复性达 100%。蛋白质含量 5.83%，淀粉含量 79.54%，脂肪 4.6%，单宁含量 0。抗倒伏，抗蚜虫、高抗叶斑病，中抗丝黑穗病。中晚熟种，出苗至成熟 126 天，需活动积温 2 650~2 700℃。第 1 生长周期平均亩产量 624.8 千克，比对照四杂 25 增产 19.7%；第 2 生长周期平均亩产 559.2 千克，比对照四杂 25 增产 14.4%；适宜在春播早熟区吉林松原、白城、长春，黑龙江省第Ⅰ积温带，内蒙古自治区东部，≥ 10℃，活动积温 2 650℃以上的地区春季种植。

6. 吉杂 319

杂交种。酿造。幼苗绿色，芽鞘绿色，株高 170 厘米左右，穗长 31 厘米，中紧穗、纺锤形，穗粒重 102.5 克，千粒重 30.8 克，红壳红粒，着壳率 9.7%，角质率 30.1%。总淀粉 74.8%，恢复性 95.2%。粗蛋白含量 9.54%，粗淀粉含量 74.8%，赖氨酸含量 0.25%，单宁含量 1.12%。中抗丝黑穗病，无叶部病害，抗虫性较强，抗倒伏。生育期 124 天。第 1 生长周期亩产 649.6 千克，比对照吉杂 25 增产 6.0%；第 2 生长周期亩产 634.9 千克，比对照吉杂 25 增产 5.5%。适宜在春播早熟区吉林松原、白城、长春，黑龙江省第Ⅰ积温带，内蒙古自治区东部，≥ 10℃，活动积温 2 650℃以上的地区春季种植。

7. 凤杂 4 号

杂交种。酿造。幼苗绿色，株高 160~170 厘米，18 片叶，穗茎直立，圆桶形中紧穗，穗长 24.9 厘米，穗粒重 85~90 克，穗粒数 2 780~3 000 粒，红壳、红粒，籽粒椭圆形。角质率 33.8%，着壳率 5% 左右。酿造用，总淀粉 74.61%，粗脂肪 2.73%，单宁 0.04%。抗丝黑穗病，抗叶部病害，抗倒伏。生育期 123 天第 1 生长周期：2004 年，比对照（±%）：+18.39，对照品种：敖杂 1 号，对照产量：7 902.00；第 2 生长周期：2005 年，比对照（±%）：+18.40，对照品种：敖杂 1 号，对照产量：7 396.90。适应区域吉林省松原、白城、长春、四平，黑龙江省第Ⅰ、第Ⅱ积温带，辽宁，山西，河北，安徽，内蒙古自治区的呼和浩特、乌兰浩特、赤峰、通辽，≥ 10℃，活动积温 2 500℃以上适应地区以及新疆高粱种植区均可种植。

8. 白杂 11

杂交种。粮用。幼苗绿色，根系发达，株高 171.7 厘米左右，19 片叶左右，茎秆较粗壮。穗长 25.7 厘米，中紧穗、筒形，穗粒重 83.9 克，着壳率 2.6%。籽粒圆形，褐红壳黄红粒，千粒重 27.4 克，角质率 19.9%，容重 713 克 / 升。生育期 119 天，中熟杂交种。蛋白质含量 8.03%，粗淀粉 74.05%，单宁 1.61%，脂肪 3.53%。抗叶病，抗倒伏，中抗丝黑穗病。第一和第二生长期平均亩产量分别为 638.2 千克和 588.2 千克，比对照吉杂 118 增产 7.5% 和 8.9%。适宜吉林省的中西部、黑龙江省的第Ⅰ积温带上限，内蒙古自治区的赤峰和通辽地区种植，春季播种。

9. 九糯 1

杂交种。粮用，幼苗绿色，芽鞘绿色，根系发达，株高 158.9 厘米左右，18 片叶左右，茎秆较粗壮。株形平展，穗长 29.9 厘米，中紧穗、纺锤形，穗粒重 105.6 克，着壳率 10.7%。籽粒椭圆形，红壳红粒，千粒重 25.6 克，角质率 29.1%，生育期 121 天，中晚熟杂交种。酿造类型，粗蛋白 9.17%，粗淀粉 73.49%，单宁 1.11%，粗脂肪 3.45%，容重 736 克 / 升。中抗丝黑穗病。春播早熟区亩产 789.7 千克，比对照四杂 25 增产 3.2%。适宜吉林省的中西部、黑龙江省的第Ⅰ积温带，内蒙古自治区的赤峰和通辽地区春季种植。

第三节　春播早熟区高粱的生长发育

一、高粱的形态特征图解

形态特征：一年生草本。秆较粗壮，直立，高1~5米，横径2~5厘米，基部节上具支撑根。叶鞘无毛或稍有白粉；叶舌硬膜质，先端圆，边缘有纤毛；叶片线形至线状披针形，长30~110厘米，宽3~10厘米，先端渐尖，基部圆或微呈耳形，表面暗绿色，背面淡绿色或有白粉，两面无毛，边缘软骨质，具微细小刺毛，中脉较宽，白色或浅黄色。圆锥花序疏松或紧实，长15~45厘米，宽4~10厘米，总梗直立或弯曲；主轴具纵棱，疏生细柔毛，分枝3~7枚，轮生，粗糙或有细毛，基部较密；每一总状花序具3~6节，节间粗糙或稍扁；无柄小

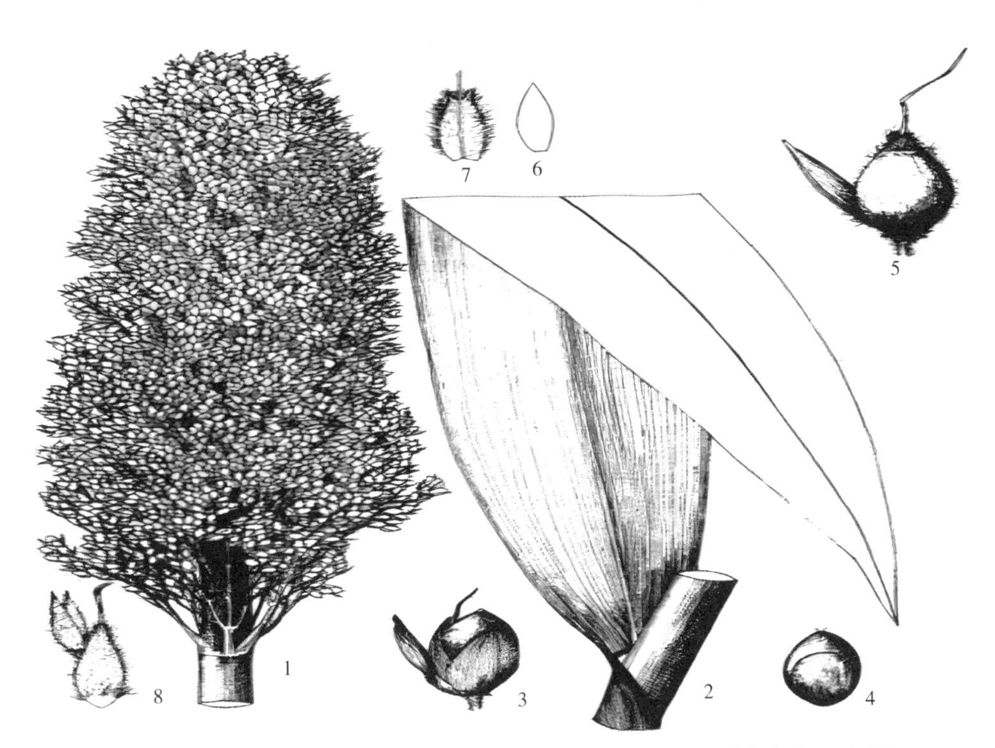

1. 花序　2. 叶鞘上都包裹部分秆及叶片　3. 总状花序轴一节示无柄及有柄小穗　4. 颖果
5. 总状花序一节示无柄及有柄小穗　6. 无柄小穗第一外稃　7. 无柄小穗第二外稃　8. 高粱粒

图10-1　高粱解剖结构

穗：外有二枚颖片，将发育成壳，内有两朵小花，上方的为完全花，可结实，下方的为退化花；有柄小穗：比较狭长，成熟时或宿存或脱落，亦含两朵小花，一朵完全退化，另一朵只有雄蕊正常发育，为单性雄花，不可结实，开花较与之相邻的无柄小穗小花晚 2~4 天。完全花雄蕊 3 枚，雌蕊 1 枚，子房卵圆形，花柱顶端有 2 枚羽毛状柱头。籽粒为颖果，其外包着两片坚硬而光滑的护颖，护颖厚而隆起，有的尖端有茸毛。籽粒通常呈圆形、椭圆形、卵圆形、梨形等。颜色有多种，通常呈红、黄、黑、褐、白 5 种颜色。颖果种皮含单宁，带涩味，一般颜色较深的籽粒含单宁较多，易与蛋白质结合，难消化（图 10-1）。

二、高粱生长发育期

高粱的一生要经历不同的生育阶段。通常将高粱发芽，出苗及幼苗生长合称为前期：拔节、孕穗、抽穗、开花合称为中期；籽粒灌浆和成熟合称为后期。从总体上看一般将植株在幼穗分化之前划分为营养生长期，幼穗分化开始后划为生殖生长期。但因幼穗分化过程正处于拔节期，即营养生长和生殖生长在拔节期同步进行。一方面各营养器官猛烈生长，达到固有大小，另一方面生殖器官分化形成。开花后营养生长停止，生殖器官分化形成完闭，进入以籽粒灌浆和成熟为中心的单纯生殖生长。

1. 前期

从种子萌发到拔节之前为前期，前期包括发芽、出苗、和幼苗生长期。高粱种子萌发时需要充足的水分、氧气和热量。在适温下（发芽区间为 6~35℃，最适温度为 20℃），种子吸足水分（种子最大吸水量为干重的 36. 5%~58.1%，超过最大吸水量的 70% 种子萌动），开始生命活动，呼吸作用旺盛进行。在酶的作用下，淀粉水解为糖类，蛋白质水解成可溶性的氨基酸。脂肪水解成磷脂，为胚的发芽提供了充足的养分。

春播的高粱因当时气温较低，一般需 7~10 天才能出苗。从播种到出苗的时间，品种间有一定差异，但主要受制于土壤的温、湿度。夏播的高粱，因土壤温度高，湿度大，种子萌发的速度就快，只需 2~3 天就能出苗。幼苗最适的生长温度为 20~25℃。

高粱幼苗长出 3~5 片叶子后，就从叶腋间长出分蘖。大多数高粱品种都具有分蘖能力。苗期的高粱，植株生长较慢，对水、肥的需求量不多、由于一般播前施入底肥、播种时施入种肥，因此苗期不缺营养。出苗至分蘖多在 30 天左右。

2. 中期

中期包括拔节、孕穗、抽穗和开花期。出苗大概 30 多天进入拔节期。从出苗到拔节期所需的时间因基因型不同差异不同，其幅度多在 35~45 天。拔节期后叶片显著增大，叶面积迅速增加，植株快速伸长，在生长最旺盛时期每天可伸长至 12 厘米。拔节期开始时，植株幼穗分化就开始了，从营养生长逐渐转化为生殖生长，进入幼穗分化的各个阶段，这时是植株营养生长与生殖生长并进的时期。当幼穗分化进入末期，植株长出最后一个叶片—旗叶后，再经历大约 1 周时间（因品种不同其幅度在 5~10 天）即开始抽穗。高粱抽穗后 2~5 天即开始开花。一般早熟品种从抽穗至开花所需时间较短、而晚熟品种则需时间长。高粱开花的顺序通常都是自上而下，由外向内逐次开花。开花时，内、外颖片张开，雄蕊和雌蕊几乎同时露出颖外，但也有些品种内外颖张开角度很小，相当一部分雄蕊和雌蕊没有露出颖外。雄蕊伸出后，花丝伸长并下垂、花药开裂散出花粉，花粉撒落到雌蕊柱头上授粉后，护颖闭合。一朵花从开放至闭合、一般需要 1 小时左右。全穗开花所需时间因品种和环境条件，主要是开花当时的温、湿度的不同而异，通常需 5~9 天，以始花后 2~5 天为盛花期。此期标志着营养生长结束，完全进入生殖生长。

3. 后期

后期包括籽粒灌浆和成熟期。开花授粉后，籽粒开始膨大进入灌浆成熟期。高粱籽粒成熟过程可分为乳熟期、蜡熟期和完熟期。

（1）乳熟期

高粱花器完成受精作用后，植株中的营养物质一部分贮于茎秆中，一部分向籽粒运转。由此籽粒中的干物质含量不断增加，千粒重迅速提高。灌浆初期，籽粒因充水而迅速扩大，胚乳中含有大量乳白色汁液，用指甲压破时即淌出白色乳浆。

（2）蜡熟期

随着干物质在籽粒中的积累，籽粒中的水分逐渐减少，籽粒由软变硬，用指甲挤破时已不见汁液，而呈现蜡质状。

（3）完熟期

籽粒中的水分进一步散失，干物质积累到最大值，籽粒变干、变硬，并呈现出品种的固有颜色和质地。高粱籽粒在 50% 开花后，再经过 40 天左右就能成熟。从受精到籽粒成熟所需的时间因品种而异，一般早熟品种短些，晚熟品种长些，但差异不是很大。除品种外，还与灌浆期的环境条件有密切关系，如果灌浆期遇到高温、干燥，则会加快籽粒灌浆、成熟，起到催熟的作用；反之，如遇低温和高湿，则会延迟籽粒灌浆和成熟，使成熟期延长。

三、高粱的器官生长与形成

1. 根

由临时根系和永久根系组成。胚根长成的初生根和中胚长成的初生不定根，为临时根系。数量不多，担负永久根系形成前水分及营养的吸收和运输。从胚芽鞘节及以上各节根带长出的不定根和支持根（气生根），为永久根系。成熟的高粱须根系全部是不定根，通常初生根一条，不定根 8~10 层，单株根数 50~80 条。不定根生有侧根。支持根是地上发育的不定根，有吸收、支撑、防倒作用。目前耕作水平下，成熟时根系入土深 170 厘米以上。水平分布 20 厘米左右，生理最活跃的部分集中于 30 厘米耕层。

2. 茎

由茎枝原基分化，节和节间组成。叶片插生处为节，节上有生长轮和根带，前者为特殊分生区域，其细胞分裂使茎伸长和伸直，后者含芽和根原基，芽位于叶片同侧节间纵沟基部，低节位侧芽可发育成分蘖，高节位侧芽可发育成分枝。茎顶端原分生组织形成茎尖生长点，分化出叶原基、节原始体和穗原始体。茎高由节数和节间长决定，一般 10~15 节，多者达 20 余节。通常茎直立，圆筒形表面光滑有蜡层，高 0.5~5.0 米。茎实心或髓状，或干涸，或多汁。粒用高粱茎秆绿色挺实粗壮；饲用高粱茎秆纤细柔韧；糖用高粱茎秆多汁；工艺用高粱茎秆柔软呈红或紫色。

3. 叶

源于叶源基，长披针形，由叶片和叶鞘及它们结合处的叶舌和叶耳组成。排列于茎秆两侧互生，分为表皮（上、下表皮）、叶肉和叶脉三部分组成。表皮覆盖蜡层，由表皮细胞、气孔、毛状物组成。表皮细胞外层有发育良好的角质层，表皮的泡状细胞高度液化，干旱时失水令整个叶片向上内卷呈桶状。叶肉薄壁细胞含叶绿体，无栅栏组织和海绵组织之分。平行排列的叶脉含维管束、维管束鞘和机械组织。中脉由大维管束组成，位于叶片中间或白色或蜡黄或蜡绿色。侧脉由单个大型维管束或小型维管束组成，高粱叶片维管束十分发达，呈花环型排列，内含大量细胞器。叶鞘紧密包裹节间，表面光滑具蜡质，因品种和节间差异而异。孕穗期前后叶鞘基本组织坏死成大空腔并与根系皮层腔相通，形成高粱特有的通气组织。

4. 花序和花

圆锥花序。通常称为穗，由穗轴、枝梗、小穗和小花等构成。着生于穗柄顶部。穗柄通常直立，亦有稍倾斜和明显弯曲的类型。穗轴4~10节，节上着生5~10个一级枝梗，其上着生二、三级枝梗。因一级枝梗长度、着生部位不同，形成牛心、纺锤、圆筒、棒、球、伞、杯、帚形。因各级枝梗长短、软硬、疏密不等，划分出紧、中紧、中散、散等穗形。小穗成对着生于三级枝梗上。顶端通常三枚，中间的无柄，两侧的有柄。无柄小穗有两枚颖片，包裹着小花。上位花为完全花，有内稃、外稃，有三枚雄蕊和一枚雌蕊。下位花为退化花，仅剩一片外稃，双粒品种的下位花正常发育、有柄小穗为单性雄花，成熟时脱落。雄蕊由花药和花丝组成，花丝细长，花药囊状，内含约5 000粒花粉。雌蕊由子房，两枚花柱和羽状柱头组成。

5. 籽粒

属颖果，俗称种子，圆、椭圆、卵、长卵等形。由果皮、种皮（部分品种无种皮）、胚乳和胚组成。顶端为花柱，胚基部为种脐（黑层）。果皮和种皮约占籽粒重8%，胚占12%，胚乳占80%。大小因品种而异。小的籽粒千粒重十几克，大的几十克。通常果皮和种皮粘连一起，果皮颜色和厚度、种皮有无，种皮颜色和厚度，胚乳颜色等共同决定籽粒颜色，常见褐、红、黄、白等色。胚乳由糊粉层、胚乳表层、角质层和粉质层组成。矩形糊粉层细胞含有大量矿物质、水溶性维生素、酶和油分。糊粉层之下的胚乳表层界线模糊，小型淀粉粒嵌埋在谷蛋白和醇溶谷蛋白组成的蛋白质基质之中。角质层位于胚乳表层之下，多角形淀粉粒与蛋白紧密相连。再往里是粉质层，角质层与粉质层的比例称为胚乳质地。角质层多，加工时易与果皮脱离，胚乳完整，出米（粉）率高，耐贮藏。以支链淀粉和直链淀粉的比例划分胚乳类型，正常高粱两者之比为3∶1，蜡质（糯）高粱几乎百分之百是支链淀粉。类胡萝卜素含量高的胚乳呈黄色，称黄胚乳。胚外表淡黄或青白色，微隆起，由盾片，胚芽、胚轴和胚根组成。

花后2~3天子房膨大，籽粒开始形成。籽粒成熟是充实干物质和失水的过程，需经乳熟，蜡熟至成熟。乳熟期间籽粒绿色、丰满、内含大量乳状汁液。蜡熟时失绿，含水量下降，内含物蜡状。黑层形成时，不再有干物质输入，即达生理成熟。完熟时籽粒呈本品种固有状态，自然含水量达最低值，内含物固化。籽鲜重最高值出现在完熟前10天左右，干重相当于后期单株干重增加的全部，其中75%~80%干物质源于光合产物，其余来自茎秆贮藏物质。糖高粱和不衰老型粒用高粱在籽粒完熟后叶片仍进行光合作用，茎秆仍可积累干物质。温度会影响灌浆期，高温使灌浆期缩短，较高的日温（26~30℃），较低的夜温（16~18℃），有利于籽粒形成。高于1 000℃的有效积温是安全成熟的有力保证。停止灌浆的下限温度与植株含水量有关，含水越高，下限温度越低。低温延缓灌浆速度。含水量对粒重的影响大于温度。籽粒成熟期间的需水量约占全生育期的20%，水分足可加快同化产物的运转。成熟期间，茎秆中50%以上的氮素转移至籽粒。氮供应充足可增加籽粒产量和提高蛋白质含量。磷向籽粒转移较少（4%左右），但可使有机物转移速度加快，促进成熟。

6. 生殖器官的分化形成

拔节后叶原基停止分化，叶片数、节数固定。拔节后不久，生长锥开始生殖器官的分化。生殖生长需经6个分化阶段：枝梗原基分化、小穗原基分化、雌雄蕊分化、小孢子母细胞产生、花器形成和穗轴伸长，完成全部生殖器官的分化形成。生殖器官分化的适宜温度为25~30℃。下限温度为16℃，低于13℃会造成雄性不育。拔节至孕穗的日耗水量较幼苗时期多数倍，最大日蒸腾量出现在孕穗末期，缺水影响生殖器官分化进程，减少叶面积指数，单株干重和穗粒数。拔节至抽穗期间又是元素吸收高峰，氮、磷、钾吸收量分别占全生育期的63.5%、86.5%、73.9%。充足的氮肥供应使枝梗原基和花器分化进程变缓2~4天，二、三级枝梗数、小穗数和穗粒重增加10%~20%，充足的磷肥供应可使生殖器官分化时期提前3~6天。

7. 开花授粉和受精

抽穗至开花4~6天。花自顶向下开放，为离顶式。同一轮小穗同时开花，开花均见于夜间，盛花期或于4：00—7：00，或于傍晚和午夜，因地区、温度、湿度和品种而异。花期5~7天不等。开花最适温度20~22℃，湿度70%~90%。高温会使花粉失活。低温颖壳不张开，花药不开裂，造成花粉量减少和花期推迟。低于10℃会使结实率降低40%~60%。缺少水分时，不育花增多，花粉、柱头生活力降低，受精不良。高粱有5%~15%的天然杂交率，因类型、品种和自然条件而异，高者可达50%。开花前1小时花粉粒成熟，落在柱头上的花粉立即发芽，花粉粒萌发，花粉管在花柱中生长1~2小时，授粉后4~7小时完成受精。花粉粒的活力可达4小时，柱头的活力长达8~10天，但以前 6 天结实效果最好。

第四节　春播早熟区高粱高效生产栽培技术

一、合理轮作

高粱植株高大，根系发达，吸肥能力强，消耗地力较多，被称为硬茬。高粱较强的适应性和耐瘠薄能力，使它能够作为多种作物的后茬。但为了获得高产，前茬作物以施肥多的菜地和固氮能力较强的豆茬为好，其次为马铃薯、玉米、谷子等作物。此外，花生、甘薯、荞麦、烟草等也都是高粱较好的前茬。

高粱不宜重茬。重茬高粱不仅氮素消耗多，不利于养分均衡利用，而且黑穗病发生也会加重。黑穗病大流行年份感病率可以达 60% 以上，严重影响高粱产量。我国高粱轮作倒茬的方式多种多样，各具特色。在春播早熟区（春播，生育期 100~130 天）多为一年一熟制，常以高粱作为大豆的后茬与玉米、谷子轮作。

二、种植模式

春播早熟区高粱种植模式主要包括轮作倒茬，清种居多，也有间、套作种植。轮作主要以豆类、马铃薯、小麦、玉米、谷子等作物为主。与高粱间作的作物要保证两种作物的播种期和收获期相同或大体相同，可以是谷子、大豆、小麦等。

三、施肥、整地

高粱是一种适应性很强的作物，具有抗旱耐涝、耐盐碱、耐瘠薄等特点，而且产量也很高。高粱适合在土壤偏碱性的土质条件下种植，产量较高。虽然高粱具有上述特点，但是好的地块仍然是高产的重要条件，在高粱种植地的选择上，仍以土质肥沃、地力情况较好、地势平坦、排水浇水条件完善的地块为首选。地块选好后，可以在秋季上茬作物收获后，进行翻耕，翻耕深度一般在 20 厘米以上，一是有利于阳光对土壤晒白杀菌，把一些带菌残体和杂草种子埋入地下，为来年种植高粱创造一个良好的环境。二是能疏松土壤，保水保墒。整地时要均匀一致，不漏耕、重耕。

科学合理施肥是高粱高产的一个重要条件，高粱属于高产作物，需肥量很大，而且高粱的根系很发达，吸肥力也很好，充足的养分不仅为植株的健康生长提供保障，而且对壮苗壮秧，提高抗病虫能力也是十分必要的。高粱的生长同样需要氮、磷、钾 3 种必要的元素及铁、锌等微量元素，由于吉林省西部地区盐碱地块较多，重点还是保证氮磷的补充，追肥时可适当增加钾的含量。高粱的施肥提倡农家肥和化肥的结合。农家肥是首选，对于提高地力，改变土壤物理性状，长时效保证植株养分有很好的效果。无机肥以复合肥为主，基本是碳铵、钙镁磷肥或过磷酸钙以及尿素，施用时要根据地力及生长情况酌情控制用量，将土壤和肥料均匀混合，或追施根或喷叶，都能使幼苗快速生长。

四、播种

1. 播前种子准备

（1）选种晒种

播种前，为实现高产，播种前种子的选择至关重要，选种前要结合当地的种植环境，选择抗旱、抗倒伏、抗病虫害的品种。先将种子中不够饱满的籽粒淘汰掉，选择色泽健康、无损伤、籽粒饱满的成熟种子，之后在阳光下均匀摊晒，2~3 天可将种子表面的细菌杀死，并对种子的活性起到一定的刺激作用，有助于提高种子的发芽率，使种子长势均匀。

（2）发芽检测

播种前，对高粱种子进行发芽试验，结合发芽率确定适合的播种量，一般发芽率超过 80% 的才可以作为种子使用。

（3）催芽

春播早熟区播种前经常采取催芽措施，可以起到提高出苗率、促使高粱早熟增产的效果。将种子浸泡在温度约 40℃的温水中，2~3 小时后捞出用湿润的布袋装起来放置在温度基本恒定条件下闷 10~12 小时，之后即将处理过的种子播种到较为潮湿的土壤上，如果选择包衣种子，则不需要提前进行催芽。

（4）药剂拌种

合适的药剂进行拌种有助于减少幼苗受到害虫为害，在播种之前选择种子与一定量的多菌灵可湿性粉剂混合均匀。也可利用高粱种衣剂进行种子包衣处理。

2. 播种期

各地选择高粱播种的时间要符合适宜的温度和水分，春播早熟区一般在 5 月的中下旬开始播种，5 月底前完成播种且播种深度最好选择在 3 厘米以内，过深或者过浅，均会影响播种的效果。若播种时间过早，可导致土壤中温度过低而延长种子出苗时间，可能会导致种子、幼苗的腐烂，且出苗不整齐。若播种时间过迟，会导致高粱生育阶段的后期温度过高，加重穗部虫害的发生程度。土壤温度稳定在 10~12℃时播种最佳。不同地区可根据不同的土壤类型、土壤水分含量和温度适时而定。

3. 播种量

播种量主要看采取什么方式播种，一般用量在 0.5~0.6 千克 / 亩。高粱播种量一般选择发芽率在 80% 以上的种子，对不间苗的地方，可采用精量播种机实行精量播种，以 7.5 千克 / 公顷为宜。

4. 播种技术

（1）垄播法

在秋翻地春做垄的垄上，或在耙茬后起垄的垄上，用机械或畜力开沟条播或点播。该方法多在气候冷凉和低洼易涝地区采用。

（2）平播法

播后地面无垄形，播深一致，下种均匀，出苗快，扎根深，保苗效果好。平播时，要整平土地，除净杂草和根茬。

（3）平播后起垄法

在春季耙平的土地上平播，中耕时逐渐培起垄来。此法可兼收平播保墒和垄播增温、排涝的优点。

5. 播种机械

可选用带有气吸式、勺轮式排钟器的精密播种机进行机械化精量条播，等行距 40~50 厘米种植，株距 10~17 厘米，每穴播 1~2 粒种子，每亩保苗量 6 000~8 000 株，播种深度 2.5~3.0 厘米。可一次性完成施种肥、覆土、镇压等作业。也可选择单粒播种机配合配套的栽培模式进行播种。

五、间苗除草

1. 留苗密度

确定适宜的种植密度，必须根据当地的自然条件、栽培水平和品种特性等综合考虑。高粱一般每亩留苗 8 000 株左右。矮秆高粱品种每亩要求留苗 12 000 株左右。能灌溉的地密度可以大一点，没有灌溉条件的地密度可以小一些。早熟品种宜种密些，晚熟品种宜种稀些；抗倒性强的品种适当密植，抗倒性差的品种适当稀植；高肥力地块密度大些，低肥力地块密度小些。合理密植，这是获得高产的重要前提。

2. 间苗除草技术简介

中耕对高粱必不可少。高粱的中耕和玉米的中耕基本差不多，基本在苗要封垄的时候进行一次，在苗长到快齐腰深的时候再进行一次，主要是以趟垄起土为主，现在基本都不进行铲地松土了，第一次中耕要浅趟，起土刚没到苗根部即可，第二次要深趟起大土，中耕的好处是能疏松土壤，利于土壤风化，增加透气性，保水保温，利于植株根部发育。同时中耕能破坏害虫及杂草的生长环境，起到杀虫灭草的作用。中耕虽然能起到一定的除草作用，但对于杂草的长势来讲，单凭中耕来灭草是远远达不到效果的，必须要专门除草来为高粱生长创造一个良好的生长环境，现在多用除草剂进行除草，效果好，省工省力。

苗后 3~4 叶期间苗，5~6 叶期定苗。定苗时要做到等距留苗，留壮苗，正苗，不留双株苗，二茬苗，还应拔出杂苗，提高纯度，充分发挥良种的增产效益。

3. 除草剂的选择

（1）苗前封闭除草

播后至出苗前的化学除草是利用时差选择法除草的方法进行土壤封闭，它是在高粱种子播种后，幼苗未出土前，喷洒高粱田除草剂，而杂草萌发早的，遇药后会迅速死亡，达到除草目的。

高粱田苗前封闭可选用：异丙甲草胺、甲草胺、绿麦隆等。

安全系数：异丙甲草胺＞甲草胺＞绿麦隆。

（2）苗后除草

苗期化学除草是利用除草剂在作物和杂草体内代谢作用不同生物化学过程来达到灭草保苗目的。高粱出苗后 5~7 叶期，抗药力较强，使用化学除草剂较安全，而 5 叶前、7 叶后对除草剂很敏感，故苗期化学除草一般在 5~7 叶期进行，否则容易产生药害。高粱化学除草应严格掌握喷除草剂时间、浓度和品种。

高粱田苗后除草可选用：莠去津（建议使用高含量）、氯氟吡氧乙酸、二甲四氯（注意用药量和作物大小）、氯吡嘧磺隆（除香附子等莎草）、辛酰溴苯腈

（防除部分恶性阔叶杂草）、麦草畏、唑嘧磺草胺、敌草隆、灭草松等。

4. 除草剂的喷施

（1）高粱封闭除草剂的喷施

72%异丙甲草胺EC，每亩用100~150毫升，兑水35千克左右，喷洒土表。既能防除稗草、谷莠子等禾本科杂草，又能防除小粒种子阔叶杂草如灰菜、苋菜等，对高粱也非常安全。

在阔叶杂草基数较大的地块可与莠去津混用，能达到禾阔全杀的效果。可用72%异丙甲草胺EC75毫升，加90%莠去津WDG 50~60克，兑水35千克，播种覆土后均匀喷洒于土表，禾阔双除。

48%甲草胺EC 200~300毫升加90%莠去津WDG 50~60克，兑水35千克，喷洒土表。

25%绿麦隆WP，每亩用200~300克，兑水50千克，均匀喷于土表。

（2）高粱田苗后除草剂的喷施

高粱苗后5~7叶期，可亩用50%二氯喹啉酸WP 66.67~80克加90%莠去津WDG 50~60克或者使用30%二氯—莠去津可分散油悬剂200毫升/亩，禾阔双除。如田间香附子等莎草大量发生可在高粱苗后4叶期到抽穗前，杂草2~4叶期施药，亩用75%氯吡嘧磺隆WDG 4~6克或亩用72% 2,4-D丁酯EC 30~50毫升。

48%麦草畏EC 25~40毫升/亩，高粱苗后3~5叶期，阔叶杂草2~4叶期施用。

22.5%辛酰溴苯腈EC 80~126毫升/亩，高粱苗后4~5叶期，阔叶杂草2~4叶期施用。

80%敌草隆WP 66克/亩，高粱播后苗前喷施。

48%灭草松AS 166~200毫升/亩，高粱苗后阔叶杂草2~4叶期。

5. 喷施机械

可使用手动喷雾器，电动喷雾器，植保无人喷药机，无人机等机械等。

第五节　苗期至收获期管理

一、苗期管理

1. 生长发育特点

苗期这个时期是高粱生根、长叶、分蘖等营养器官生长时期，但以生根为主，地上部分生长缓慢。

高粱具有较强的抗旱性，但出苗期不能缺水，否则会严重影响产量。因为播种之后，及时灌溉出苗水，避免因干旱影响出苗率。

2. 生长异常现象

（1）白化苗

特征：叶片上有白色的条纹，严重的全株叶片发白。发生原因是土壤中缺锌。

防治：将 8 千克的种肥和 1 千克的硫酸锌混合均匀，随播种施入即可（种肥）；对已出现缺锌的苗，每亩用 0.2~0.3 千克的硫酸锌加水 100 千克进行喷雾，每隔 7 天喷 1 次，只需 2~3 次即可使苗恢复正常。

（2）矮花叶病苗

特征：在植株心叶茎部出现许多椭圆形褪绿小点，然后逐渐沿叶脉发展成虚线，向叶尖扩展，叶脉叶肉逐渐失绿变黄，而两侧叶脉仍保持绿色，形成褪绿条纹，严重时叶片褪绿并且干枯。

防治：适时早播，中耕除草；苗期用药液进行防治，特别是在 3 叶、5 叶、7 叶时各防治 1 次效果更好。

（3）粗缩病苗

特征：在 5~6 片叶时，叶背部叶脉上产生长短不一蜡白突起，病叶特征叶色浓绿、宽短、硬脆，叶片用手擦有一种粗糙感，病株节间明显缩短、严重矮化，上部叶片密集丛生、呈对生状。

防治：适时调节播期，使苗期错开灰飞虱的盛发期；结合苗期间苗去除病株。

（4）纹枯病苗

特征：从苗期到穗期均可发生，最早由植株底部 1~2 节叶鞘开始发病，逐渐向上发展。叶鞘上病斑最初呈水浸状、椭圆形至不规则形、淡褐色或黄色。多个病斑汇合连片后，形成大型云纹状斑块（边缘褐色、中部枯黄色或枯白色）。病斑向上可扩展到果穗，使穗轴、籽粒变褐腐烂，形成云纹状病斑。

防治：在发生初期，选用以下农药喷雾防治：一是5%井冈霉素25克+25.9%回生灵20毫升。二是80%乙蒜素10毫升+50%多菌灵30克。或者用50%多菌灵30克+5%井冈霉素25克。在用药的同时，选用叶面锌肥40克、绿叶素（多元素微肥）25克、多得（含稀土、硒的全元素叶面肥）50克等营养调节剂混合喷施，可促使植株健壮，效果明显。

3. 苗期自然灾害

低温冷害是春播早熟区主要苗期灾害。

4. 苗期病害预防

高粱苗期病害可通过拌种与苗后除草预防。

高粱黑穗病又名乌米、黑包等，是高粱上常见的并危害较严重的一类病害。防治方法：一是轮作。二是播前用药剂拌种，可用25%粉锈宁可湿性粉剂，按种子量的0.3%~0.5%拌入。

高粱叶斑病、炭疽病比较严重，叶片全变成紫红迅速干枯，引起翻秸，严重影响产量。防治方法：以农业技术防治措施为主，追施肥料促进植株生长健壮，增强抗病力。药剂防治可用70%甲基托布津可湿性粉剂2 000倍液喷雾，每亩100~125千克。

高粱茎腐病、顶腐病时有发生，防治措施主要以拌种为主，可用2.5%烯唑醇可湿性粉剂（种、药质量比为1 000∶2）或25%三唑酮可湿性粉剂（种、药质量比为1 000∶3）。

高粱大斑病和小斑病的防治可使用50%的多菌灵可湿性粉剂进行喷施，喷施50% 500倍液15~20千克/亩。

5. 苗期虫害预防

地下害虫主要有蛴螬、蝼蛄、金针虫等。

防治方法：除了用种衣剂吉农3号拌种外，也可用50%辛硫磷乳油0.5千克加水12.5千克，每千克稀释药液可拌10千克种子，拌后闷3~4小时，阴干后播种。

高粱蚜虫的防治在苗期可用10%的吡虫啉5 000倍液喷雾，玉米螟的防治可以用55%的特杀螟可湿性粉剂50~100克/亩兑水喷雾。黏虫的防治可以采用

2.5% 溴氰菊酯乳油 2 000 倍液进行喷施。

6. 苗期“一喷多效”技术

苗期可将营养素、叶面肥与菌剂等混合使用。人工或打药车在苗上喷施，有利于植株吸收。

二、拔节—抽穗期管理

1. 生长发育特点

拔节期穗分化开始，植株由纯营养生长转入营养生长与生殖生长并进时期。从拔节至旗叶展开之前，需 30~40 天。抽穗期，旗叶展开（挑旗）后，穗从旗叶鞘抽出，称抽穗。

2. 灌溉、追肥

高粱属于抗旱耐涝型作物，抗逆性及适应性强，根据高粱生长发育规律合理灌溉是使高粱高产的关键。在高粱拔节后，因为此时是高粱生殖生长和营养生长的关键期，具有较大需水量，若地块干旱会对穗粒的大小产生影响。一般每公顷施用尿素 300 千克作追肥。

3. 生长异常现象

高粱黑穗病病因：一是品种多年连作带菌，二是田间湿度过大。

4. 自然灾害

干旱：此时是高粱生殖生长和营养生长的关键期，具有较大需水量，若地块干旱会对穗粒的大小产生影响。

低温：高粱是喜温作物，温度低导致发育延迟。

5. 病害防治

防治高粱丝黑穗病可用烯唑醇可湿性粉剂拌种。

6. 虫害防治

黏虫一般用除虫精粉剂喷粉或菊酯类药剂兑水喷雾；螟虫可在拔节期用康宽和甲氨基阿维菌素苯甲酸盐防治；棉铃虫可在抽穗期用棉铃虫核型多角体病毒防治；蚜虫可用吡虫啉防治。

7. 拔节期“一喷多效”技术

拔节期高粱植株高大，人工喷药不易，叶片覆盖面积广，对药物吸收能力强。可用无人机喷施叶面肥、虫药与菌药等。

三、开花—灌浆期管理

1. 生长发育特点

开花期，花序自上而下陆续开花。从抽穗到开花结束需 10~15 天，此时，全株的营养生长基本结束，生殖生长仍旺盛进行。灌浆期：开花授粉后 5~7 天籽粒即膨大，进入灌浆期，需经历 30~40 天。

2. 生长异常现象

倒伏。春播早熟区的倒伏主要发生在 7—9 月，这期间高粱主要处于拔节期至灌浆期，因此，倒伏主要对拔节后的高粱生产有一定的影响。近几年受利奇马、美莎克、海神等台风影响，给春播早熟区的高粱生产造成了严重的影响。

3. 自然灾害

台风导致倒伏、低温影响开花。

高粱在灌浆期要重点防治鸟害，一般用人工轰赶、扎稻草人、挂彩条带等方法。早晚鸟雀啄食较其他时段频繁，应加强防范。

4. 病害预防

开花期前或后打多菌灵预防菌类疾病。

5. 虫害预防

高粱开花前或后打药，高粱蚜虫的防治在苗期可用 10% 的吡虫啉 5 000 倍液喷雾，玉米螟的防治可以用 55% 的特杀螟可湿性粉剂 50~100 克 / 亩兑水喷雾。黏虫的防治可以采用 2.5% 溴氰菊酯乳油 2 000 倍液进行喷施。因为药剂对部分品种结实影响很大，所以尽量避免开花期打药。

四、成熟期管理

1. 成熟期特点

高粱成熟分为籽粒形成期、乳熟期、蜡熟期、完熟期 4 个阶段。高粱子实逐渐饱满，变色，水分减少。籽粒饱满后叶片呈黄色。低头。当种脐出现黑层、干物质积累终止时，即达到生理成熟。

2. 收获方式与机械

人工收获最适收获期在蜡熟末期，此时籽粒饱满呈现固有的粒色和粒型，选择晴天收获，而后适时脱粒、清选除杂，籽粒含水量降至 14% 及以下时及时入仓贮藏，防止籽实发霉腐败，以达最佳品质。

机械化收获应根据收购商对水分和杂质的要求，待籽粒水分达标后，选用质量好的收获机械进行收获和筛选，达标后出售。

3. 收获技术

蜡熟末期是高粱的最佳收获时期，此时整穗籽粒颜色均为红褐色，用指甲掐破穗背阴面下部籽粒时，无浆液流出，此时便可适时收获，可采用机械方式收割。采用联合收割机收获时需注意调整好机械转速，减少田间作业损失。收获过早，高粱籽粒不完全成熟，脱粒时容易破碎。收获过晚，籽粒容易脱落，籽粒颜色会加深，导致淀粉及可溶性糖的含量降低。高粱收获应选择晴好天气，收获后及时进行晾晒及脱粒，以保证高粱籽粒的优良商品性。高粱籽粒含水量达到14% 以下可以进行储存。

4. 收获期自然灾害

低温冷害导致种芽率下降。早霜导致籽粒不饱满，影响产量。倒伏致机械收割不干净减产。

5. 籽粒降水贮藏

籽粒可通过自然晾晒降低水分或送入烘干塔进行烘干。籽粒含水量低于14% 时入库，贮藏库保持通风干燥，不能和易燃、有害及其他杂物混合贮存。

西南地区

第十一章 西南地区高粱分布及其主推品种

第一节 西南地区高粱分布及品种类型

一、西南地区高粱分布

西南高粱产区跨越云贵高原、武陵山区、秦巴山地、横断山脉、四川盆地等地貌单元，地形地貌十分复杂。全区土地总面积中，丘陵山地和高原占90%以上，河谷平原和山间平地仅占5%。西南高粱产区气候类型多样，区域气候特色明显，各地气候因海拔不同而变化较大。目前，西南地区高粱主要分布在四川省东南部泸州、宜宾、自贡3市，贵州省的仁怀市和遵义市，重庆市江津、永川等渝西、渝东北缓坡地带，云南省部分地区等。国家统计局统计数据显示，2018年全国共种植高粱71万公顷，西南地区高粱种植面积为21万公顷，占全国种植面积的29.6%。近年来，随着酱香型白酒产业的快速发展和名优酒企对优质酿酒高粱的需求，西南地区高粱种植面积呈逐年上涨趋势。

二、西南地区高粱品种类型

西南地区高粱品种以酿酒型糯高粱为主，根据品种特性分为小粒常规糯红高粱和杂交糯红高粱两种类型。小粒常规糯红高粱的特点是品质优、耐蒸煮、植株较高、穗柄弯曲，是名优白酒企业的首选酿酒原料，主要代表品种有贵州茅台使用的红缨子、泸州老窖使用的国窖红1号、郎酒公司使用的郎糯红19号、泸州红1号等；杂交糯红高粱则具有植株矮、穗柄直立、丰产性好等优点，主要品种有泸糯系列、川糯粱系列、金糯粱系列、机糯粱系列等，现有代表品种主要有川糯粱2号、金糯粱1号、机糯粱1号、金糯272等。

第二节　西南地区主推品种

一、红缨子

常规糯高粱品种。仁怀市丰源有机高粱育种中心利用仁怀地方品种小与地方特矮秆品种杂交，经6年8代连续穗选而成。属糯性中熟常规品种，散穗型；全生育期131天左右，株高245厘米左右，穗长37厘米左右；籽粒红褐色，颖壳红色，千粒重20克左右，单宁含量1.61%，糯性好，种皮厚，耐蒸煮。2006—2007年连续两年参加区试，平均亩产355.2千克，比对照增产12.3%。2006—2007年生产试验平均亩产384.9千克，比对照增产8.9%。2008年通过贵州审定。

二、国窖红1号

常规糯高粱品种。泸州老窖股份有限责任公司和四川省农业科学院水稻高粱研究所用地方品种洋高粱和水二红为亲本杂交，经多代选择定向培育而成。春播全生育期130天，株高262厘米，穗长34.5厘米，穗粒重52.5克，千粒重16.8克，芽鞘紫色，穗伞形，散穗，褐粒红壳，胚乳糯质，耐叶斑病。籽粒含粗蛋白8.47%，总淀粉72.69%，单宁1.5%以上。酿酒品质好，出酒率高。2006—2007年连续两年参加四川区试，平均亩产313.1千克，比对照青壳洋高粱增产6.3%，2007年生产试验平均亩产333.96千克，比对照青壳洋高粱增产5.6%。2009年通过四川审定，泸州老窖公司专用品种。

三、泸州红1号

常规糯高粱品种。四川省农业科学院水稻高粱研究所用青壳洋高粱与地方高粱品种牛尾砣杂交，经系统选育而成。春播全生育期130天，株高260.5厘米，穗长35.6厘米，穗粒重57.5克，千粒重17.0克；芽鞘紫色，穗伞形，散穗，褐粒红壳，胚乳糯质，耐叶斑病；籽粒含粗蛋白8.27%，总淀粉72.89%，单宁 1.5% 以上。2008—2009 年连续两年参加四川区试，平均亩产 333.4 千克，比对照增产 6.65%。2009 年生产试验平均亩产 333.96 千克，比青壳洋高粱增产 5.62%。2011 年通过四川审定，2018 年通过国家非主要农作物品种登记。

四、郎糯红 19 号

常规糯高粱品种。四川省农业科学院水稻高粱研究所在青壳洋高粱中发现 1 株变异株，经系统选育而成。生育期 124 天，芽鞘紫色，株高 299.71 厘米，总叶片数 22 叶。穗伞形，散穗，穗柄弯曲，穗长 33.67 厘米，穗粒重 55.94 克，千粒重 18.91 克，红粒褐壳，糯质，胚乳白色。总淀粉含量 73.81%，粗脂肪含量 4.03%，单宁含量 1.79%。中抗炭疽病和丝穗黑病。2017—2018 年连续两年参加四川省高粱多点试验。第 1 生长周期亩产 399.96 千克，比对照青壳洋高粱增产 5.36%；第 2 生长周期亩产 379.16 千克，比对照青壳洋高粱增产 7.2%。2020 年通过国家非主要农作物品种登记，郎酒公司专用品种。

五、川糯粱 2 号

杂交糯高粱品种。四川省农业科学院水稻高粱研究所用自育的糯不育系 L407A 与自选糯恢复系 21R 杂交组配育成。春播全生育期平均 114 天，芽鞘绿色，穗纺锤形，中散穗，红褐粒红壳，胚乳白色、糯质。平均株高 183.7 厘米，穗长 34.6 厘米，穗粒重 66.8 克，千粒重 21.5 克。2012—2013 年连续两年参加四川区试，平均亩产 408.6 千克，比对照增产 28.3%。2013 年参加生产试验，平均亩产 437.9 千克，比对照青壳洋高粱增产 30.2%。抗炭疽病，干籽粒粗蛋白含量 8.81%，总淀粉 72.89%，单宁 0.92%。2014 年通过四川审定。

六、金糯粱 1 号

杂交糯高粱品种。四川省农业科学院水稻高粱研究所用自选糯不育系 13163A 与糯恢复系 83625R 配组育成的酿酒杂交高粱品种。全生育期 124 天，平均株高 138.6 厘米，穗长 35.6 厘米，穗粒重 61.9 克，千粒重 25.3 克，芽鞘绿色，穗纺锤形，中散穗，红粒红壳，胚乳糯质。籽粒含粗蛋白 8.95%，单宁 1.13%，总淀粉 73.86%，其中支链淀粉占总淀粉含量的 98.3%。2014—2015 两年参加四川多点试验，平均亩产 424.1 千克，比常规对照青壳洋高粱增产 33.4%。2015 年生产试验，平均亩产 401.1 千克，比常规对照青壳洋高粱增产

29.4%，比杂交对照川糯粱15增产17.4%。2016年通过四川审定，2018年通过国家非主要农作物品种登记。

七、金糯272

杂交糯高粱品种。四川省农业科学院水稻高粱研究所用自选糯高粱不育系1609A与自育高粱恢复系272R配组育成。熟期111天，属早熟品种；芽鞘绿色，叶脉蜡色，株高122.13厘米，叶片数18片，穗形中散，穗纺锤形。穗长29.5厘米，红粒褐壳；穗粒重58.85克，千粒重21.46克，总淀粉含量73.02%，支链淀粉占总淀粉含量的97.38%，粗脂肪含量3.78%，单宁含量1.71%，免疫丝黑穗病；2019—2020年参加四川高粱区域试验，第1生长周期亩产446.88千克，比对照川糯粱15增产5.38%；第2生长周期亩产396.70千克，比对照川糯粱15增产5.70%。2022年通过国家非主要农作物品种登记。

八、机糯粱1号

杂交糯高粱品种。四川省农业科学院水稻高粱研究所用自选糯高粱不育系54A与自育高粱恢复系272R配组育成。熟期114天，芽鞘绿色，叶脉蜡色，株115.3厘米，穗中散、纺锤形。穗长30.5厘米，红粒褐壳。穗粒重53.3克，千粒重20.1克，总淀粉含量75.26%，支链淀粉占总淀粉含量的99.22%，粗脂肪含量4.64%，单宁含量1.36%。免疫丝黑穗病，高抗炭疽病等叶部病害，抗高粱蚜虫。2018—2019年参加四川高粱区域试验，第1生长周期亩产485.7千克，比对照川糯粱15增产14.54%；第2生长周期亩产435.1千克，比对照川糯粱15增产15.9%。2022年通过国家非主要农作物品种登记。

九、晋渝糯3号

丰产优质抗逆酿酒型杂交糯高粱，重庆市农业科学院与山西省农业科学院联合选育，2015年通过重庆市非主要农作物品种鉴定。生育期122天左右，株高173.8厘米，穗长37.3厘米，一般单株穗粒重66.2克，千粒重24.8克，抗倒性强，重庆市区试平均亩产403.90千克，生产试验平均亩产394.11千克。

第三节　西南地区高粱高效生产栽培技术

一、合理轮作

高粱是耗地作物，高粱与其他作物轮间套作种植意义重大，可有效减轻连作障碍和病虫害。

1. 轮作

合理轮作有利于平衡土壤养分和水分，改善土壤理化性状，提高土壤肥力，抑制病菌生长等优势。轮作是西南高粱生产的主要种植制度，可采取隔年轮作或年际间分带轮作方式，西南地区高粱适宜与油菜、小麦、蔬菜（蚕豆、萝卜、榨菜）、马铃薯、绿肥等轮作，常见的分带多熟轮作种植模式有：油 / 麦—粱—豆/菜、油 / 麦 / 薯—粱—粱、菜—粱—粱 / 油 / 麦等轮作模式。其中，高粱—油菜轮作面积最大，约占高粱轮作面积的 60%，该模式利用十字花科作物油菜分泌大量有机酸，一定程度上减轻高粱病害，其次是高粱—蔬菜轮作模式，约占 30%。

2. 间作套种

间套作是指在同一土地上按照不同比例种植不同类型农作物的种植方式，充分利用光、温、水及时空资源优势提高农作物产量的一种生产模式。间作，在宽窄行的宽行或宽行窄株的行中间种植矮秆、耐阴、耐湿作物，其共生期大于 30 天。套作，在宽窄行的宽行中或宽行窄株的行中种植矮秆作物，其共生期在 30 天以下。西南地区高粱间套作种植模式有：高粱 / 辣椒、高粱 / 大豆、高粱 / 甘薯、高粱 / 花生、高粱 / 魔芋、高粱 / 竹荪（中药材）等。其中，高粱 / 大豆间套作模式逐渐发展成为主要间套作模式。

二、品种选择

选用优质、高产、抗病性好、抗倒伏能力强的糯红高粱品种，杂交糯红高粱：金糯粱 1 号、川糯粱 2 号、金糯 272、机糯粱 1 号等；常规糯红高粱：泸州红 1 号、郎糯红 19 号、红缨子、国窖红 1 号等。直播和间套作应选择株高低于 180 厘米，抗倒伏，株型紧凑、高产优质糯高粱品种，如川糯粱 1 号、川糯粱 2

号、金糯粱1号、机糯粱1号等。再生糯高粱品种应选择生育期中早熟，生育期125天以内，再生性强、抗病的优质杂交糯高粱品种，如川糯粱1号、金糯272等。

三、施肥、整地

1.整地

应早耕、深耕及耙细，清除残留秸秆、杂草，用旋耕机或深轮机械进行整地，旋耕深度20厘米以上，整平土面，土壤松碎，无大土块，耕层上虚下实，开通边沟和背沟，面积较大的田块按行距的倍数开设厢沟，水改旱的田块需提前30天排水晒田。可将基肥撒施于田间，再进行旋耕整地。

2.施肥

肥料施用应符合NY/T 394的标准，氮、磷、钾配合施用。提倡有机、无机肥相结合，重施底肥早施追肥。一般本田需亩施优质农家肥2 500~3 000千克或经认证的生物有机肥75~100千克，测土配方肥或氮磷钾各含15%的复合肥40~50千克。有机肥做底肥结合整地时施入，育苗移栽苗肥：秧苗在5~7叶时，移栽后5天左右施农家肥500千克兑尿5千克/亩，移栽成活后（10~15天）施氮磷钾各含15%的复合肥20~25千克/亩或测土配方肥20~25千克/亩，并结合除草进行浅中耕覆土；拔节肥：氮磷钾各含15%的复合肥20~25千克或测土配方肥20~25千克/亩，结合进行第2次中耕、除草和培土。直播高粱需重施苗肥，定苗后即用尿素10~15千克/亩加1 000千克农家清粪水提苗，3~5天即进行翻地培肥（15~20千克/亩复合肥或测土配方肥），拔节封沟肥施20~25千克/亩复合肥或测土配方肥。

四、播种

1.播前种子准备

播前3~5天，选籽粒饱满的高粱种子，提前晒种，同时选用杀虫剂、杀菌剂或专用高粱拌种剂进行种子包衣，以便促进高粱种子萌发，提高抗病能力，防治地下害虫和叶病。用种子重量0.5%的50%福美双粉剂或50%拌种双粉剂或50%多菌灵可湿性粉剂拌种，可防治苗期种子传染的炭疽病。用咪鲜胺、戊唑醇等2 000倍液浸种，可防治高粱炭疽病、丝穗黑病。

2. 播种期

西南高粱产区气候类型多样，区域气候特色明显，各地气候因海拔不同而变化较大。因此，不同区域的耕作习惯、播种时期也有一定差异。西南地区的贵州、四川东南部这些高粱主产区主要以春播为主，海拔 800 米以下的地区（平原、丘陵）一般在 3 月上旬至 4 月上旬播种最佳，海拔 800~1 200 米的山区一般在 3 月下旬至 4 月下旬播种最佳。川西平原、重庆大部分地区等区域主要以夏播为主，适宜在 5 月底之前完成播种，以避开抽穗开花期高温及收获期雨水多导致高粱病虫害增加，质量下降。

3. 播种量

育苗移栽与直播的播种量不同，常规糯红高粱品种与杂交糯红高粱品种的播种量也不同。育苗移栽又分为地膜覆盖常规撒播育苗和漂浮育苗，漂浮育苗种子的有效利用率更高，用种量少。一般漂浮育苗每亩用种常规品种 0.15~0.2 千克，杂交品种 0.2~0.25 千克；地膜覆盖常规撒播育苗每亩用种常规品种 0.2~0.25 千克，杂交品种 0.3~0.35 千克，机械直播每亩用常规种 0.5~0.6 千克，杂交品种 0.6~0.7 千克，人工打窝直播每亩用常规种 0.75~0.85 千克，杂交品种 0.9~1 千克。

4. 育苗移栽技术

育苗移栽可有效衔接油菜等作物茬口，做到早播早收。

育苗口诀：育苗一定要分期，空地油菜各相宜；选地一定要带沙，菜地熟土是最佳；种子一定要先泡，发芽整齐又可靠；底水一定要浇足，免得泥土干又哭；播后一定要盖土，露谷发芽不经数；拱膜一定要盖住，保温保湿遮雨露；移栽一定要及时，四叶六叶不算迟。

5. 漂浮育苗技术要点

（1）苗池建造

选择背风向阳、交通便利、水源有保障的地点，建立育苗池，水深为 8~10 厘米。

（2）选用育苗盘

采用能承载吸湿的基质和高粱苗后漂浮于水面的育苗盘，每盘 160~320 孔。

（3）漂浮盘和育苗池消毒

用高锰酸钾或杀菌剂对营养盘消毒，用硫酸铜对营养池消毒。

（4）配制营养液

将复合肥与硫酸镁配制成 500~600 倍营养液洒入苗池。

（5）装盘与播种

用基质将育苗盘孔穴填满，压实基质至 2/3 孔穴处；将种子播在孔穴内，每穴 2~3 粒，再用基质盖种；将播好的育苗盘放到营养池内。

（6）覆盖薄膜或遮阳网

对营养池覆盖薄膜或遮阳网育苗。

（7）苗床管理

及时通风降温，控制棚内温度；保持育苗池中营养液深度；及时补施追肥；2 叶 1 心时进行间苗，每孔留 2 苗；3 叶后开始炼苗。

（8）移栽

叶龄 3.5~4.5 叶，带基质移栽，栽后浇定根水。

6. 再生高粱技术要点

（1）促芽肥施用

在头季高粱收获前 1 周，亩施 10 千克尿素或头季收砍秆后亩施人畜粪 1 000 千克或尿素 10 千克。

（2）及时收获

头季高粱在籽粒 85% 成熟后，及时收获，以提早生育期。

（3）砍秆留桩

头季高粱收获后，及时砍秆留桩。留桩高度 3~4 厘米，留桩 1~2 个节位（控制再生苗数量），用前季高粱秸秆覆盖，保墒防草；砍秆时尽量减少茎秆的破碎程度，以免影响再生分蘖。

（4）施发苗肥

出苗后立即施发苗肥，促进高粱发新根，亩施复合肥 20 千克，尿素 10 千克，若遇干旱应适当灌水。

（5）去蘖间苗

再生苗长至 2~3 叶时进行间苗，除去多余分蘖，除上留下，除弱留强，除密留均，一般穴留 2 苗。

（6）其他田间管理措施与头季高粱相同。

7. 高粱—油菜周年轮作栽培技术

（1）优选品种

选用中早熟、高产、优质、顶土力强的油菜与高粱品种。

（2）整地

及时清除或粉碎田间杂草和秸秆，翻耕精细整地。四川油菜一般在 4 月下旬至 5 月底收获，油菜收后应及时整地，若田间杂草过多可采用除草剂除草，也可采用机械进行翻耕除草，碎土平地。

（3）适期播种

油菜 9 月下旬至 10 月上旬播种，亩用种量 200~300 克。高粱育苗移栽应在油菜收割前 15 天左右播种，一般在 4 月上旬。

（4）高粱播种技术

可采用机械垄播与平播、人工打窝直播等，可选择手推式单行或双行高粱播种机或悬浮式多行播种机械，播种深度 3~5 厘米。西南平坝区可推行耕作、起垄、播种、施肥等一体机械化播种技术。

（5）科学施肥

高粱亩施测土配方肥或复合肥 35~45 千克，结合整地施足底肥，一般每亩施腐熟农家肥 2 000~3 000 千克。

8. 覆膜栽培技术

覆膜栽培主要有起垄覆膜栽培和膜侧集雨栽培两种技术模式。

（1）起垄覆膜栽培

保水防草效果均较好，可采用机械起垄、覆膜，采用 1.2 米包沟起垄，垄面约 90 厘米宽，沟宽约 30 厘米，用 1 米或 1.2 米宽的黑膜覆盖，每垄种植 2 行高粱。

（2）膜侧集雨栽培技术

适用于在降雨较少地区或保水差的山坡地。高粱采用（50+70）厘米的宽窄行种植，在宽行中间先将土处理成拱背形，再用 60 厘米宽的薄膜覆盖，高粱种植在薄膜的两侧，下雨时落在薄膜上的雨水都会往高粱窝流，从而实现集雨抗旱。

第四节　苗期至成熟期管理

一、苗期管理

1. 间苗除草技术

（1）间苗除草技术简介

间苗主要针对人工穴播或机播田块，在高粱苗长至2~3叶1心时，进行间苗，定苗，每穴定2苗。掌握“去弱留强、间密存稀、留匀留壮”的原则，选留大小一致、植株均匀、茎基扁粗的壮苗，去除病害、虫咬以及生长不良的幼苗。对于缺穴、断垄的地方，可以带土移栽或在相邻穴（行）多留1~2株，以保证密度。宽窄行种植可采用小型机械翻耕除草。

（2）留苗密度

根据品种特性，选择种植密度，杂交高粱品种一般留苗8 000~9 000株/亩，部分机播品种适宜密度为10 000~12 000株/亩；常规高粱品种密度一般在7 000~8 000株/亩。

（3）除草剂的选择

高粱是禾本科一年生草本植物，除草剂可以选用莠去津、二氯·莠去津、氯氟吡氧乙酸等除草剂。

（4）除草剂的用量用法

高粱苗后4~5叶，杂草2~3叶时，进行喷施除草，过早影响高粱植株生长，过迟杂草过大，除草效果不好。亩施90%莠去津50~60克、50%二氯喹啉酸70~80克、20%氯氟吡氧乙酸50~70毫升等，兑水45~50千克。喷施过程中尽量降低喷头高度，定向喷施于行间，避免喷施到高粱叶片上，尤其是高粱心叶。

（5）注意事项

①应尽量使用残留时间短的除草剂，同时注意使用次数限制。

②西南地区雨水多、土壤湿度大，应适当减量使用。

③与豆科作物轮作或间套作的高粱田块，尽量不选用莠去津专用除草剂，以防止对豆科作物生长造成影响，喷施除草剂过程中，尽量不要喷施到高粱心叶，以免造成高粱死亡。

（6）喷施机械

选用人工电动喷雾器，加定向喷头，定向喷施于行间，不宜使用无人机进行全田喷施。

2. 苗期病虫害预防

该时期主要有苗枯病、根腐病、顶腐病，蚜虫、地下害虫等。

（1）苗枯病

防治方法：及时拔除病株，减少菌源。用百菌清、多菌灵、三唑酮、代森锰锌等拌种或恶霉灵等灌根、浇根防治。

（2）顶腐病

防治方法：用三唑酮拌种，或用多菌灵、甲霜灵、噁霉灵等兑水喷施高粱根基部，7~10 天喷 1 次，连喷 2~3 次。

（3）地老虎、蝼蛄、蛴螬、金针虫、黏虫等

防治方法：用 20% 甲基异硫磷乳油 250 毫升兑水 10 升进行拌种或施用辛硫磷等防治地下害虫。高粱出苗后，及时喷施 10% 高效氯氰菊酯乳油 3 000~4 000 倍液防治地下害虫及钻心虫，3~4 叶 1 心时注意防治钻心虫，可继续喷施 10% 高效氯氰菊酯乳油，两次喷施时间间隔 15 天以上。黏虫用苏云金杆菌等生物杀虫剂，可每亩安插黄板 20~30 张诱捕蚜虫、芒蝇，每 50~60 亩安装杀虫灯 1 盏诱杀夜蛾科害虫，用性诱剂和黑光灯诱杀鳞翅目害虫。

3. 苗期常见问题及措施

西南地区高粱苗期雨水多，易发生苗枯病或渍害，雨后应及时开沟排水或高垄栽培，注意排水减湿。提倡带药移栽，移栽前，在苗床地上喷施 1 次农药防治钻心虫或移栽后立即喷药防治钻心虫及地下害虫。

二、拔节—抽穗期管理

1. 拔节—抽穗期中耕、追肥

该时期是高粱需水需肥的关键期，此时气温高，雨水频繁，土壤易板结、缺水，应加强中耕松土、灭草的工作，以起到蓄水保墒，增强土壤通透性，为根系生长创造条件，拔节后及时中耕开沟培土，以促进基部节根生出，防止后期倒伏。同时结合中耕培土，每亩追施 3~4 千克纯氮，折合尿素 6~8 千克。若遇干旱，应结合施肥进行浇水。

2. 拔节—抽穗期病虫害防治

该时期主要有茎腐病、根腐病、黑束病、红条病毒病、蚜虫、螟虫等。

（1）高粱炭疽病

炭疽病是西南地区当前高粱生产最严重的病害，可发生于高粱各生育阶段。防治方法：用种子重量0.5%的50%福美双或50%多菌灵进行拌种。或喷施36%甲基硫菌灵、50%多菌灵、50%苯菌灵、25%炭特灵等，隔7~10天喷施一次，连喷2~3次。

（2）纹枯病

西南地区高温多湿，纹枯病时有发生。防治方法：发病初期喷洒1%井冈霉素500克兑水200千克、50%甲基硫菌灵可湿性粉剂500倍液、50%多菌灵可湿性粉剂600倍液或50%苯菌灵可湿性粉剂1 500倍液或50%速克灵喷施于发病茎节处。

（3）蚜虫

防治方法：用吡虫啉、抗蚜威防治蚜虫，释放瓢虫、蜘蛛等天敌。或喇叭口期施用Bt制剂、短稳杆菌、苦参碱等防治。蚜虫防治需注意喷施方式。

（4）螟虫

防治方法：用康宽（氯虫苯甲酰胺）、福戈（氯虫·噻虫嗪）、高效氯氰菊酯、溴氰菊酯等喷施防治螟虫。释放赤眼蜂等自然天敌，或高粱心叶期撒施白僵菌颗粒于心叶内进行防治。螟虫防治需注意防治时期。

3. 拔节—抽穗期常见问题及措施

西南地区这一时期易遇干旱。特别注意抽穗孕穗期对水分最为敏感，此时干旱，易造成结实率下降，造成减产。

三、开花—灌浆期管理

1. 开花—灌浆期病虫害防治

该时期主要由多种叶斑病、黑穗病、病毒病、锈病、纹枯病、茎腐病、粒霉病、玉米螟、多种穗螟、蚜虫等。

（1）靶斑病等叶病

防治方法：靶斑病可用百菌清、多菌灵等喷施防治，7~10天喷1次，连施2~3次。叶斑病用苯甲·嘧菌酯SC（阿米妙收）喷施防治。

炭疽病、纹枯病等防治方法同上，如病害发生在灌浆中后期，对高粱灌浆影响不大，可不用防治。

（2）虫害

可用10%的吡虫啉可湿性粉剂1 000~1 500倍液防治蚜虫，用10%高效氯氰菊酯乳油3 000~4 000倍液或20%氯虫苯甲酰胺悬浮剂10毫升/亩喷施防治螟虫、黏虫。

2. 开花—灌浆期常见问题及措施

该时期注意防治螟虫，开花后及时喷施农药防治螟虫、黏虫，此时施药效果最好，灌浆中后期籽粒包裹较严，药效不好，尤其是再生高粱生长中后期，雨水多，更易发生虫害。同时，在选择品种时，选择松散穗形的高粱品种。

四、成熟期管理

1. 收获技术

收获过早或过晚都会影响高粱品质，当80%以上植株的穗下部籽粒由白变红，下部籽粒积压时无乳状物，内含物凝结成蜡质，籽粒变硬而有光泽，含水量降到20%左右即可采收。

2. 收获方式与机械

采用机械收获，注意加装并调节好割台高度、转速、网眼大小等，确保机械以良好的状态作业。收获时间选择在10：00以后，穗部无露水、穗部干燥的环境下收割。收割机宜选用100马力（1马力≈735瓦）以上的谷子联合收割机，速度快、丢粒少，损失少，如久保田PRO1108-5等。

3. 籽粒降水贮藏

籽粒收获后，选晴天及时晾晒或用烘干机进行烘干，烘干前用筛子去除较大秸秆，以防堵塞烘干机，水分含量烘至13%以下，用振动筛去清除杂质，利用寒冬季节降温后密闭保管，低温储藏。

4. 收获期常见问题及措施

注意收割时期，收割过晚，高粱籽粒营养回流，导致减产，若遇到雨水天气过多，容易出现穗萌，滋生霉菌，高粱品质下降，当高粱穗部80%以上变红或变为原有颜色，及时收获。

参考文献

《马鸿图高粱文集》编辑委员会，2012. 马鸿图高粱文集［M］. 北京：中国农业出版社.

丁超，张建华，白文斌，等，2017. 高粱田常用除草剂对高粱生理生化及产量品质的影响［J］. 作物杂志（05）：149–155.

董怀玉，侯志研，卢峰，等，2018. 几种药剂对辽宁高粱主要病虫害的防控效果评价［J］. 农药，57（05）：387–390.

董怀玉，姜钰，徐秀德，2003. 高粱抗病虫优异种质资源鉴定与筛选研究［J］. 杂粮作物，23（2）：80–82.

董怀玉，徐秀德，刘彦军，等，2000. 高粱种质资源抗高粱蚜鉴定与评价研究［J］. 杂粮作物，20（2）：43–45.

董怀玉，徐秀德，刘彦军，等，2001. 高粱种质资源抗靶斑病鉴定与评价［J］. 杂粮作物，21（5）：42–43.

段有厚，孙广志，邹剑秋，等，2008. 亚洲玉米螟在高粱上蛀孔分布及其与产量损失的关系［J］. 辽宁农业科学（4）：16–18.

段有厚，邹剑秋，朱凯，等，2006. 高粱抗螟育种研究的进展［J］. 杂粮作物，26（1）：11–12.

高士杰，1987. 高粱种子的适期收获与贮藏［J］. 种子世界（10）：28.

郭瑞峰，张建华，曹昌林，等，2017. 2 种安全剂减轻烟嘧磺隆残留对高粱药害的作用［J］. 山西农业科学，45（08）：1335–1337，1356.

柯福来，朱凯，邹剑秋，2016. 密度对高粱品种辽杂 19 群体籽粒灌浆的效应［J］. 作物杂志（05）：141–146.

李扬汉，1979. 禾本科作物的形态与解剖［M］. 上海：上海科学技术出版社.

李志华，卢峰，邹剑秋，等，2017. 不同土壤类型下高粱主要杂交种出苗能力的差异分析［J］. 辽宁农业科学（03）：69–72.

李志华，卢峰，邹剑秋，等，2018. 除草剂封地对高粱生长发育和籽粒产量的影响［J］. 辽宁农业科学（01）：30-32.
卢庆善，1979. 杂交高粱栽培中几个问题的研究［J］. 辽宁农业科学（1）：27-30.
卢庆善，1991. 辽杂 4 号高粱高产栽培中几个问题的研究［J］. 辽宁农业科学（5）：23-25.
卢庆善，1999. 高粱学［M］. 北京：中国农业出版社.
卢庆善，毕文博，刘河山，等，1994. 高粱高产模式栽培研究［J］. 辽宁农业科学（1）：24-28.
卢庆善，丁国祥，邹剑秋，等，2009. 试论我国高粱产业发展——二论高粱酿酒业的发展［J］. 杂粮作物，29（3）：174-177.
卢庆善，刘河山，毕文博，等，1993. 高粱茎秆倒伏及其防御技术的研究［J］. 辽宁农业科学(2)：8-12.
卢庆善，邹剑秋，朱凯，等，2009. 试论我国高粱产业发展——一论全国高粱生产优势区［J］. 杂粮作物，29（2）：78-80.
卢庆善，张志鹏，卢峰，等 .2009. 试论我国高粱产业发展——三论甜高粱能源业的发展［J］. 杂粮作物，29（4）：246-250.
卢庆善，邹剑秋，石永顺，2009. 试论我国高粱产业发展——四论高粱饲料业的发展［J］. 杂粮作物，29（5）：313-317.
卢庆善，邹剑秋，朱凯，2010. 试论我国高粱产业发展——五论高粱产业发展的科技支撑［J］. 杂粮作物，30（1）：55-58.
乔魁多，1988 . 中国高粱栽培学［M］. 北京：农业出版社 .
宋高友，苏益民，陆伟，1996. 不同收获期对高粱籽粒产量及品质的影响［J］. 国外农学 - 杂粮作物（01）：19-21.
苏陕民，1981. 不同作物茬地对后作的影响［J］. 作物学报，7（2）：123-128.
隋丽君，石玉学，马世均，1986. 高粱苗期受冷害后恢复性能的研究简报［J］. 辽宁农业科学（05）：54-56.
王劲松，董二伟，武爱莲，等，2017. 灌溉时期与施氮量对矮秆高粱产量和品质的影响［J］. 灌溉排水学报，36（S2）：1-8.
王劲松，董二伟，武爱莲，等，2019. 不同肥力条件下施肥对粒用高粱产量、品质及养分吸收利用的影响［J］. 中国农业科学，52（22）：4 166-4 176.
王小勤，林君，刘洋，等，2019. 酿酒有机高粱苗期地下害虫防治试验研究［J］. 酿酒科技，2（05）：29–33，37.
王艳秋，张飞，朱凯，等，2020. 抗旱型高粱开花前期和后期应对水分亏缺的生理调节研究［J］. 山西农业大学学报（自然科学版），40（03）：37–44.
肖继兵，刘志，崔丽华，等，2016. 辽西土壤养分供应能力与高粱施肥推荐［J］. 中国土壤与肥料（06）：81–85，92.
辛宗绪，刘志，赵树伟，等，2015. 不同种植密度对高粱辽杂 18 号生长发育及产量的影响［J］. 中国种业（11）：47–49.
徐爱菊，1979. 高粱胚的顶端分生组织分化的探讨. Ⅰ胚根的生长与组织分化［J］. 辽宁农业科学（3）：14–18.
徐爱菊，1979. 高粱胚的顶端分生组织分化的探讨. Ⅱ胚芽的生长与组织分化［J］. 辽宁农业科学（6）：21–24.
徐秀德，2002. 玉米高粱病虫害防治［M］. 北京：科学普及出版社.
徐秀德，董怀玉，姜钰，等，2004. 高粱抗病虫资源创新与利用研究［J］. 植物遗传资源学报，5（4）.
徐秀德，董怀玉，杨晓光，等，1996. 辽宁省高粱红条病毒发生与鉴定简报［J］. 辽宁农业科学，（5）：47–48.
徐秀德，刘志恒，1995. 高粱靶斑病在我国的发现与研究初报［J］. 辽宁农业科学（2）：45–47.
徐秀德，刘志恒，2012. 高粱病虫害原色图鉴［M］. 北京：中国农业科学技术出版社.
徐秀德，卢庆善，潘景芳，1994. 中国高粱丝黑穗病菌小种对美国小种鉴别寄主致病力测定［J］. 辽宁农业科学（1）：8–10.
徐秀德，卢庆善，赵廷昌，等，1994. 高粱丝黑穗病菌生理分化研究［J］. 植物病理学报，24（1）：58–61.
徐秀德，潘景芳，1992. 我国北方高粱丝黑穗病发生因素分析［J］. 病虫测报，12（3）：12–13.
徐秀德，潘景芳，曹嘉颖，1992. 新引高粱资源抗丝黑穗病和叶斑病鉴定［J］. 辽宁农业科学（3）：36–39.
徐秀德，潘景芳，卢桂英，1995. 高粱丝黑穗病菌不同生理小种对高粱同核异质品系的致病性［J］. 辽宁农业科学（3）：43–45.
徐秀德，赵淑坤，刘志恒，1995. 高粱新病害顶腐病的初步研究［J］. 植物病理学报，25（4）.
徐秀德，赵廷昌，1991. 高粱丝黑穗病生理小种鉴定初报［J］. 辽宁农业科学（1）：46–48.
闫凤霞，常建忠，曹昌林，等，2016. 拔节期和灌浆期不同阶段灌水对高粱农艺性状及产量的影响［J］. 作物杂志（04）：123–126.
杨有志，1965. 辽南高粱样板田中高粱丰产与土壤环境条件［J］. 土壤通报（5）：25–28.
杨有志，1966. 高粱保苗的耕作播种技术经验［J］. 辽宁农业科学（01）：65–67.
张飞，王佳旭，张旷野，等，2021. 低氮逆境下氮高效高粱群体微环境及光合荧光应答效应研究［J］. 山西农业大学学报（自然科学版），41（03）：32–41.
张飞，王艳秋，朱凯，等，2020. 除草剂复配对海南高粱田杂草防除效果及安全性评价［J］. 山西农业大学学报（自然科学版），40（03）：85–92.
张建勋，刘利珍，高庭耀，2020. 高粱机械化收获试验分析与收获机选型［J］. 农业技术与装备（04）：49–51.
张姣，吴奇，周宇飞，等，2018. 苗期和灌浆期干旱–复水对高粱光合特性和物质生产的影响［J］. 作物杂志（03）：148–154.
张姣，潘映雪，隋虹杰，等，2016. 高粱播后苗前和苗后除草剂的初步筛选［J］. 东北农业科学，41（01）：78–80，99.
郑宏峰，2022. 辽黏 3 号酿造高粱在辽西北地区高产栽培技术［J］. 农业科技通讯（07）：212–213，216.
朱凯，刘培斌，张飞，等，2018. 高粱二代螟虫发生规律及诱捕器防治效果评价［J］. 辽宁农业科学（06）：1–4.
朱凯，张飞，柯福来，等，2018. 种植密度对适宜机械化栽培高粱品种产量及生理特性的影响［J］. 作物杂志（01）：83–87.
朱绍新，1995. 东北地区高粱栽培历史考证［J］. 杂粮作物（5）：23–27
朱晓东，吴洪生，辛宗绪，2021. 辽西地区粒用高粱膜下滴灌节水栽培技术［J］. 现代农业科技（22）：9–10.